Peter Kammerer

Von Pascal zu Assembler

Peter Kammerer

Von Pascal zu Assembler

Eine Einführung in die maschinennahe
Programmierung für Intel und Motorola

2., durchgesehene und verbesserte Auflage

Die Deutsche Bibliothek – CIP-Einheitsaufnahme
Ein Titeldatensatz für diese Publikation ist bei
Der Deutschen Bibliothek erhältlich.

1. Auflage 1998
2., durchgesehene und verbesserte Auflage April 2001

Der Verlag Vieweg ist ein Unternehmen der Fachverlagsgruppe BertelsmannSpringer.

www.vieweg.de

Die Wiedergabe von Gebrauchsnamen, Handelsnamen, Warenbezeichnungen usw. in diesem Werk berechtigt auch ohne besondere Kennzeichnung nicht zu der Annahme, dass solche Namen im Sinne der Warenzeichen- und Markenschutz-Gesetzgebung als frei zu betrachten wären und daher von jedermann benutzt werden dürften.

Höchste inhaltliche und technische Qualität unserer Produkte ist unser Ziel. Bei der Produktion und Auslieferung unserer Bücher wollen wir die Umwelt schonen: Dieses Buch ist auf säurefreiem und chlorfrei gebleichtem Papier gedruckt. Die Einschweißfolie besteht aus Polyäthylen und damit aus organischen Grundstoffen, die weder bei der Herstellung noch bei der Verbrennung Schadstoffe freisetzen.

Konzeption und Layout des Umschlags: Ulrike Weigel, www.CorporateDesignGroup.de

Gedruckt auf säurefreiem Papier

ISBN 978-3-528-15590-2   ISBN 978-3-322-87276-0 (eBook)
DOI 10.1007/978-3-322-87276-0

Vorwort

Dieses Buch hat viele Wurzeln. Es basiert zum einen auf meinen Erfahrungen in der Entwicklung hardwarenaher Systemsoftware beim Betriebssystembau. Zum anderen wurde es wesentlich beeinflusst durch eine Vorlesung „Informatik II", die Professor Dr. G. Goos im SS 1983 an der Universität Karlsruhe gehalten hat, und eine Vorlesung „Einführung in die Informatik für Ingenieure II", die Professor Dr. R. Piloty im SS 1986 an der Technischen Hochschule Darmstadt gegeben hat. Beide Vorlesungen hatten zum Ziel, eine möglichst kompakte Einführung in die maschinennahe Programmierung zu geben. Im Sommersemester 1987 habe ich es übernommen, die Vorlesung „Informatik für Ingenieure" fortzuführen. Ich habe die Vorlesung neu konzipiert und seitdem den Stoff in vielen „Iterationszyklen" überarbeitet und ergänzt. Dennoch bin ich für mögliche Verbesserungsvorschläge und Korrekturen stets dankbar (Email: kammerer@informatik.tu-darmstadt.de).

Herr Dr. O. Theel hat den Stoff in seiner Vorlesung im SS 1997 verwendet und viele Korrekturen beigetragen.

Ganz besonders bedanken möchte ich mich bei Herrn M. Halbach, ohne dessen unermüdliche Tatkraft, kritische Anregungen und Beiträge dieses Buch nicht entstanden wäre. Ihm verdanke ich auch die Programmbeispiele in MOTOROLA-Assembler.

Prof. Dr. P. Kammerer

Vorwort zur zweiten Auflage

Die Hardwareentwicklung moderner Prozessoren hat gewaltige Fortschritte gemacht. Die Prozessoren sind schneller, ihre Register sind breiter und die Hardwareunterstützung für Betriebssysteme hat zugenommen. Dennoch sind die grundlegenden Techniken der maschinennahen Programmierung – und um die geht es in diesem Buch – dieselben geblieben. Was hier anhand zweier prototypischer Vertreter der Prozessor-Architekturlinien von INTEL und MOTOROLA gezeigt wird, lässt sich problemlos auf die modernen Prozessoren übertragen. Ferner hat die Verwendung einfacher Prozessoren einer Baureihe nicht nur den Vorteil, dass sie in ihrer Komplexität noch einigermaßen überschaubar sind, sondern vor allem ist günstig, dass die entsprechende Entwicklungssoftware preiswert am Markt ist. Dies ist ein nicht zu unterschätzender Vorteil, da man maschinennahe Programmierung nur durch praktische Übungen anhand komfortabler Ent-

wicklungssoftware erlernen kann. Darüber hinaus darf man
nicht übersehen, dass die einfachen Prozessoren durchaus noch
weitverbreitet eingesetzt werden, weil sie in der Massenfertigung
kostengünstige Lösungen für Steuerungs- und Regelungsaufgaben erlauben.

Prof. Dr. P. Kammerer

Inhaltsverzeichnis

Abbildungsverzeichnis

Einleitung

Wie der Titel vermuten lässt, ist es das Hauptziel dieses Buches, zwischen den Konstrukten einer Hochsprache wie Pascal und der Ebene der Maschinensprache eine Brücke zu schlagen. Wir werden dazu untersuchen, wie solche Konstrukte systematisch auf Maschinenebene abgebildet werden können. Diese Vorgehensweise soll zum Einen ein Verständnis dafür schaffen, wie man bei der Kodeerzeugung in einem Übersetzer vorgehen kann. Zum Anderen liefert sie eine Begründung für die Architekturentscheidungen auf Maschinenebene und für die Gestaltung von Maschinenbefehlen und Adressierungsmodi.

Wir werden die systematische Umsetzung von Hochsprachenkonstrukten auf Maschinenebene anhand von Kodeschablonen zeigen. Konsequenterweise verwenden wir dann die Hochsprache als Kommentar in unseren Maschinenprogrammen. Diese Art der Kommentierung von Assemblerprogrammen hat sich in der Praxis als sehr vorteilhaft erwiesen. Sie ist der verbalen Kommentierung weit überlegen, weil sie eine wesentlich höhere Informationsdichte aufweist und in ihrer Ausdruckskraft präziser ist. Natürlich gibt es noch einzelne Punkte, wo die Dokumentationsmöglichkeiten einer Hochsprache nicht ausreichen. In diesen Fällen werden wir zusätzliche Angaben in Form von Kommentaren dem Pascal- Programm hinzufügen.

Entsprechend dem Ziel eine Einführung in die maschinennahe Programmierung zu geben, werden wir bewusst darauf verzichten, die letzten Tricks und Möglichkeiten hardwarenaher Programmierung auszunützen. Wir werden sehen, dass wir in unseren Programmierbeispielen durchaus nicht den ganzen Befehlssatz, bzw. die vollen Möglichkeiten der Hardware ausschöpfen müssen. Aus diesem Grunde wählen wir auch als Zielhardware einfache Prozessoren aus einer Architekturlinie führender Hersteller. Wir verwenden den 8086-Prozessor als Vertreter der INTEL 80x86 Linie, bzw. den 68000-Prozessor als Vertreter der MOTOROLA Linie. Die modernen Prozessoren dieser Linien unterscheiden sich hinsichtlich der Programmierung nicht grundsätzlich von ihren einfachen Vertretern. Die Unterschiede bestehen im wesentlichen darin, dass die Register breiter sind, der Befehlssatz etwas größer ist und darin, dass sie eine ausgefeilte Unterstützung für Betriebssysteme bieten. Eine Diskussion dieser Merkmale würde hier aber den Rahmen einer Einführung sprengen.

Die Verwendung einfacher Prozessoren einer Baureihe hat nicht nur den Vorteil, dass sie in ihrer Komplexität noch einigermaßen überschaubar sind sondern vor allem ist günstig, dass die entsprechende Entwicklungssoftware preiswert am Markt ist. Darüber hinaus darf man nicht übersehen, dass die einfachen Prozessoren durchaus noch weitverbreitet eingesetzt werden, weil sie in der Massenfertigung kostengünstige Lösungen für Steuerungs- und Regelungsaufgaben erlauben.

1.1 Einsatzgebiete maschinennaher Programmierung

Grundsätzlich ist bei der Softwareentwicklung der Einsatz höherer Programmiersprachen und entsprechender Übersetzer vorzuziehen. Dennoch stößt der Einsatz von Übersetzern an Grenzen, wenn es um Programmierung an der Hardware-/Softwareschnittstelle oder um zeitkritische Anwendungen geht, bei denen die Laufzeiteffizienz von Programmteilen eine entscheidende Rolle spielt. Obwohl die Technologie moderner Übersetzer recht ausgereift ist, kann sich der erzeugte Kode hinsichtlich der Laufzeiteffizienz häufig nicht mit einer handkodierten Lösung messen.

Die Kenntnisse der maschinennahen Programmierung sind zum Einen für den Übersetzerbau selbst wichtig. Zum Anderen sind sie wesentliche Grundlage in den folgenden Gebieten:

- **Betriebssysteme:** Ein typisches Beispiel ist das UNIX-System, das in der Programmiersprache C geschrieben ist und etwa 1000 Zeilen in Assembler enthält. Von diesen sind ca. 200 Zeilen aus Effizienzgründen in Assembler geschrieben worden. Etwa 800 Zeilen jedoch führen Hardwarefunktionen aus und müssen in Assembler geschrieben werden.

- **Echtzeitbetriebssysteme:** Hier geht es um zeitkritische Probleme, die typischerweise den Einsatz von maschinennaher Programmierung nötig machen.

- **Datenbanksysteme:** Hier spielt eine effiziente Ein-/Ausgabe eine entscheidende Rolle, was maschinennahe Programmierung an der Hardware-/Softwareschnittstelle (Treiber) nötig macht.

- **Regelungs- und Steuerungstechnik:** Auch hier treten häufig zeitkritische Anwendungen auf verbunden mit der Steuerung von Hardwarefunktionen, die maschinennahe Programmierung erfordern.

- **Graphische Datenverarbeitung:** Die Geschwindigkeitsanforderungen bei der Ausgabe auf den Bildschirm machen den Einsatz maschinennaher Programmierung nötig.

- **Nachrichtentechnik:** Hier sind typische Einsatzgebiete maschinennaher Programmierung die Nachrichtenvermittlungssysteme, die Signalverarbeitung und Digitale Filter.

1.2   Die Entwicklungsgeschichte elektronischer Rechner

Die Geschichte der Rechnerentwicklung ist inzwischen so umfangreich, dass wir hier nur einen Überblick geben können. Wir wollen uns auf die Anfänge beschränken und an einige Meilensteine erinnern.

Am Anfang der Entwicklung stand als Ziel die automatische Abarbeitung von Rechenvorschriften. Unter einer Rechenvorschrift wurde damals verstanden: ein schrittweise ausführbarer Rechenplan **über den vier Grundrechenarten.**

Charles Babbage (1792-1871) baute wohl den ersten programmierbaren Rechenautomaten. Er war Professor für Mathematik in Cambridge und konstruierte eine Rechenmaschine (Analytical Engine) zur Berechnung von Tabellenwerken mit folgenden Merkmalen:

Rechen-/Steuerwerk: mechanisch (Zahnräder)

Programmträger: Lochkarte (übernommen vom Jaquard-Webstuhl 1805)

Datenspeicher: mechanisch

Zahlensystem: dezimal

Konrad Zuse (1910-1995) machte grundlegende Erfindungen: die Verwendung der binären Darstellung von Zahlen, der Einsatz elektromechanischer Schaltglieder und den Plankalkül, ein Vorläufer höherer Programmiersprachen. Seine erste funktionsfähige Maschine war die Z1 (1941) mit folgenden Merkmalen:

Rechen-/Steuerwerk: Relais

Programmträger: Lochstreifen

Datenspeicher: Relais

Zahlensystem: dual

J. P. Eckert und **J. Mauchly** (USA, Moore School) bauten 1945 den General-Purpose-Computer ENIAC (Electronic Numerical Integrator and Calculator) mit 18000 Röhren, programmierbar durch Verdrahtung und Schalter sowie mit bedingten Sprüngen. Die Merkmale waren:

Rechen-/Steuerwerk elektronisch (Röhren)

Programmträger   Stecktafel

Datenspeicher   elektronisch (20 zehnstellige Register, Dateneingabe über Lochkarten)

Zahlensystem   binärcodiert dezimal (BCD)

Goldstine und **J. von Neumann** (USA) bauen 1947 die Maschine EDVAC (Electronic Discrete Variable Automatic Computer) mit den folgenden Merkmalen:

Rechen-/Steuerwerk elektronisch (Röhren)

Programmträger   Magnettrommelspeicher

Datenspeicher   Magnettrommelspeicher

Zahlensystem   dual

Die wesentliche Erfindung von J. v. Neumann war das Prinzip der Speicherprogrammierung (1946). Kennzeichnend dafür ist der gemeinsame elektronisch/magnetisch wahlfrei adressierbare Speicher, sowohl für Programme als auch und Daten.

Konsequenzen:

- Der Aufruf der Befehle ist in beliebiger Reihenfolge möglich, insbesondere ist die

- Aufrufreihenfolge abhängig von Rechenergebnissen steuerbar durch bedingte Sprungbefehle.

- Das Programm kann auch als Daten angesehen werden, es kann sich ferner selbst ändern.

- Der gegebene Speicherplatz kann entweder mit Daten oder Befehlen belegt werden.

Damit ergaben sich neue bis heute grundlegende Vorteile:

- Erheblich gesteigerte Flexibilität hinsichtlich bearbeitbarer Algorithmen (z. B. datenabhängig terminierbare Iterationen, rekursive Algorithmen).

- Alle berechenbaren Funktionen können bearbeitet werden.

- Bessere Nutzung des Speicherraumes durch Aufhebung der Trennung zwischen Daten- und Programmspeicher.

Darstellung von Informationen

Eine der wesentlichen Grundideen von John von Neumann war es, die Speicherung von Daten und Programmen nicht zu trennen, sondern diese im gleichen, einheitlich organisierten Speicher unterzubringen. Dies eröffnet insbesondere die Möglichkeit, einen Datensatz als Programm zu behandeln, und umgekehrt. Hiervon machen wir bei der Übersetzung von Programmen aus Programmiersprachen Gebrauch und lassen z. B. durch den Übersetzer das gewünschte Maschinenprogramm als Datensatz „berechnen". Was so als Datensatz im Speicher abgelegt wurde, wird dann anschließend als Programm betrachtet und vom Rechner zur Ausführung gebracht. Dieses Beispiel macht zugleich eine der wesentlichsten Eigenschaften des von-Neumann-Rechners deutlich, nämlich, dass die Art der im Speicher in Form von Bitfolgen abgelegte Information nicht ein für alle Mal festgelegt ist, sondern, dass es auf die Art ihrer Interpretation oder Verarbeitung im Rechner ankommt. In unserem Beispiel also bedeutet dies, was vom Übersetzer als Daten erzeugt wurde, wird später bei der Ausführung des Programms vom Rechner als Befehle interpretiert. Dieselbe Bitfolge kann also je nach ihrer Verarbeitung eine andere Bedeutung haben.

Adresse
Bit

Die Organisation des Speichers folgt einem sehr einfachen Modell. Er ist aufgebaut als eine linear geordnete Folge von Speicherzellen, von denen jede eine bestimmte und immer gleiche Anzahl von n Bits aufnehmen kann. Dabei ist ein *Bit* (eine Abkürzung für *binary digit*) die Grundeinheit der Informationsdarstellung, charakterisiert durch zwei Zustände (z. B. An/Aus, Hohe/Niedere Spannung, L/O). Die Speicherzellen numerieren wir mit 0 beginnend fortlaufend durch. Die Nummer einer Zelle nennen wir ihre *Adresse*, d. h. wir verwenden nichtnegative ganze Zahlen als Adressen.

2.1 Datenformate

Byte
Wort

Zur Beschreibung des Inhalts der Speicherzellen haben sich verschiedene Bezeichnungen, sogenannte Datenformate, eingebürgert, die Gruppen von Bits bezeichnen. Für eine Gruppe von 8 Bit Umfang hat IBM das englische Kunstwort *Byte* eingeführt. Eine Gruppe von 4 Bits wird dementsprechend als Halbbyte oder auch als Nibble bezeichnet. Wie wir noch sehen werden, benötigen wir zur Darstellung von Zeichen in Texten gerade ein Byte. Wenn wir bedenken, dass Textverarbeitung eine der Hauptaufgaben bei heutigen Rechenanlagen ist, dann verstehen wir sofort, dass bei modernen Rechnern eine Speicherzelle gerade ein Byte umfasst. Wie wir auch noch sehen werden, ist ein Byte natürlich zu wenig, um z. B. ganze Zahlen vernünftig darstellen zu können. Es wurde deshalb die Bezeichnung *Wort* für eine Anzahl von Bits eingeführt, die im Rechner mit einer Operation *zugleich* verarbeitet werden kann. Als Operationen kommen hier in Frage: Speicheraufruf, Datentransport und arithmetische Operationen. Unter Speicheraufruf verstehen wir die Anzahl der Bits, die gleichzeitig bei einen Aufruf in den Speicher geschrieben bzw. ausgelesen werden können. Unter Datentransport verstehen wir die Anzahl der Bits, die gleichzeitig auf dem internen Verkehrsweg des Prozessors transportiert werden können. Die Anzahl der Bits, die ein Wort umfasst, bezeichnen wir als die Wortlänge, die üblicherweise ein Vielfaches von 8 Bit beträgt. Manchmal finden wir unterschiedliche Wortlängen in einem Rechner, z. B. für den Zugriff zum Speicher 16 Bit und für den Datentransport innerhalb des Prozessorchips 32 Bit. Die Wortlänge ist eine wichtige Kenngröße für die Rechnerleistung. Im Bereich der Mikrocomputer wird derzeit häufig eine Wortlänge von 16 oder 32 Bit benutzt.

2.2 Zahlensysteme und Arithmetik

Zahlwert
Ziffern

Bevor wir uns mit der Darstellung von Informationen, also z. B. der Darstellung von ganzen Zahlen im Rechner befassen, wollen wir noch einmal zusammenfassen, was wir unter einem Positionszahlsystem verstehen. In dieser Darstellung werden (nicht-negative) Zahlen durch Folgen von *Ziffern* dargestellt. Die möglichen Ziffern entstammen dabei dem Ziffernalphabet $Z = \{0, 1, ..., b{-}1\}$, wobei b, eine positive ganze Zahl, die Basis des Positionszahlsystems ist. Jeder Ziffer in einer Zahl wird eine Position j zugeordnet, wobei man von rechts mit 0 beginnend die Ziffern einer Zahl durchnumeriert. Der Wert einer Zahl, kurz *Zahlwert*, ergibt sich dann durch Summation über die Produkte aus (Ziffernwert $*b^j$) d. h.

die ($n{+}1$)-stellige Ziffernfolge: $\qquad d_n \qquad d_{n-1} \qquad ... \qquad d_j$

repräsentiert den

Zahlwert $z = \sum_{i=0}^{n} d_i\, b^i \qquad\qquad d_n{*}b^n + \quad d_{n-1}{*}b^{n-1} + \quad ... \quad d_0{*}b^0$

Übertrag

Der Beitrag einer Ziffer zum Wert der Zahl hängt also von der Position der Ziffer innerhalb der Zahl ab. Daher kommt der Name Positionszahlsystem. Das uns wohlbekannte Dezimalsystem ist ein Positionszahlsystem zur Basis 10, während die römischen Zahlen kein Positionszahlsystem darstellen. Mit Zahlen in Positionsdarstellung können wir in der gleichen Weise rechnen, wie uns das aus dem Dezimalsystem bekannt ist. Sind a_n, ..., a_1, a_0 und d_n, ..., d_1, d_0 zwei Zahlen zur Basis b, so erhalten wir die Summe e_n, ..., e_1, e_0, indem wir, von rechts beginnend, für jede Position i die Summe $e_i = (a_i + d_i + c_{i-1})$ modulo b (dem Rest) bilden und $c_i = (a_i + d_i + c_{i-1})$ div b, als sogenannten *Übertrag* (carry) der Position i, in der nächsthöheren Stelle $i+1$ hinzu addieren (wobei $c_{-1}=0$ ist). Entsprechendes gilt für die Multiplikation: Eine Zahl multiplizieren wir mit einer einzelnen Ziffer, indem wir die Ziffer nacheinander mit den einzelnen Ziffern der Zahl multiplizieren und das Multiplikationsergebnis jeweils wie bei der Addition in Rest und Übertrag zerlegen. Daraus lässt sich dann durch positionsversetzte Addition die Multiplikation zweier beliebiger Zahlen herleiten, genau in der Vorgehensweise, wie wir das aus dem Dezimalsystem her kennen. In analoger Weise ergibt sich die Subtraktion und Division als Umkehrung der Addition bzw. Multiplikation.

Das oben Gesagte gilt generell für das Positionszahlsystem unabhängig von dem Wert der Basis. Für die Darstellung von Informationen im Rechner wichtige Positionszahlsysteme sind mit der Basis 2 das Dualsystem, mit der Basis 8 das Oktalsystem, mit der Basis 16 das Hexadezimal- bzw. Sedezimalsystem.

2.2.1 Dualsystem

Beim Dualsystem mit der Basis $b=2$ besteht das Ziffernalphabet Z nur aus zwei Ziffern, also $Z=\{0,1\}$, wobei wir hier die Zeichen 0 und 1 gewählt haben (oft wird auch 0 und L benutzt). Eine Zahl im Dualsystem ist somit eine Folge von Ziffern, die nur aus 0 und 1 besteht.

Position j:	7	6	5	4	3	2	1	0
Dualzahl:	**1**	**1**	**0**	**0**	**1**	**1**	**0**	**1**
repräsentiert den Zahlenwert Z =	$1{*}2^7+$	$1{*}2^6+$	$0{*}2^5+$	$0{*}2^4+$	$1{*}2^3+$	$1{*}2^2+$	$0{*}2^1+$	$1{*}2^0$

$$= 205_{10}$$

Die Dualzahl in unserem Beispiel entspricht 205 im Dezimalsystem, was durch den Index $_{10}$ ausgedrückt wird. Man kann die obige Berechnung des Zahlwertes auch als „Umwandlung ins Dezimalsystem" bezeichnen.

Eine solche Dualzahl lässt sich natürlich leicht auf eine Bitfolge bzw. einem Bitvektor abbilden. In unserem Beispiel sind das gerade $n=8$ Bit, d. h. ein Byte (mit den Bitpositionen $j=0...7$), was uns hier einen Zahlenbereich $0 \leq x \leq 2^n-1$, d. h. von 0 bis

255, erlaubt. Die Anzahl der zur Darstellung von Zahlwerten verwendeten Bits und damit auch die Anzahl der bei den arithmetischen Befehlen zugleich verarbeiteten Bits bezeichnet man als Wortlänge und entsprechend die Gruppe der Bits als Wort. Diese Wortlänge ist eine wichtige Kenngröße eines Rechners.

Entsprechend der oben erklärten „Umwandlung ins Dezimalsystem" lässt sich durch Umkehrung auch die „Umwandlung von Dezimal- in das Dualsystem" zeigen. Wie wir in dem folgenden Beispiel sehen, geschieht dies durch „Fortgesetzte Division durch die Basis $b=2$ unter Restbildung". Die dabei entstehende Folge der Reste bildet, von rechts beginnend, die Ziffern der gesuchten Dualzahl.

Beispiel: Konvertierung Dezimal – Dual

Gegeben: 205_{10}

Verfahren

			Rest
205	:	2	1
102	:	2	0
51	:	2	1
25	:	2	1
12	:	2	0
6	:	2	0
3	:	2	1
1	:	2	1

Ergebnis: 1 1 0 0 1 1 0 1

Die Verfahren zur Durchführung der arithmetischen Operationen (Addition, Subtraktion, Multiplikation und Division) bei Dualzahlen folgen den Rechenregeln des Positionszahlsystems, die uns vom Dezimalsystem bekannt sind. Dazu betrachten wir einige Beispiele:

	1	0	1	1	=	11_{10}
+	0	0	1	1	=	3_{10}
0	0	1	1			Übertrag (carry)
	1	1	1	0	=	14_{10}

$$
\begin{array}{ccccccc}
1 & 1 & 0 & 1 & = & 13_{10} \\
- & 0 & 0 & 1 & 1 & = & 3_{10} \\
\hline
0 & 0 & 1 & 0 \\
\hline
1 & 0 & 1 & 0 & = & 10_{10}
\end{array}
$$

Zur Schreibweise ist hier anzumerken, dass wir bis zur vollen Wortlänge führende Nullen einfügen und dass wir den Übertrag aus der Position i auf der Position $i+1$ notieren (wie wir das aus dem Dezimalsystem gewohnt sind).

$$
\begin{array}{l}
1\ 1\ 0\ *\ 1\ 0\ 1 \\
\hline
1\ 1\ 0 \\
\quad 0\ 0\ 0 \\
\qquad 1\ 1\ 0 \\
\hline
1\ 1\ 1\ 1\ 0
\end{array}
\qquad
\begin{array}{l}
1\ 0\ 0\ 0\ 0\ 1\ :\ 1\ 1\ 0\ =\ 1\ 0\ 1 \\
-\ 1\ 1\ 0 \\
\hline
\quad 0\ 1\ 0 \\
\quad -\ 1\ 1\ 0 \\
\hline
\qquad \text{nicht möglich} \Rightarrow \text{Ergebnisziffer } 0 \\
\qquad 1\ 1\ 0\ 1 \\
\qquad -\ 1\ 1\ 0 \\
\hline
\qquad 0\ 0\ 1\ 1\ =\ \text{Rest}
\end{array}
$$

Diesen Beispielen entnehmen wir, dass bei der Addition und der Subtraktion zweier n-stelliger Zahlen das Ergebnis höchstens $(n+1)$-stellig ist. Das Ergebnis der Multiplikation zweier n-stelliger Zahlen hat $2n$ Stellen. Das Ergebnis der Division einer $2n$-stelligen Zahl durch eine n-stellige Zahl hat n Stellen.

Diese Regeln, die uns aus dem Dezimalsystem bekannt sind, gewinnen bei der Durchführung der arithmetischen Operationen durch den Rechner besondere Bedeutung, da hier die Stellenzahl durch die Wortlänge, d. h. durch die Anzahl der Bits pro Wort, begrenzt ist. So ist z. B. bei einer Wortlänge von 16 Bit die größte darstellbare Zahl

$$
1111\ 1111\ 1111\ 1111 = 2^{16} - 1 = 65535_{10}
$$

Bei einer Zahldarstellung mit 16 Bit müssen wir bedenken, dass das Ergebnis bei der Addition zweier 16stelliger Zahlen 17 Stellen und bei der Multiplikation sogar 32 Stellen haben kann. Ferner müssen wir bei der Division beachten, dass der Zähler im allgemeinen 32 Stellen umfassen kann. Wir müssen daher für die Ablage des Ergebnisses bei der Multiplikation, bzw. für den Zähler bei der Division eine Speichermöglichkeit mit doppelter Bitbreite haben. Bei der Division müssen wir gegebenenfalls den Zähler mit führenden Nullen auffüllen, bevor wir die Division beginnen können. Soll das Ergebnis einer arithmetischen Operation im Speicher abgelegt werden, oder wieder als Operand einer arithmetischen Operation verwendet werden, dann muss es ebenfalls Wortlänge haben, also z.B. mit 16 Stellen darstellbar sein. Es müssen dann die überschüssigen Stellen Nullen sein. Ob diese Bedingung eingehalten ist, müssen wir beim Programmieren auf Maschinenebene bei jeder einschlägigen Operation prüfen, sonst arbeiten wir möglicherweise mit einem falschen Ergebnis weiter.

2.2.2 Oktal- und Hexadezimalsystem

Neben dem Dualsystem sind für die Darstellung von Informationen zwei weitere Positionszahlsysteme von Bedeutung, nämlich das Oktalsystem (Basis $b=8$) und das Hexadezimalsystem (Basis $b=16$). Beide Zahlsysteme werden benutzt, um längere Bitfolgen kompakt darzustellen. Es wäre z. B. mühsam in einem Assemblerprogramm eine 16 Bit lange Konstante durch Angabe der einzelnen Bits schreiben zu müssen.

Das Oktal- und Hexadezimalsystem ist deshalb besonders geeignet, um Dualzahlen (Bitfolgen) darzustellen, weil die Basis jeweils einer Zweierpotenz entspricht. Wir werden deshalb oft Dualzahlen als Oktal- bzw. Hexadezimalzahlen (mit dem gleichen Zahlwert) darstellen. Die Umwandlung vom Dualsystem in das Oktal- oder Hexadezimalsystem ist sehr einfach. Man beginnt bei der Dualzahl von rechts und teilt sie in Gruppen von 3 bzw. 4 Bits ein, wobei führende Nullen gegebenenfalls hinzugefügt werden. Für jede Bitgruppe wird dann die ihrem Wert entsprechende Ziffer in dem betreffenden Zahlsystem angeschrieben. Dabei reichen uns natürlich bei der Umwandlung in das Oktalsystem die Ziffernzeichen 0 bis 7, während im Hexadezimalsystem als Ziffernzeichen noch die Buchstaben A bis F hinzugenommen werden. Wie wir in dem folgenden Beispiel sehen, geschieht die Umwandlung vom Oktal- bzw. Hexadezimalsystem in das Dualsystem einfach durch Umkehrung der oben erläuterten Umwandlung.

$$101\ 011\ 110\ 011_2 \quad = \quad 5361_8$$

$$1010\ 1111\ 0001_2 \quad = \quad AF1_{16}$$

Für die Umwandlung vom Oktal- bzw. Hexadezimalsystem ins Dezimalsystem und zurück, kann man die gleichen Verfahren verwenden, wie wir sie beim Dualsystem kennengelernt haben, da diese generell für Positionszahlsysteme gelten. Für die Umwandlung in das Dezimalsystem haben wir also einfach den Wert der Zahl zu berechnen, und für die Umwandlung vom Dezimalsystem in das Oktal- bzw. Hexadezimalsystem führen wir die wiederholte Division durch die Basis durch, jedoch unter

Bildung der Reste, wie wir das bei dem Dualsystem kennengelernt haben.

2.3   Kodierung von Informationen

In diesem Abschnitt erörtern wir die Kodierungsmöglichkeiten für die uns z. B aus Pascal bekannten einfachen Datentypen. Die Kodierung strukturierter oder zusammengesetzter Datentypen (etwa **Array** oder **Record**) ergibt sich durch Aneinanderreihung der Kodierung der Komponenten, wie wir später sehen werden. Eine wichtige Größe für die Kodierung ganzer Zahlen mit oder ohne Vorzeichen und für die Kodierung von Gleitpunktzahlen ist die Wortlänge. Sie bestimmt die einfach darstellbaren Wertebereiche. Will man mit Zahlen arbeiten, die diese Wertebereiche überschreiten, so steigt der Aufwand erheblich.

2.3.1   Darstellung positiver, ganzer Zahlen

Zur Darstellung positiver, ganzer Zahlen, d. h. zur Abbildung auf Bitfolgen, die ein Wort umfassen, können wir natürlich einfach das Dualsystem verwenden. Damit ist klar, dass wir bei einer Wortlänge von n Bits einen Zahlenbereich von 0 bis 2^n-1 darstellen können. Bei einer Wortlänge von 16 Bits ist also die größte darstellbare Zahl $2^{16}-1=65535$ (bei 8 Bit ist dies $2^8-1=255$).

Bild 2.1: Darstellung positivier ganzer Zahlen mit 4 Bits

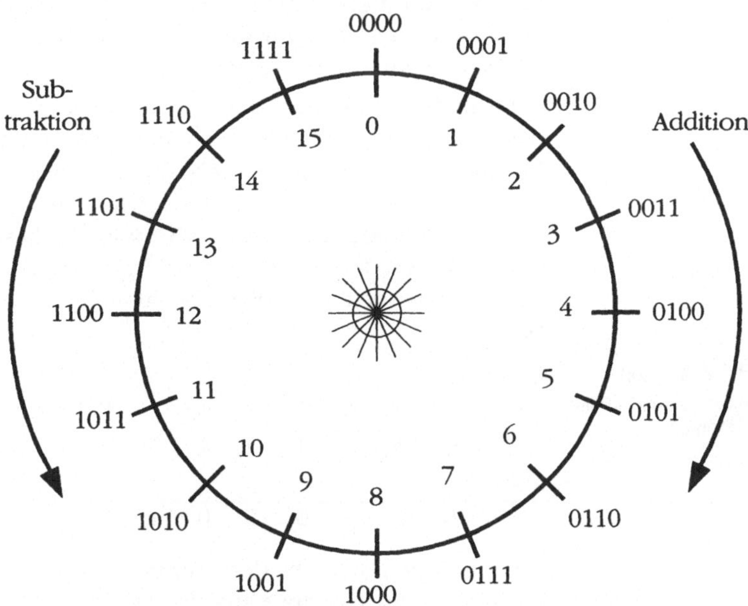

Für die folgenden Beispiele gehen wir zur Vereinfachung von einem Rechner mit einer Wortlänge von 8 Bit aus. Aus den obigen Erläuterungen zum Dualsystem sahen wir bereits, dass wir

für die Addition und Subtraktion die aus der Schulmathematik bekannten Verfahren übertragen können, d. h. wir erwarten dementsprechend, dass es im Befehlssatz von Mikroprozessoren für diese Verfahren je einen Befehl gibt, z. B. **ADD** und **SUB**. Diese Befehle implementieren die Addition bzw. Subtraktion, wobei wir in jeder Stelle oder Position einen Übertrag bekommen können, den wir in der nächsthöheren Stelle zu berücksichtigen haben. Wir tun dies, indem wir den Übertrag auf der nächsthöheren Stelle beim zweiten Operanden berücksichtigen, d. h. dem zweiten Operanden zuschlagen (wie wir oben sahen, bekommen wir bei der Subtraktion einen negativen Übertrag in die nächsthöhere Stelle, den wir auf der nächsthöheren Stelle dadurch berücksichtigen, dass wir ihn dem zweiten Operanden, d. h. dem abzuziehenden Operanden hinzuschlagen).

Überlauf

Entsprechend den vier Grundrechenarten Addition, Subtraktion, Multiplikation und Division, stehen uns entsprechende Maschinenbefehle zur Verfügung, die jeweils zwei Operanden verbinden und ein Ergebnis liefern. Von besonderer Bedeutung ist dabei die Frage, wann der Fall eintritt (und wie er erkannt wird), dass das Ergebnis nicht mehr mit der entsprechend der Wortlänge zur Verfügung stehenden Anzahl von Bits dargestellt werden kann. Diese Situation bezeichnet man als *Überlauf* (overflow).

Bei der Addition stellen wir fest, dass das Ergebnis höchstens $(n+1)$-stellig ist. Wie wir dem folgenden Beispiel zur Addition mit Überlauf entnehmen, ist das Ergebnis 266_{10} natürlich mit 8 Bits nicht mehr darstellbar. Bei der Addition zeigt sich dies dadurch, dass ein Übertrag aus der höchsten Stelle heraus entsteht, der bei Rechnern als Ergebnis der Abarbeitung des Befehls (hier **ADD**) in ein besonderes Bit im Statusregister, in das sogenannte c-Bit (carry bit) übertragen wird. Wie wir an diesem Beispiel sehen, gehört dieses Bit eigentlich zum Ergebnis, und die Tatsache, dass das c-Bit gesetzt ist, zeigt uns also hier an, dass ein Überlauf vorliegt.

Bild 2.2: Addition positiver, ganzer Zahlen mit Überlauf

Beispiel:

		1	0	1	1	0	1	1	0	182_{10}
	+	0	1	0	1	0	1	0	0	84_{10}
c = 1		1	1	1	0	1	0	0		
		0	0	0	0	1	0	1	0	$10_{10}=266_{10}-256_{10}$

Analog sehen wir bei der Subtraktion aus dem folgenden Beispiel, dass ein Übertrag aus der höchsten Stelle heraus in das c-Bit anzeigt, dass das Ergebnis außerhalb des zulässigen Zahlenbereiches liegt, d. h. ein Überlauf eingetreten ist. Welches die Kriterien für die Feststellung eines Überlaufs bei der

Multiplikation bzw. Division sind, werden wir später bei der Besprechung der Maschinenbefehle sehen.

Bild 2.3: Subtraktion positiver ganzer Zahlen mit Überlauf

Beispiel:

```
    ↗0  01 ↗0 ↗1 ↗0 ↗1 ↗0  0        84₁₀
  –/  1   0  1  1  0  1 –1  0       182₁₀
 c = 1  0   1  1  1  1  1  0
 ─────────────────────────────
    1   0   0  1  1  1  1  0        158₁₀
```

2.3.2 Darstellung ganzer Zahlen mit Vorzeichen

Bei der Darstellung ganzer Zahlen mit Vorzeichen können wir natürlich wiederum das Dualzahlsystem verwenden. Wir müssen nur noch eine Darstellung für das Vorzeichen hinzufügen. Verwenden wir dazu das vorderste Bit eines Wortes, so bleiben uns nur $n-1$ Bits zur Darstellung der Zahl übrig, d. h. der Zahlenbereich für diese Darstellung ist folglich $-(2^{n-1}-1)$ bis $2^{n-1}-1$. Diese Art der Darstellung ist allerdings nicht besonders vorteilhaft, denn es gibt zwei Darstellungen der Null, nämlich +0 und –0, was zu Problemen führt, wenn wir z. B. den Maschinenbefehl Vergleiche auf Null oder z.B. auf $\geq$ usw. implementieren wollen. Diese Probleme vermeidet die im folgenden zu besprechende K2-Darstellung.

K2-Darstellung

Die *K2-Darstellung* einer vorzeichenbehafteten ganzen Zahl z ist durch folgende Formel definiert:

$$\text{K2}(z) = \begin{cases} |z| & z \geq 0 \\ 2^n - |z| & z < 0 \end{cases}$$

wobei man

$$k_2(z) = 2^n - |z|$$

$$\text{mit } k_2(k_2(z)) = 2^n - \big|\, 2^n - |z| \,\big| = 2^n - 2^n + |z| = |z|$$

Zweierkomplement

das *Zweierkomplement* nennt.

Der Zahlenbereich ist dabei unsymmetrisch zu Null und zwar $-2^{n-1} \leq z < 2^{n-1}$. Die K2-Darstellung bedeutet also: für die Zahlen im positiven Bereich verwenden wir die bekannte Dualzahldarstellung, während für negative Zahlen das Zweierkomplement verwendet wird. Damit ergibt sich sofort die Vorgehensweise für die Umrechnung vorzeichenbehafteter ganzer Zahlen in die K2-Darstellung. Für positive ganze Zahlen verwenden wir einfach die Dualdarstellung, während wir für negative Zahlen das Zweierkomplement bilden müssen. Für die Bildung des Zweierkomplementes lässt sich eine einfache Regel angeben.

1) bilde *Einserkomplement* (durch „invertieren" der Bitfolge)

$$k_1(z) = 2^n - |z| - 1 \qquad \text{(umwandeln von } 0{\rightarrow}1 \text{ und} 1{\rightarrow}0)$$

2) Addiere 1 in 2^0-Stelle

Die Abbildung vorzeichenbehafteter ganzer Zahlen in der K2-Darstellung lässt sich sehr anschaulich in einem Zahlenring darstellen.

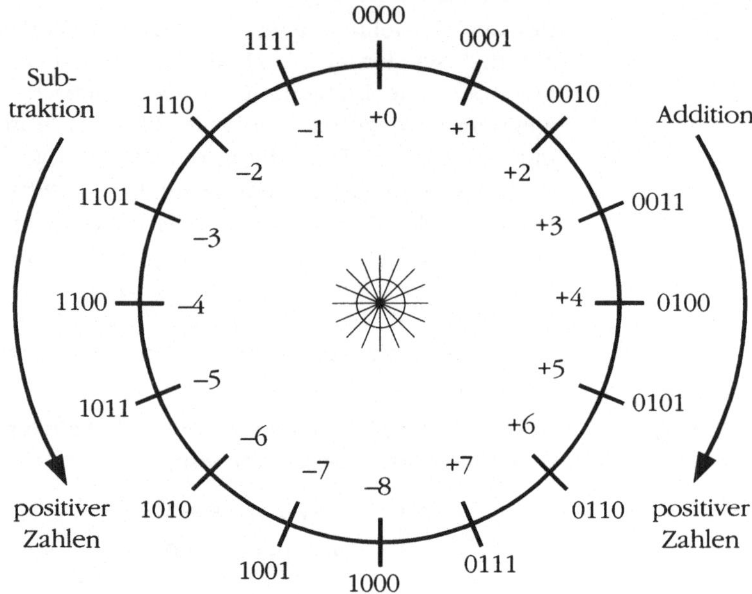

Bild 2.4: K2-Darstellung mit 4 Bit

Der Zahlenring macht deutlich, dass der Zahlenbereich unsymmetrisch ist und dass es nur eine Darstellung der Null gibt.

Für die Addition in der K2-Darstellung haben wir folgende Additionsregel

$$K_2(s) = K_2(x + y) = \left[K_2(x) + K_2(y)\right] \bmod 2^n$$

wobei wir einen Überlauf bekommen, falls

$$s \quad < \quad -2^{n\text{-}1}$$

$$\text{oder} \quad s \quad > \quad 2^{n\text{-}1}\text{-}1$$

Zur Additionsregel betrachten wir folgende Additionsbeispiele:

0	1	0	0	1	0	1	0	$+74_{10}$
0	0	0	1	0	1	1	1	$+23_{10}$
0	1	1	0	0	0	0	1	$+97_{10}$

Übertrag (carry bit) = 0

1	0	1	1	0	1	1	0	$K_2(-74_{10}) = k_2(+74_{10})$
0	0	0	1	0	1	1	1	$+23_{10}$
1	1	0	0	1	1	0	1	$K_2(-51_{10}) = k_2(+51_{10})$

Übertrag (carry bit) = 0

0	1	0	0	1	0	1	0	$+74_{10}$
1	1	1	0	1	0	0	1	$K_2(-23_{10})$
0	0	1	1	0	0	1	1	$K_2(+51_{10})$

Übertrag (carry bit) = 1

1	0	1	1	0	1	1	0	$K_2(-74_{10})$
1	1	1	0	1	0	0	1	$K_2(-23_{10})$
1	0	0	1	1	1	1	1	$K_2(-97_{10})$

Übertrag (carry bit) = 1

Aus diesen Beispielen entnehmen wir zunächst, dass für die Addition genau derselbe Algorithmus wie beim Dualzahlsystem verwendet wird, wobei jetzt allerdings zu beobachten ist, dass ein etwaiger Überlauf in der vordersten Stelle (der im Carry-Bit angezeigt wird) anders als bei der Addition vorzeichenloser Zahlen nicht zum Ergebnis gehört, also auch keinen Überlauf anzeigt und deshalb ignoriert wird.

Ferner zeigt uns das vorletzte Beispiel, dass wir die Subtraktion durch eine Addition implementieren können, wenn wir zuvor das Zweierkomplement bilden. Diese Beobachtung ist besonders interessant, zeigt sie uns doch, dass wir für die Subtraktion den Additionsalgorithmus bzw. den Additionsbefehl verwenden können, wenn wir ihm die Zweierkomplementbildung für den zweiten Operanden vorschalten. Damit wird ein wesentlicher Vorteil der K2-Darstellung deutlich, wenn wir noch zeigen können, dass sich die Zweierkomplementbildung einfach realisieren lässt. Wir sahen, dass wir das Zweierkomplement dadurch erreichten, dass wir zunächst sämtliche Bits invertierten und an der nullten Stelle eins addierten. Die Invertierung ist sehr leicht zu implementieren, aber auch die Addition mit eins lässt sich durch einen Trick einfach erreichen. Betrachten wir noch einmal die Addition im Dualsystem, so hatten wir gesehen, dass wir in jeder Stelle gegebenenfalls einen Übertrag aus der nächst tieferen Stelle zu berücksichtigen hatten. Dabei gingen wir natürlich davon aus, dass wir in der nullten Stelle keinen Übertrag (aus der nächst tieferen Stelle), d. h. den Übertrag Null, hatten. Die Addition mit eins aus der Zweierkomplementbildung lässt nun leicht bei der Addition in Form eines Übertrags in die nullte Stelle nachholen. Die hier beschriebene Realisierung des Subtraktionsbefehls unter Verwendung der bereits vorhandenen Implementierung für den Additionsbefehl ist in Bild 2.9 schematisch dargestellt.

In dem folgenden Abschnitt wollen wir die Bedingungen für den Überlauf bei der K2-Darstellung untersuchen. Natürlich ist klar, dass ein Überlauf nur dann eintreten kann, wenn bei der Addition beide Operanden gleiches Vorzeichen haben oder wenn bei der Subtraktion beide Operanden ungleiches Vorzeichen haben. Wie wir oben sahen, zeigt uns, anders als bei der Addition vorzeichenloser Zahlen, das Übertragsbit (carry bit) nun nicht mehr die Überlaufsituation an. Wir finden deshalb im Statusregister eines Prozessors neben dem Übertragsbit (carry bit) noch ein sogenanntes Überlaufbit (overflow bit), das uns die Überlaufsituation anzeigt, wenn wir in K2-Darstellung arbeiten wollen. Bevor wir die Überlaufregel angeben, die festlegt, unter welcher Bedingung dieses Bit gesetzt wird, wollen wir zunächst zwei Beispiele für den Überlauf untersuchen.

Bild 2.5: Beispiel für Überlauf in K2-Darstellung

Überlaufbeispiel 1:

$x = -74$, $y = -61$, d. h. $x + y = -135 < -128 = -2^7$

$$
\begin{array}{ccccccccl}
 & 1 & 0 & 1 & 1 & 0 & 1 & 1 & 0 & \quad K_2(-74_{10}) \\
+ & 1 & 1 & 0 & 0 & 0 & 0 & 1 & 1 & \quad K_2(-61_{10}) \\
\hline
c = 1 & 0 & 0 & 0 & 0 & 1 & 1 & 0 & & \\
\hline
 & 1 & 0 & 1 & 1 & 1 & 1 & 0 & 0 & 1 \\
\end{array}
$$

Bild 2.6: Beispiel für Überlauf in K2-Darstellung

Überlaufbeispiel 2:

$x = +74$, $y = +61$, d. h. $x + y = +135 > 127 = 2^7 - 1$

$$
\begin{array}{ccccccccl}
 & 0 & 1 & 0 & 0 & 1 & 0 & 1 & 0 & \quad K_2(+74_{10}) \\
+ & 0 & 0 & 1 & 1 & 1 & 1 & 0 & 1 & \quad K_2(+61_{10}) \\
\hline
c = 0 & 1 & 1 & 1 & 1 & 0 & 0 & 0 & & \\
\hline
 & 0 & 1 & 0 & 0 & 0 & 0 & 1 & 1 & 1 \\
\end{array}
$$

Überlaufregel

Bei beiden Beispielen beobachten wir, dass der Übertrag (aus der höchsten Stelle) jetzt offenbar mit zum Ergebnis gehört (anders als bei den obigen Additionsbeispielen, bei denen allerdings auch kein Überlauf vorlag). Vergleicht man die Beispiele, dann fällt auf, dass zur Charakterisierung der Überlaufsituation offenbar folgende *Überlaufregel* gilt: Es herrscht dann Überlauf, bzw. das Überlaufbit wird dann auf 1 gesetzt, falls entweder $c_n=1$ und $c_{n-1}=0$ oder $c_n=0$ und $c_{n-1}=1$ ist. Dabei bedeutet c_n den Übertrag aus der höchsten Stelle (der darüber hinaus auch noch im Übertragsbit angezeigt wird) und c_{n-1} der Übertrag aus der zweit höchsten Stelle.

Vergleichen wir zusammenfassend die beiden Arten der Zahlendarstellung, die Darstellung positiver ganzer Zahlen mit dem Dualsystem und die K2-Darstellung, dann stellen wir fest, dass für die Addition derselbe Algorithmus, und damit auch derselbe Maschinenbefehl (**ADD**) Anwendung findet. Wie wir gesehen haben, unterscheiden sich die beiden Darstellungen allerdings in der Art und Weise, wie eine Überlaufsituation festgestellt werden kann. Setzt man voraus, dass man im Dualsystem arbeitet, dann wird eine Überlaufsituation durch das Übertragsbit angezeigt. Arbeitet man in der K2-Darstellung, dann zeigt das Überlaufbit diese Situation an. Der Algorithmus bzw. Befehl zur Addition ist also in beiden Darstellungen derselbe, nur die Überlaufsituation wird durch unterschiedliche Bits angezeigt. Ob eine Bitfolge als vorzeichenlose oder vorzeichenbehaftete Zahl interpretiert wird, hängt also nur von dem Programm ab, das entweder das Übertragsbit oder das Überlaufbit zu inspizieren hat. Der Prozessor unterscheidet nicht, ob die Bitfolge in den Operanden in der einen oder anderen Darstellungsart gemeint ist. Für beide Darstellungsarten verarbeitet er sie in der gleichen Weise. Wir können dies an folgendem Beispiel beobachten.

Bild 2.7: Addition

interpretiert als vorzeichenlose Zahlen	Bitfolge	interpretiert als vorzeichenbehaftete Zahlen:
12	0000 1100	(+12)
+ 241	+ 1111 0001	+ (–15)
253	1111 1101	– 3
Übertragungsbit = 0 (carry bit)	Überlaufbit = 0 (overflow bit)	

Bild 2.8: Subtraktion vorzeichenloser Zahlen

interpretiert als vorzeichenlose Zahlen		Bitfolge
12		0000 1100
– 15		– 0000 1111
	Übertrag	11111 111
(Überlauf) (Übertragsbit = 1)		1111 1101

Betrachten wir in dem zweiten Beispiel die Subtraktion vorzeichenloser Zahlen, so sehen wir, dass bei der Subtraktion der Bitfolgen ein Übertrag entsteht, also das Übertragsbit auf 1 gesetzt werden muss, um anzuzeigen, dass das Ergebnis außerhalb des darstellbaren Zahlenbereichs liegt.

Untersuchen wir nun, ob wir für die Subtraktion vorzeichenloser Zahlen, in gleicher Weise wie bei der K2-Darstellung (vorzeichenbehaftete Zahlen), die Subtraktion mittels einer Addition mit vorgeschalteter Zweierkomplementbildung realisieren können. In unserem zweiten Beispiel bilden wir also von der Bitfolge des zweiten Operanden das Zweierkomplement, um dieses zum ersten Operanden hinzuaddieren. Vergleichen wir das mit unserem ersten Beispiel, so sehen wir, dass die ersten Operanden gleich sind, der zweite Operand des ersten Beispiels das Zweierkomplement des zweiten Operanden des zweiten Beispiels ist und die Ergebnisse gleich sind. Weitere Fallstudien zeigen, dass wir die Subtraktion für vorzeichenlose Zahlen in gleicher Weise wie für vorzeichenbehaftete Zahlen als Addition mit vorgeschalteter Zweierkomplementbildung implementieren können. Dabei ist allerdings noch darauf hinzuweisen, dass der bei der Addition (als Bestandteil der Subtraktion) entstehende Übertrag nicht direkt als Eintrag in das Übertragsbit (der Subtraktion) übernommen werden kann, sondern (wie auch unser Beispiel zeigt) zuvor invertiert werden muss.

Unsere Betrachtungen machen also deutlich, dass man für beide Darstellungsarten, vorzeichenlose und vorzeichenbehaftete Zahlen, dieselben Maschinenbefehle für Addition bzw. Subtraktion verwenden kann. Der Unterschied besteht nur darin, dass wir, je nachdem, welche Darstellung wir zugrunde legen, die Überlaufsituation entweder durch Inspektion des Überlaufbits oder Übertragsbits erkennen.

Bild 2.9: Realisierung des Subtraktionsbefehls mittels Addition

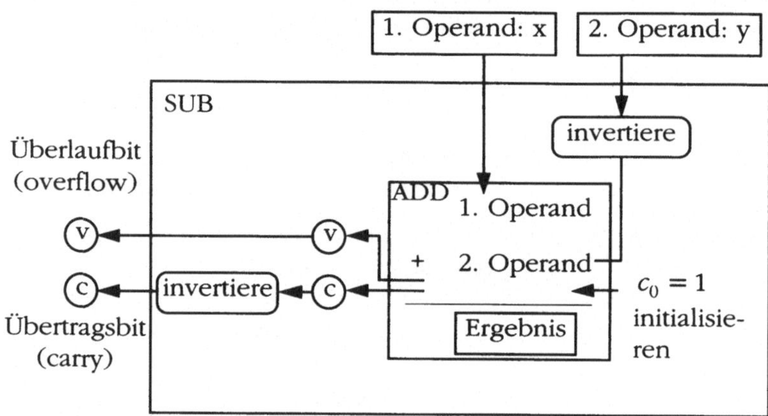

2.3.3   Binärkodierte Dezimaldarstellung

Bei der binärkodierten Dezimaldarstellung (BCD-Darstellung) kodiert man die Ziffern des Dezimalsystems einzeln durch eine vierstellige Dualzahl. Diese Darstellung ist durch die folgende BCD-Abbildung definiert.

	dezimale Ziffer:	Dualzahl:			
Bild 2.10: BCD-Abbildung von dezimalen Ziffern in vierstellige Dualzahlen	0	0	0	0	0
	1	0	0	0	1
	2	0	0	1	0
	3	0	0	1	1
	4	0	1	0	0
	5	0	1	0	1
	6	0	1	1	0
	7	0	1	1	1
	8	1	0	0	0
	9	1	0	0	1

(Den sechs weiteren möglichen Bitkombinationen sind keine Ziffern zugeordnet.)

Wie wir sehen, wird also jede Ziffer des Dezimalsystems durch eine vierstellige Dualzahl dargestellt, die den gleichen Wert hat, wie die Ziffer im Dezimalsystem. Bei dieser Abbildung ist zu beachten, dass sechs weiteren Bitkombinationen (mit den Werten 10 bis 15) keine Ziffern zugeordnet sind. Diese unerlaubten Kodierungen werden gelegentlich auch als Pseudotetraden bezeichnet.

Die BCD-Darstellung wird wie folgt aus der Dezimaldarstellung abgeleitet:

Gegebene Dezimalzahl:

$$d_{n-1}\ d_{n-2}\ ...\ d_1\ d_0 \quad \text{mit} \quad d_i \in \{0, 1, ..., 9\}$$

zugehörige BCD-Zahl wird gebildet durch

$$bcd(d_{n-1})\ bcd(d_{n-2})\ ...\ bcd(d_1)\ bcd(d_0)$$

Beispiel: $3\ 5\ 9_{10}$

3	5	9	$_{10}$
0 0 1 1	0 1 0 1	1 0 0 1	BCD

Beispiel: $2\ 6\ 8_{10}$

2	6	8	$_{10}$
0 0 1 0	0 1 1 0	1 0 0 0	BCD

Bild 2.11: Addition von BCD-Zahlen in Dualzahlendarstellung

Beispiel:

$$359_{10} \quad a$$
$$+\ 268_{10} \quad b$$
$$\overline{627_{10}} \quad s$$

Stelle: 2   1   0

Stelle 0		1001	a_0
		1000	b_0
Übertrag 1	(1)	0001	$a_0 + b_0 \geq 10$ daher
		+ 0110	Korrekturaddition mit 6
		0111	$s_0 = 7$

Stelle 1		0101	a_1
		0110	b_1
		1	Übertrag von Stelle 0
		1100	≥ 10 daher
		0110	Korrektur
Übertrag 1	(1)	0010	$s_1 = 2$

Stelle 2		0011	a_2
		0010	b_2
		1	Übertrag von Stelle 1
		0110	$s_2 = 6$ < 10 daher keine Korrektur

Entsprechend der ziffernweisen Kodierung bei der BCD-Darstellung wird auch die Addition ziffernweise durchgeführt. Das Beispiel in Bild 2.11 zeigt, wie man die Addition stellenweise im Dualen ausführen kann, wobei besonders zu beachten ist, dass dabei auftretende ungültige Bitkombinationen (Pseudotetraten) durch eine Korrekturaddition mit 6 vermieden werden müssen. Wie wir sehen, kann natürlich ein Übertrag von einer Stelle zur nächsten auftreten, wobei dieser Übertrag allerdings auch durch eine Korrekturaddition ausgelöst werden kann.

Zur Speicherung von BCD-Zahlen, die je Ziffer ja nur 4 Bits benötigen, gibt es zwei Möglichkeiten: entweder man speichert jeweils zwei BCD-Ziffern in einem Byte, der sogenannten gepackten BCD-Darstellung, oder man speichert jeweils nur eine BCD-Ziffer in einem Byte. Bei gepackter Darstellung kann man also in einem Byte Werte von 00 bis 99 darstellen, also wesentlich weniger als beispielsweise bei Dualzahldarstellung. Obwohl die BCD-Darstellung den vorhandenen Speicherplatz weniger gut ausnützt, ist sie doch für bestimmte Anwendungsbereiche von Vorteil, nämlich genau dann, wenn man Anwendungen hat, bei denen viel Ein-/Ausgabe notwendig ist und Rundungsfehler bei arithmetischen Operationen vermieden werden sollen. Typische Anwendungen liegen im kommerziellen Bereich, wie z. B. Registrierkassenanwendungen. Da diese Anwendungen immerhin einen nicht zu vernachlässigen Bereich umfassen, finden wir entsprechend bei vielen Rechnern auch einen eigenen Satz von Befehlen zur Arithmetik in der BCD-Darstellung, eine Arithmetik, die natürlich gänzlich von der Arithmetik im Dualzahlsystem abweicht und erheblich komplizierter und damit langsamer ist.

2.3.4 Kodierung der Wahrheitswerte

Zur Kodierung der Wahrheitswerte `true` und `false` vom Typ `boolean` können wir natürlich ein einzelnes Bit verwenden. Im allgemeinen wählt man die Zuordnung `false`=0 und `true`=1. Die meisten Prozessoren verfügen über Befehle für die logische Konjunktion und Disjunktion, die bei dieser Wahl der Kodierung genau die Wirkung der Operationen `AND` und `OR` ergeben. Da die einzelnen Bits innerhalb des Worts nicht mit einem Zugriff ansprechbar sind, verwendet man zur Darstellung eines Objekts des Typs `boolean` gewöhnlich eine direkt zugreifbare, d. h. addressierbare Speichereinheit, also z. B. ein ganzes Wort. Zweckmässigerweise nimmt man dann die niedrigste Stelle zur Kodierung des Wahrheitswertes und setzt alle anderen Stellen gleich 0. Damit liegt eine Kodierung mit den Zahlen 0 und +1 vor und der Test, ob `true` oder `false` vorliegt, kann in diesem Fall durch den Vergleich auf 0 oder ungleich 0 programmiert werden. (Bei dem Maschinenbefehl `NOT` muss beachtet werden, dass er eine ganze Bitfolge invertiert. Man kann die Operation `NOT` z.B. durch `EXOR` 1 implementieren.)

2.3.5 Kodierung von Gleitpunktzahlen

Gleitpunktzahlen dienen der Darstellung von Zahlwerten mit einer festen relativen Genauigkeit. Aus der Sicht des numerischen Rechnens kann man die Zahlendarstellung charakterisieren durch drei Zahlenwerte

$$\text{smallreal} \quad = \text{kleinste Zahl, so dass } 1+\text{smallreal} > 1$$

$$\text{minreal} \quad = \text{kleinste positive Gleitpunktzahl}$$

$$\text{maxreal} \quad = \text{größte positive Gleitpunktzahl}$$

Für das Ergebnis von Gleitpunktoperationen muss man zusätzlich noch die Rundungsregeln beachten. Im Rechner werden Gleitpunktzahlen in normalisierter Darstellung

$$x = m^{*}b^{e}, \ m=0 \ \text{ oder } \ 1/_{b} \leq |m| < 1 \ \text{ oder } \ 1 \leq |m| \leq b$$

wiedergegeben. Die Mantisse m und der Exponent e werden binär kodiert. Die Basis b des Exponenten ist fest und wird nicht gespeichert.

Bild 2.12: Gleitpunktdarstellung nach der IEEE-Norm

0	0111 1111	100 0000 0000 0000 0000 0000
Vorzeichen	Exponent	Mantisse

Das Bild 2.12 zeigt die Darstellung der Zahl 1.5 in der IEEE-Norm. Die Basis der Darstellung ist b=2. Die vorderste Stelle ist das Mantissenvorzeichen. Die eigentliche Mantisse wird dem Betrag nach dargestellt.

Verborgenes Bit

Nach dem IEEE-Vorschlag benutzt man (für einfach lange Gleitpunktzahlen) 8 Bit für den Exponent und 24 Bit für die Mantisse. Da für $x \neq 0$ das vorderste Bit in der normalisierten Darstellung stets 1 ist, speichert man nur die hinteren 23 Stellen. Vorne ist also stets eine 1 zu ergänzen, das *verborgene Bit* (hidden bit).

Der Exponent wird nicht durch Angabe in K2-Darstellung kodiert, sondern durch die Charakteristik

$$c = e + e_0$$

wiedergegeben, wobei $e_0 = 2^{k-1} - 1$ ist, mit k=Anzahl Bits des Exponenten, für einfach lange Gleitpunktdarstellung also $c = e + 127$.

Die Null wird nach dem IEEE-Vorschlag in Exponent und Mantisse dargestellt durch Bitfolgen, bei denen alle Bits Null sind, sogenannte Nullfolgen. Es wird festgelegt, dass eine Ergänzung der Darstellung der Mantisse um eine 1 nur erfolgt falls der Exponent ungleich der Nullfolge ist (sonst wird eine 0 ergänzt).

Die Darstellung der Gleitpunktzahlen nach der IEEE-Norm ist also charakterisiert durch

$$\text{smallreal} \quad = \quad 1 * 2^{-23} \qquad \qquad \cong \quad 1{,}1921 * 2^{-7}$$

$$\text{minreal} \quad = \quad 1 * 2^{-126} \qquad \cong \quad 1{,}1754 * 2^{-38}$$

$$\text{maxreal} \quad = \quad (1 - 2^{-23}) * 2^{127} \qquad \cong \quad 3{,}4028 * 2^{38}$$

Es soll hier nur ein Überblick über die Darstellung von Gleitpunktzahlen gegeben werden. Genaueres, insbesondere zum IEEE- Standard, findet man in [Wak89] oder [WaF82]. Wir werden im Folgenden das Thema Gleitpunktdarstellung und Gleitpunktarithmetik nicht weiter verfolgen, sondern uns auf Ganzzahlarithmetik beschränken, weil die dabei besprochenen Methoden zur Programmierung ohne besondere Schwierigkeiten auf die Gleitpunktarithmetik übertragbar sind.

2.3.6	**Darstellung von Zeichen**

Die Darstellung von Zeichen (Datentyp char) unterliegt natürlich der Bedingung, dass wir nicht nur die üblichen Zeichen (Groß- und Kleinbuchstaben und Ziffern) darstellen können, sondern dass wir die Zeichen bzw. Ziffern oder aus diesen zusammengesetzte Texte leicht sortieren können, in alphabetischer oder allgemeiner lexikographischer Reihenfolge. Zweckmässigerweise wählt man also für die Darstellung von Zeichen eine Abbildung auf 7 oder 8 Bit lange Dualzahlen, so dass man zum Sortieren die bereits im Rechner vorhandenen Befehle zum Vergleichen numerischer Werte verwenden kann. Da ferner die Datenverarbeitungsaufgaben nicht nur in numerischen Problemen bestehen, sondern Textverarbeitung eine wesentliche Rolle spielt und Texte auch zwischen Rechnern ausgetauscht werden müssen, sind zur Darstellung von Zeichen Standardisierungen notwendig. Dabei sind auch die sogenannten Steuerzeichen mit einzubeziehen, wie z. B. der Zeilenvorschub.

ASCII-Kode	Der bei Mikroprozessoren verbreitete Standard ist der *ASCII-Kode* (**A**merican **S**tandard **C**ode for **I**nformation **I**nterchange). Bei diesem Kode wird jedes Zeichen durch eine Folge von 7 Bits festgelegt (dies erlaubt 128 verschiedene Zeichenkodierungen). Die Kodetabelle sowie die Bedeutung der verschiedenen Steuerzeichen ist im Anhang zu finden. Zur Speicherung der Zeichen ist bei dieser 7 Bit Darstellung sofort ersichtlich, dass man ein Zeichen in jeweils einem Byte ablegt. Allerdings ist die Frage, wie man das freie achte Bit verwendet. Das wird nicht durch die Kodetabelle festgelegt, sondern durch die verwendeten Programme. Manchmal wird dieses Bit ganz einfach 0 gesetzt, manchmal wird es ignoriert und gelegentlich wird es auch dazu benutzt, weitere 128 Nicht-ASCII-Zeichen darzustellen, was allerdings herstellerabhängig ist.
EBCDIC-Standard	Die zweite Definition zur Darstellung von Zeichen ist der *EBCDIC-Standard* (**E**xtended **B**inary **C**oded **D**ecimal **I**nterchange

Code). Hier handelt es sich um einen 8 Bit Kode, der von IBM favorisiert wurde und sich dementsprechend als Standard für größere Rechenanlagen durchgesetzt hat. Die Kodetabelle ist wiederum im Anhang zu finden.

Rechnerorganisation

Wir werden im Folgenden den Aufbau und die Wirkungsweise von Rechnern betrachten. Dabei beschränken wir uns auf eine Sichtweise, die mehr die Sichtweise des Softwareentwicklers und weniger die des Hardwaredesigners ist. Die folgende Darstellung bleibt deshalb hinsichtlich der Hardwareeinzelheiten eher schematisch, was aber den Vorteil hat, dass wir dadurch schneller einen Überblick über die Grundlagen der Rechnerorganisation gewinnen, die wir für die Einführung in die maschinennahe Programmierung brauchen.

3.1 Aufbau und Struktur von Rechnern

Rechner sind grundsätzlich aus drei Arten von Komponenten aufgebaut. Die zentrale aktive Einheit ist der Rechnerkern (RK) zur Ausführung der Befehle. Daneben finden wir den Speicher (SPE) zur Speicherung von Programmen und Daten und schließlich die Ein-/Ausgabeeinheiten (E/A-Einheiten) zur Steuerung diverser Geräte wie Platte, Drucker, Diskettenlaufwerk, Tastatur usw., die wir unter der Bezeichnung *Ein-/Ausgabe-Geräte* oder *Peripheriegeräte* zusammenfassen. Diese Komponenten müssen natürlich untereinander verbunden werden, um Daten austauschen zu können. Eine solche Verbindung wird mit *Bus* bezeichnet. Dies ist nicht die einzig mögliche Verbindungsart, so wäre z. B. auch eine sternförmige Verbindung der Komponenten mit dem Rechnerkern denkbar. Die Verbindung durch einen Bus hat sich allerdings bei den heutigen Rechnern durchgesetzt. Ein wesentlicher Vorteil ist die flexible Konfigurierbarkeit hinsichtlich der Speicher- und E/A-Einheiten. Bei einem Bussystem können leicht Einheiten zusätzlich angeschlossen werden, was für die Anpassung des Rechners an verschiedene Anwendungen von großer Bedeutung ist. Ein Nachteil des Buskonzeptes ist allerdings, dass der Bus nur exklusiv benutzt werden kann, d. h. zu einem Zeitpunkt nur eine Datenübertragung möglich ist. Dazu ist eine Busverwaltung (Busarbiter) erforderlich, der dafür sorgt, dass wenn beispielsweise in Mehrprozessormaschinen mehrere Rechnerkerne über einen Bus arbeiten, zu einem Zeitpunkt nur einer der Rechnerkerne Zugang zum Bus haben kann. Man sieht sofort, dass das Buskonzept zu einem Engpass im System werden kann.

Bild 3.1: Prinzipieller Aufbau busorientierter Rechner

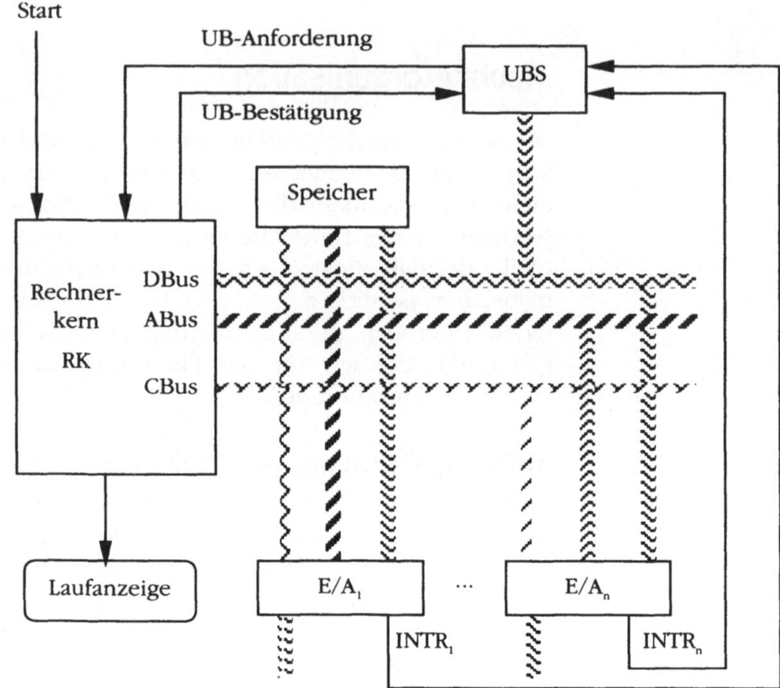

Adressbus
Datenbus
Steuerbus

Das Bild 3.1 zeigt die prinzipielle Struktur busorientierter Rechner. Die Speichereinheiten, E/A-Geräte und der Rechnerkern sind über einen dreigeteilten Bus verbunden. Dieser Bus besteht aus dem sogenannten *Adressbus* (ABus), der vom Rechnerkern eine Adresse übernimmt (Adresswort mit der Breite W_A), die zur Anwahl einer angeschlossenen Speicher- oder Peripherie-Einheit dient. Der sogenannte *Datenbus* (DBus) überträgt die Datenwörter (Breite W_D) zwischen Rechnerkern und angewählten Speicher- bzw. Peripherie-Einheiten. Der *Steuerbus* (CBus) überträgt die Steuersignale zur Auslösung der Funktionen (wie z. B. Schreiben bzw. Lesen).

Unterbrechungen

Zwischen den Peripherieeinheiten und dem Rechnerkern besteht noch ein weiteres Bindeglied, die sogenannte Unterbrechungssteuerung (UBS). Diese Unterbrechungssteuerung sammelt die einzelnen Bedienungsanforderungen ($INTR_i$), die sogenannten *Unterbrechungen* von den E/A-Einheiten und gibt sie an den Rechnerkern über dessen Unterbrechungseingang (INTR-Eingang) weiter, wobei über den Datenbus auch noch zusätzlich Daten übertragen werden können.

3.2 Speicherorganisation

RAM-Speicher
ROM-Speicher

Beim Speicher unterscheiden wir zwei Arten. Den Hauptspeicher und den Hintergrundspeicher. Die charakterisierenden Unterschiede liegen in der Größe des Speichers, der Zugriffszeit und der Art des Zugriffs. Beim Hauptspeicher mit einer Größenordnung von 1 bis 100 MByte haben wir wahlfreien Zugriff, d. h. die Zugriffszeit ist unabhängig von der angewählten Adresse und beträgt typischerweise einige 10 ns (1 ns = 10^{-9} Sekunden). Dieser Speicher ist technisch in Halbleitertechnologie realisiert, wobei wir noch zwei Formen unterscheiden: den üblichen Schreib-/Lesespeicher (RAM, **R**andom **A**ccess **M**emory) und den Nur-Lesespeicher (ROM, **R**ead **O**nly **M**emory). Der wesentliche Unterschied besteht darin, dass der normale *RAM-Speicher* flüchtig ist, d. h. bei Stromausfall seinen Inhalt verliert, während der *ROM-Speicher* nichtflüchtig ist. Deshalb wird ROM-Speicher üblicherweise zur Ablage von Urladeprogrammen (Bootprogrammen) benutzt, die man zum Hochfahren des Rechners beim Einschalten benötigt, und die natürlich permanent bleiben müssen. Die zweite Art des Speichers ist der sogenannte Hintergrundspeicher mit einer Größe von einigen 100 MByte bis einigen GByte (M=Mega, 2^{20}; G=Giga, 2^{30}). Die Realisierung dieses Speichers erfolgt mittels magnetischer oder optischer Medien wie z. B. Platte oder CD. Dieser Speicher ist nicht flüchtig und kann deshalb zur Archivierung unserer Daten eingesetzt werden. Der Zugriff zum Hintergrundspeicher ist nicht wahlfrei möglich, d. h. mit einer Zugriffszeit von etwa 7 bis 20 ms bei Platten, abhängig von der Adresse der Daten auf der Platte.

Wir wollen im folgenden die Organisation des Hauptspeichers (RAM-Speichers) näher betrachten.

Bild 3.2: Speicheror-
ganisationsformen

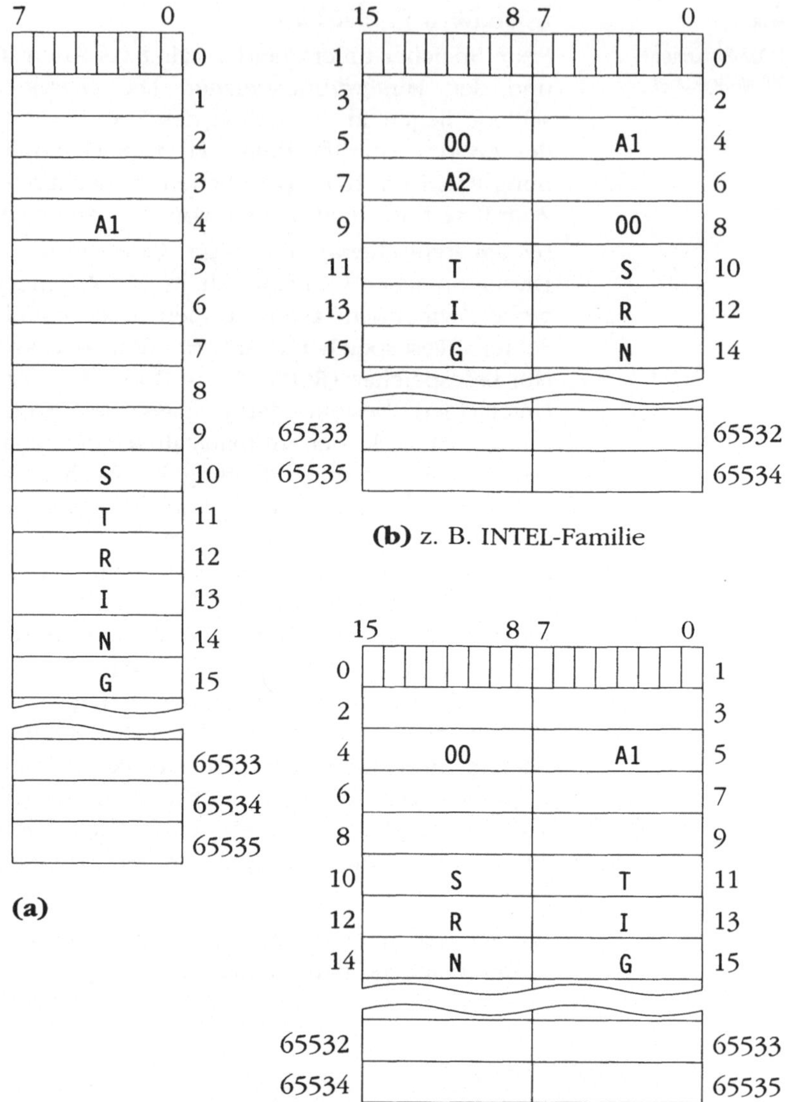

(a)

(b) z. B. INTEL-Familie

(c) z. B. MOTOROLA-Familie

Der Teil (a) in Bild 3.2 zeigt das Modell eines Hauptspeichers, dessen einzelne Zellen aus einem Byte bestehen und jedes Byte einzeln adressierbar ist, die Adressen umfassen 16 Bit. Wir sagen dann, dieser Speicher ist byteadressierbar, weil wir jeweils ein Byte adressieren können. Wir finden dieses Speichermodell typischerweise bei einem 8 Bit Prozessor (d. h. 8 Bit arithmetische Register) und der hier dargestellte Speicher hat eine Größe von 2^{16}=65536 Bytes. Als Beispiel sind ab Adresse 10 einige

Zeichen und bei Adresse 4 die vorzeichenlose Zahl 161 (hexadezimal A1) dargestellt.

Bytezugriff
Wortzugriff

In Teil (b) und (c) von Bild 3.2 ist das Modell eines byteadressierbaren Speichers für einen 16 Bit Prozessor (d. h. 16 Bit breite arithmetische Register) dargestellt. Bei diesen Prozessoren gibt es zwei Möglichkeiten des Zugriffs, nämlich *Bytezugriff* und *Wortzugriff*, wobei Wortzugriff bedeutet, dass ab der angegebenen Adresse zwei hintereinander folgenden Bytes in ein Prozessorregister geholt werden können.

Little endian

In Teil (b) von Bild 3.2 ist zur Illustration ab Adresse 10 die Zeichenfolge `STRING` und bei Adresse 4 wieder die Zahl 161 eingetragen, wobei die Reihenfolge der Bytes innerhalb eines Wortes zu beachten ist. Wir finden hier in Bild 3.2(b) die Reihenfolge, dass ab Adresse 4 zuerst das nullte Byte und dann das erste Byte folgt, oder zuerst das sogenannte niedrigwertige Byte und dann das höherwertige Byte entsprechend der Bedeutung der Bytes, wenn das Wort als 16 Bit Dualzahl aufgefasst wird. Diese Festlegung der Bytefolge innerhalb des Wortes bezeichnet man als *„little endian"*. Diesem Anordnungsschema folgen die Prozessoren der INTEL-Familie.

Big endian

Eine alternative Organisation des byte- bzw. wortadressierbaren Speichers für einen 16-Bit-Prozessor zeigt Teil (c) in Bild 3.2. Hier ist gegenüber dem Schema (b) zu beachten, dass nun die Reihenfolge der Bytes innerhalb eines Wortes umgekehrt ist. In Richtung aufsteigender Adressen kommt innerhalb des Wortes zunächst das höherwertige Byte und dann das niedrigwertige Byte. Diese Organisation ist unter dem Schlagwort *„big endian"* bekannt und findet sich z. B. bei den Prozessoren der MOTOROLA-Familie.

Welche der beiden Organisationen („little oder big endian") besser ist, ist schwer zu entscheiden. Die Form „big endian" hat offenbar gewisse Vorteile, wenn wir an die Aufgabe des lexikographischen Sortierens von Zeichenketten denken, da wir bei dieser Organisation dann für den lexikographischen Vergleich auch Wortbefehle verwenden können.

Ausgerichtet

Manche Prozessoren verlangen, daß für den Wortzugriff die Adresse durch die Anzahl der Bytes pro Wort teilbar ist. Worte können dann nur an solchen Adressen beginnen. Man sagt dann sie müssen *ausgerichtet* sein. In unserem Beispiel in Bild 3.2 (b) ist die Zahl 161 (hexadezimal A1) ab Adresse 4 ausgerichtet. Die ab Adresse 7 beginnende Zahl 162 (hexadezimal A2) ist nicht ausgerichtet. Bei der Frage, was passiert falls ein Wortzugriff auf eine nicht ausgerichtete Adresse erfolgt, gibt es unterschiedliche Festlegungen. Meist, wie z. B. bei MOTOROLA, erfolgt ein Adressierungsfehler (Unterbrechung). Andere Prozessoren, wie z. B. INTEL 8086, erlauben auch Zugriff auf nicht ausgerichtete Worte, allerdings mit dem Nachteil, daß implizit zwei Speicherzugriffe benötigt werden. Damit kann sich die Laufzeit eines Programms stark erhöhen, falls häufig Wortzugriffe auf ungerade Adressen auftreten. Man wird diese Situation deshalb bei der Ablage der Daten im Speicher vermeiden, indem man gegebenenfalls nicht benutzte „Leerbytes" einfügt und somit Ausrichtung erreicht. Bei der MOTOROLA-Architektur wird das Problem einfach dadurch vermieden, dass Wortzugriff auf ungerade Adressen verboten ist.

3.3 Modell des Rechnerkerns

Betrachtet man den Markt der heute verfügbaren Mikroprozessoren, dann wird schnell klar, dass es unmöglich ist, ein gemeinsames Modell des Rechnerkerns anzugeben, das alle unterschiedlichen Architekturen umfasst. Die größten Unterschiede zwischen den verschiedenen Mikroprozessoren bestehen gerade in der Architektur des Rechnerkerns. Die Spanne reicht hier von einfachen Akkumulatormaschinen über Registermaschinen bis zu Kellermaschinen, bei denen etwa ein 32 K großes Fenster des Laufzeitkellers in den Registern des Prozessors gehalten wird. Wir legen deshalb für die folgende Diskussion ein Rechnerkernmodell zugrunde, das zumindest für weitverbreitete Prozessorfamilien (INTEL und MOTOROLA) grundlegend ist, aber doch soweit von dem ins Einzelne gehende der einzelnen Architekturen abstrahiert, dass wir es für unsere folgenden Betrachtungen zum prinzipiellen Aufbau und Wirkungsweise von Mikroprozessoren zugrunde legen können. Das in dem folgendem Bild 3.3 dargestellte Modell eines Rechnerkerns weist also Eigenschaften auf, die wir so oder ähnlich bei fast allen Mikroprozessoren wiederfinden.

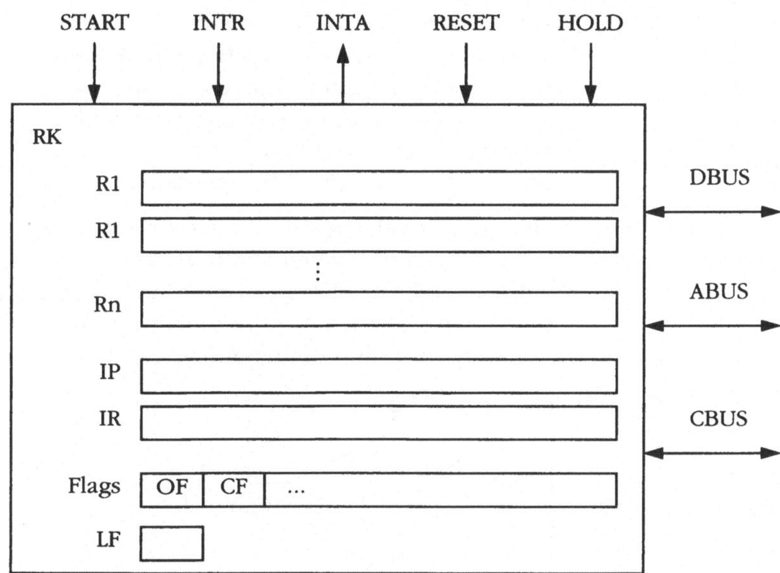

Bild 3.3: Modell des Rechnerkerns (schematisch)

Register
Befehlszählerregister

Wir sehen, dass der Rechnerkern mehrere interne Speicherplätze, sogenannte *Register*, enthält, deren Anzahl und Verwendungszweck bei den einzelnen Rechnerarchitekturen sehr unterschiedlich ist. Stets finden wir allerdings das sogenannte *Befehlszählerregister* (instruction pointer, IP), das immer auf den nächsten auszuführenden Befehl im Speicher zeigt, oder anders ausgedrückt, das Befehlszählerregister enthält immer die Adresse des nächsten auszuführenden Befehls. Dieser Befehl wird vom Prozessor durch Anlegen der Adresse an den Adressbus selbsttätig geholt, was wir auch als Befehlszugriff bezeichnen (im Unterschied zu dem weiter unten zu besprechenden Datenzugriff, der dann auftritt, wenn bei der Abarbeitung des Befehls Daten benötigt werden). Der aus dem Speicher herbeigeschaffte Befehl muss im Prozessor zunächst entschlüsselt werden. Er wird deshalb in dem sogenannten Befehlsregister (instruction register, IR) zwischengespeichert. Dieses Register ist für den Programmierer unzugänglich (im Unterschied zu den bisher besprochenen Registern).

Kennzeichenbits
Statusmerker
Laufanzeige

Über den momentanen Systemzustand, nach Abarbeitung eines Befehls, geben die einzelnen *Kennzeichenbits* (condition flags) oder *Statusmerker* im sogenannten Merkerregister oder Prozessorzustandswort Auskunft. Diese Bits werden wir noch im einzelnen besprechen. Sie sind zumindest teilweise dem Programmierer zugänglich. Als letztes haben wir noch die sogenannte *Laufanzeige* eingeführt, ein Bit das, falls es gesetzt ist, den Zustand „laufend" anzeigt. Mit diesem Laufzustandsbit ist üblicherweise auch eine Kontrolleuchte außen am Rechnergehäuse verbunden, die den Zustand anzeigt (running oder stop).

Dieses Laufzustandsbit ist für den Programmierer nicht direkt zugänglich, sondern nur über einen Befehl **STOP** oder **HALT**, mit dem das Laufzustandsbit auf 0 gesetzt wird. Dieser Befehl ist allerdings meist ein privilegierter Befehl, das bedeutet, er ist nur im Systemmodus zulässig und kann deshalb in Anwenderprogrammen nicht ausgeführt werden.

Die Arbeitsweise eines Prozessors lässt sich in dem folgenden Ablaufdiagramm schematisch zusammenfassen. Dabei haben wir insbesondere das Thema Unterbrechungen zunächst summarisch behandelt (gestrichelt eingezeichnet). Wir werden darauf später noch im einzelnen eingehen.

Bild 3.4: Arbeitszyklus des Prozessors

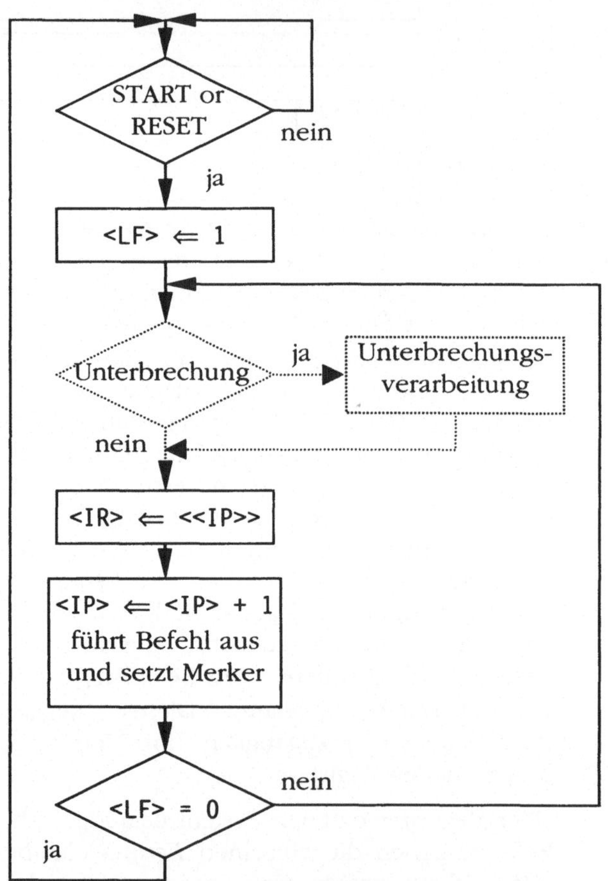

Wir haben in Bild 3.4 eine abkürzende Notation benutzt, die wir auch später noch verwenden werden:

<A> ⇐ <B> bedeutet: „Inhalt von A wird gleich Inhalt von B gesetzt"

Die Zweckmäßigkeit dieser Notation wird deutlich, wenn wir die folgenden Beispiele betrachten, bei denen für A die Bezeichnung eines Registers (AX) verwendet wird.

<AX> ⇐ 255 „Inhalt von AX wird gleich 255 gesetzt"

<AX> ⇐ <255> „Inhalt von AX wird gleich Inhalt von 255 gesetzt"

Inhaltsoperator

Hier müssen wir bedenken, dass 255 auch als Adresse eines Speicherplatzes interpretiert werden kann. Wir müssen also durch die Notation deutlich machen, ob wir die Adresse eines Speicherplatzes oder seinen Inhalt meinen. In unserer Notation bedeuten die spitzen Klammern also gerade den Inhalt, weshalb man auch vom *Inhaltsoperator* redet. Wenn wir den Inhalt einer Speicherzelle (oder eines Registers) wiederum zur Adressierung, d. h. als Adresse verwenden wollen, dann reden wir von indirekter Adressierung. In unserer Notation können wir dafür Beispiele angeben: (auf die Schreibweise der Befehle werden wir später noch eingehen).

INTEL-Befehl	Wirkung	Bedeutung
MOV [R1],R2	<<R1>> ⇐ <R2>	der Inhalt des Registers R2 wird in die von R1 adressierte Speicherstelle geschrieben.
MOV R1,[R2]	<R1> ⇐ <<R2>>	der Inhalt der von R2 adressierten Speicherstelle wird zum Inhalt von R1.

RESET

Nachdem wir die Notation für den Inhaltsoperator eingeführt haben, wollen wir den Arbeitszyklus eines Prozessors näher betrachten. Wie wir sehen, handelt es sich um eine unendliche Schleife, die zunächst eine Teilschleife enthält, einen Wartezyklus, indem der Prozessor so lange verharrt, bis entweder ein START-Signal oder ein *RESET*-Signal vorliegt. Dann wird die Laufanzeige (LF) gesetzt und geprüft, ob ein Unterbrechungssignal (INTR) vorliegt. Falls ja, muss zu einem Unterbrechungsbehandlungsprogramm verzweigt werden, was wir hier vereinfachend mit Unterbrechungsverarbeitung beschreiben (wir werden uns mit diesem Thema später in Kapitel 13 genauer befassen). Falls keine Unterbrechung vorliegt, beschaffen wir aus dem Speicher den nächsten Befehl aus der Speicherstelle, auf die das Befehlszählerregister zeigt oder anders gesagt, wir verwenden den Inhalt des Befehlszählers als Adresse um den nächsten Befehl zu holen. Als nächste Aktion wird dann der Befehlszählerstand um die Länge des Befehls erhöht, damit er auf den nächsten Befehl im Speicher zeigt. Wir haben hier vereinfachend angenommen, dass die Länge des Befehls stets 1 ist, was in der

Praxis natürlich nicht der Fall sein wird. Man kann aber die Befehlskodierung so wählen, dass man aus den ersten Bits des Befehls seine Länge entnehmen kann. Nun folgt die Hauptaufgabe des ganzen Arbeitszyklus, nämlich die Ausführung des Befehls, wobei die Kennzeichenbits gesetzt werden, je nach Spezifikation des Befehls. Schließlich wird die Laufanzeige wieder geprüft und, sofern nicht etwa ein Halt-Befehl ausgeführt wurde, bleibt die Laufanzeige auf 1 und wir treten in den nächsten Durchlauf ein mit der Abfrage, ob eine Unterbrechung vorliegt. Diese Schleife beschreibt also den Normalfall, bei dem Befehl um Befehl abgearbeitet wird.

3.4 Kodierung von Befehlen

Nachdem wir uns in Kapitel 2 mit der Darstellung von Zahlen im Speicher befasst haben, wollen wir nun die Kodierung von Befehlen betrachten, die ja ebenfalls im Speicher abgelegt werden müssen. Wir fassen zunächst zusammen, welche Informationen eigentlich hier überhaupt darzustellen sind. Hier haben wir zum einen natürlich die Kodierung des Befehls selbst, den Befehls-Kode (Opcode, OPC) und dann abhängig von dem Befehl die Angabe eines oder mehrerer Operanden eventuell noch mit Zusatzinformationen.

Bild 3.5: Beispiele für die Kodierung von Befehlen (schematisch)

Byte 1   **Byte 2**   **Byte 3**

| OPC | adr | Einadressbefehl |

Opcode   Operand

| OPC | R1 : R2 | 2-Adressbefehl hier 2 Register R1 und R2 |

Wir entnehmen aus den obigen Beispielen, dass wir eine unterschiedliche Anzahl von Bytes zur Befehlskodierung benötigen, je nach der Menge der zusätzlichen Informationen, die neben dem Befehlskode unterzubringen sind. Die Kodierung der Befehle hat also ein variables Format, das sogenannte Befehlsformat. Sie erfolgt so, dass jeweils aus den ersten Bits des Befehlskodes, die Art des Befehls und damit die Länge bzw. das Format erkennbar ist. Vielfach enthalten Befehle zwei Adressen, weil sie jeweils zwei Operanden verbinden. Wir sprechen dann von Zweiadressbefehlen. Natürlich gibt es auch Befehle, bei denen nur ein Operand benötigt wird, wie z. B. den Befehl „inkrementiere" (INC), der den Wert des einen angegebenen Operanden um 1 erhöht. Ferner gibt es Befehle, die keine Operandenangabe benötigen. wie z. B. der sogenannte Leerbefehl (`NOP`, von no operation). Daneben finden wir auch Befehle bei denen ein Operand unveränderlich festgelegt ist, wie z. B. den Befehl zum Löschen des Übertragungsbits (CLC, CLear Carry). Wenn solche unveränderliche Festlegungen hinsichtlich der Operanden getroffen worden sind, dann reden wir auch von impliziten Operanden.

Maschinenkode
Assemblierer
Assembler

Wollten wir ein Programm unmittelbar in der Darstellung schreiben, wie es im Speicher abgelegt werden muss (Binärdarstellung), so müssten wir uns für die einzelnen Befehle jeweils die Befehlsformate und die Kodierungen der Befehle als Bitfolgen merken, um sie so zu einem Programm hintereinander zu setzen, das es ablaufen könnte. Ein solches Programm bezeichnet man auch als ein Programm in Maschinensprache (oder als *Maschinenkode*). So ein Programm wäre außerordentlich schwierig zu erstellen und zu verstehen. Zur Unterstützung der Programmierung wird deshalb ein Dienst-Programm eingesetzt, das wir *Assemblierer* nennen. Ähnlich wie ein Übersetzer verarbeitet es als Eingabe einen Quelltext, das Programm in einer Sprache, die wir *Assembler* nennen, und liefert als Ausgabe das Programm in Maschinenkode.

Betrachtet man die in der Praxis vorkommende Kodierung der Befehle, so wird durchweg variables Format verwendet (z. B. 1 bis 5 Wörter). Um möglichst kurze Programmlängen zu erhalten, hat man sich sorgfältig bemüht, insbesondere die häufig vorkommenden Befehle mit möglichst geringer Länge darzustellen. Daraus resultiert dann ein recht kompliziertes Kodierungsschema, das wir allerdings als Programmierer nicht im einzelnen zur Kenntnis nehmen müssen, da uns ja die Arbeit des Kodierens der Befehle durch einen Assemblierer oder Übersetzer abgenommen wird. Natürlich erhebt sich die Frage, warum man so viel Aufwand in die Entwicklung von ausgefeilten Kodierungsschemata steckt und damit auch den Aufwand bei der Kodeerzeugung im Assemblierer oder Übersetzer erhöht, wenn auf der anderen Seite die zur Verfügung stehenden Speichergrößen wachsen. Der Grund liegt in der Schwierigkeit des Problems der automatischen Kodeerzeugung von effizientem Kode. Selbst hochoptimierende moderne Übersetzer erzeugen ein mehrfaches an Maschinenkode gegenüber dem, was bei der Handprogrammierung entstehen würde. Die Unterschiede in den Programmlängen sind so gravierend, dass es sich lohnt hier ausgefeilte Kodierungsschemata einzusetzen, um die Länge des Programmes in Maschinenkode und damit den Speicheraufwand zu reduzieren.

3.5 Operandenarten und Adressierungsmodi

In diesem Abschnitt betrachten wir die verschiedenen Operandenarten und Adressierungsmodi, wie wir sie so prinzipiell bei den meisten auf dem Markt verbreiteten Mikroprozessoren finden. Das folgende Bild zeigt eine Übersicht, in die wir der Vollständigkeit halber auch die schon erwähnten impliziten Operanden aufgenommen haben.

Bild 3.6: Übersicht über die Operanden und Addressierungsmodi

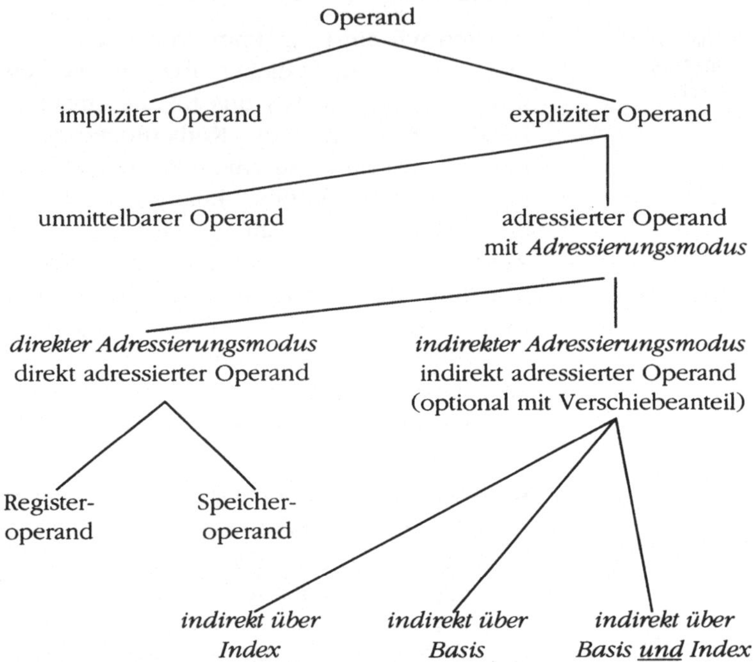

Adressierungsmodus
direkte Adressierung
indirekte Adressierung

Wie wir aus der Übersicht entnehmen, spielt bei der Adressierung der expliziten Operanden der sogenannte *Adressierungsmodus* eine entscheidende Rolle. Unter Adressierungsmodus verstehen wir die Art und Weise, wie die Adresse eines Operanden spezifiziert wird. Wir unterscheiden zunächst die beiden Adressierungsmethoden *direkte Adressierung* und *indirekte Adressierung*. Bei direkter Adressierung wird der Operand direkt angegeben, entweder durch Angabe eines Registernamens (Registeroperand), oder durch Angabe einer Adresse im Speicher (Speicheroperand).

Absolute Adresse

Prinzipiell ist es möglich, bei direkter Adressierung eine Adresse unmittelbar, z. B. hexadezimal anzugeben. Wir reden dann von absoluter Adressierung und nennen eine solche Adresse eine *absolute Adresse.*

Symbolische Adresse
Bezeichner

In der Praxis wird diese Möglichkeit jedoch nur selten benutzt, meistens verwendet man *symbolische* Adressierung, wie sie von den Assemblierern zur Verfügung gestellt wird. Dabei erfolgt die Adressierung über einen symbolischen, d. h. vom Benutzer frei wählbaren *Bezeichner*, für einen Datenbereich, der sogenannten *symbolischen Adresse*.

Bei der Definition des Datenbereichs im Assemblerprogramm wird (ähnlich wie wir das aus den Vereinbarungen in höheren Programmiersprachen kennen) der Bezeichner eingeführt, und beim Auftreten der Bezeichnung setzt der Assemblierer dann jeweils dafür die betreffende Adresse im Datenbereich ein.

Wie wir noch sehen werden, brauchen wir die Möglichkeit mit Adressen zu rechnen. Da Adressen einen Wertebereich von 0 bis `max_address` (den Adressraum) umfassen, d. h. durch nichtnegative ganze Zahlen dargestellt werden, kodieren wir sie wie die vorzeichenlosen ganzen Zahlen, also im Dualsystem. Das legt die Vermutung nahe, Adressen seien vom Datentyp ganze Zahl (integer), was allerdings nicht zutrifft.

Typ Adresse

Genau betrachtet bilden Adressen einen eigenen abstrakten Datentyp, den *Typ Adresse*, der durch folgende erlaubte Operationen definiert wird:

Subtraktion: Adresse – Adresse $\rightarrow$ ganze Zahl

Addiere Zahl: Adresse + ganze Zahl $\rightarrow$ Adresse

Subtrahiere Zahl: Adresse – ganze Zahl $\rightarrow$ Adresse

Diese Operationen gehorchen den in der Arithmetik üblichen Gesetzen; insbesondere ist die Operation „addiere Zahl" kommutativ. Es fällt auf, das die Addition zweier Adressen (ebenso wie die Multiplikation und Division) nicht erklärt ist. Man kann dies vergleichen mit der Situation bei Hausnummern, bei denen eine Addition, Subtraktion, Multiplikation oder Division keinen Sinn macht. Dagegen kann man sagen: zwei Häuser weiter als Nummer 32 oder zwei Häuser vor Nummer 32.

Relativadresse
Distanz

Sind a, a' Adressen, g eine ganze Zahl und gilt: $a+g=a'$, so nennen wir g auch die *Relativadresse* oder *Distanz* (des bei der Adresse a' im Speicher beginnenden Objekts) bezüglich der Basisadresse a. Für solche Relativadressen gelten die gleichen Rechenregeln wie für Adressen: nämlich sind g, g' Relativadressen zur gleichen Basisadresse, so ist $g - g'$ eine ganze Zahl und $g + g'$ ist nicht definiert. Diese Relativadressen haben eine interessante Eigenschaft, auf die wir später noch zurückkommen werden. Soll ein Programm an eine andere Stelle im Speicher verschoben werden, dann müssen selbstverständlich alle seine Adressen entsprechend geändert werden. Die Relativadressen oder Distanzen allerdings bleiben unverändert, eine wichtige Eigenschaft.

Wir werden im folgenden die einzelnen Operandenarten und Adressierungsmodi anhand von konkreten Beispielen des INTEL-Prozessors erläutern. Dabei benutzen wir zur Bezeichnung der Speicherstellen symbolische Adressierung und zur Bezeichnung der Register die Registernamen (AX, BX, SI). In den Beispielen verwenden wir einen Datentransportbefehl mit der syntaktischen Schreibweise

```
MOV <Zieloperand>, <Quelloperand>
```

mit der Wirkung, dass der Zieloperand als Inhalt den Wert des Quelloperanden erhält.

Entsprechend unserer obigen Übersicht in Bild 3.6 können auf der Position des Quelloperanden entweder unmittelbare Operanden oder adressierte Operanden auftreten. Wir befassen uns zunächst mit den unmittelbaren Operanden.

Unmittelbarer Operand

Bei Befehlen mit unmittelbaren Operanden als Quelloperanden enthalten diese Befehle in ihrer Kodierung für diesen Operanden nicht die Adresse oder die Spezifikation einer Adresse, die angibt, von wo der Wert für diesen Operanden zu holen ist. Der *Wert* wird vielmehr unmittelbar mit als Bestandteil des Befehls angegeben. Daher der Name *unmittelbarer Operand*. Damit ist klar, dass unmittelbare Operanden nicht auf Zielposition, sondern nur als Quelloperanden möglich sind. Betrachten wir dazu das folgende Beispiel für den INTEL-Prozessor:

```
MOV AX, 4370
```

mit der Wirkung: $<AX> \Leftarrow K2\ (4370)$.

Assemblierzeit

Wie wir sehen, wird damit der dezimal angegebene Wert in K2-Darstellung als Bestandteil des Befehls im Kode abgelegt, so dass später bei Ausführung des Befehls dieser konstante Wert in das AX-Register geladen wird. Da der Wert von unmittelbaren Operanden als fester Bestandteil des Befehls eingetragen wird, muss er zur Zeit der Kodierung des Befehls, also zur Zeit der Assemblierung, der *Assemblierzeit*, bekannt sein. Damit wird verständlich, dass Assembler üblicherweise auch arithmetische Ausdrücke auf der Position eines unmittelbaren Operanden zulassen, sofern diese arithmetischen Ausdrücke zur Assemblierzeit auswertbar sind. Das bedeutet also, dass sämtliche Operandenwerte dieser arithmetischen Ausdrücke zur Assemblierzeit bekannt sein müssen. Eine interessante, häufig vorkommende Variante einer solchen zur Assemblierzeit auswertbaren Größe finden wir in dem folgenden Beispiel für den INTEL-Prozessor:

```
MOV AX, #varname
```

Adressoperator

Bei diesem Beispiel tritt beim unmittelbaren Operanden die symbolische Adresse, also der Bezeichner der zuvor vereinbarten Variable `varname` auf. Da wir hier, im Gegensatz zu der sonst üblichen Verwendung des Variablennamens, nicht den Inhalt der Variable, sondern ihre Adresse meinen (nur die Adresse bleibt konstant, der Inhalt, d. h. der Wert der Variable, ändert sich), benötigen wir hier in der Syntax ein Unterscheidungsmerkmal: den *Adressoperator*, der uns, wie bei unserem Beispiel durch ein Symbol, hier „#", anzeigt, dass die Adresse der Variable gemeint ist, nicht ihr Inhalt. Dieser Adressoperator liefert zur Assemblierzeit (!) die Anfangsadresse des durch die symbolische Adresse (hier varname) spezifizierten Datenbereiches (siehe Kapitel 5). Diese Adresse wird dann als unmittelbarer Operand in das Befehlsformat eingetragen, so dass später bei Ausführung des Befehls (d. h. zur Laufzeit) der Wert dieser Adresse in das AX-Register geladen wird.

3.6 Adressierungsmodi bei Operanden

Bei der Adressierung der Operanden spielt der Adressierungsmodus eine wesentliche Rolle. Wir unterscheiden hier zunächst direkt adressierte Operanden und indirekt adressierte Operanden.

3.6.1 Direkte Adressierung

Bei direkter Adressierung werden Quell- bzw. Zieloperand direkt, z. B. durch Angabe des Registernamens, oder durch symbolische Adressen angegeben. (Bei der Spezifikation der Adresse ist auch die Angabe der absoluten Adresse möglich, was aber nur in Ausnahmefällen geschehen sollte.) Darüber hinaus ist die Angabe der Adresse auch in Form eines nicht negativen, ganzzahligen Ausdrucks möglich, der als Adresse interpretiert wird (d. h. vom oben eingeführten Datentyp Adresse ist). Dazu einige Beispiele für den INTEL-Prozessor:

Befehl:	**Wirkung:**
`MOV var,AX`	die (zuvor deklarierte) Variable `var` erhält den Wert der im Register AX steht, d. h. der Inhalt des Registers AX wird ab der Adresse von `var` im Speicher abgelegt.
`MOV BX,var`	lade das Register BX mit dem Wert der Variablen `var`.
`MOV var+2,CX`	der Wert der im Register CX steht, wird ab der Adresse abgelegt, die um 2 höher ist als die Anfangsadresse von `var`.

3.6.2   **Indirekt adressierte Speicheroperanden**

Bei dieser Adressierungsart unterscheiden wir drei verschiedene Varianten, die wir weiter unten noch genauer besprechen werden:

- indirekt über Basisregister

- indirekt über Indexregister

- indirekt über Basis- *und* Indexregister

Verschiebeanteil
Distanz
Effektive Adresse

All diesen Adressierungsarten ist gemeinsam, dass indirekte Adressierung über Register auftritt. Das bedeutet, dass die Adresse aus dem Inhalt angegebener Register bestimmt wird. Die entstehende Adresse nennen wir auch *effektive Adresse*. Bei allen drei Adressierungsarten ergibt sich die effektive Adresse, also aus dem Inhalt eines Registers, bzw. bei indirekt über Basis- *und* Indexregister aus der Summe der Inhalte der Register. Bei allen indirekten Adressierungsarten besteht noch die Möglichkeit, eine zusätzliche konstante Größe anzugeben, die hinzuaddiert wird. Diese Größe wird *Distanz* oder *Verschiebeanteil* genannt und unmittelbar als Bestandteil des Befehls kodiert, ähnlich wie bei den unmittelbaren Operanden. Dieser Verschiebeanteil entspricht dem Teil „ganze Zahl" in unserer obigen Typdefinition des Datentyps Adressen und kann demnach positiv oder negativ sein. Er wird dementsprechend als Zahl in der K2-Darstellung in das Befehlsformat kodiert. Auch hier ist ähnlich wie bei unmittelbaren Operanden die Angabe des Verschiebeanteils durch einen arithmetischen Ausdruck möglich, der natürlich ebenfalls zur Assemblierzeit auswertbar sein muss.

Alle drei Varianten der indirekten Adressierung finden wir bei Mikroprozessoren. Wie wir später sehen werden, sind sie gedacht, um Datenstrukturen aus höheren Programmiersprachen, wie Reihungen (array) oder Verbunde (record) in der Implementierung effizient zu unterstützen. Sie sind ferner notwendig, um mit diesen Datentypen gebildetete zusammengesetzte Strukturen, wie z. B. Reihungen von Verbunden, effizient zu implementieren.

3.6.3   **Indirekte Adressierung über Indexregister**

Bei der Adressierung von Reihungen (array) tritt die Situation auf, dass wir eine feste Anfangsadresse (Basisadresse) der Datenstruktur haben. Um auf einen Eintrag zugreifen zu können, müssen wir dann auf diese feste Anfangsadresse je nach dem gewünschten Index dieses Eintrags eine Komponente zur Anfangsadresse hinzuaddieren. Diese Komponente ergibt sich z. B. bei einer eindimensionalen Reihung aus der Anzahl der Reihungselemente bis zum gewünschten Eintrag multipliziert mit dem

Speicherbedarf für ein einzelnes Reihungselement. Diese Abbildungsfunktion, die für eindimensionale Reihungen hier sehr einfach ist, ist typisch für die Speicherabbildung von Reihungen (Eine analoge Abbildungsfunktion lässt sich auch für mehrdimensionale Reihungen formulieren. Wir wollen dies an dieser Stelle nicht vertiefen, sondern erst später behandeln). Hier ist nur soviel festzuhalten, dass wir die Reihungen adressieren nach der Methode feste Anfangsadresse plus dynamisch zu berechnende Komponente entsprechend des gewünschten Indexes. Diese Index-Komponente muss dynamisch, d. h. zur Laufzeit berechnet werden und zwar durch Auswertung der entsprechenden Abbildungsfunktion. Ihr Wert wird in dem betreffenden Register, dem Indexregister, gehalten.

Da wir auf Reihungen sowohl lesend als auch schreibend zugreifen wollen, ist die indirekte Adressierung über Indexregister natürlich auf der Position des Quelloperanden und auf der Position des Zieloperanden möglich. Dazu einige Beispiele für den INTEL-Prozessor:

Befehle:	**Wirkung:**
`MOV SI,6`	lade SI mit Index-Komponente entsprechend dem Index 3
`MOV AX,feld[SI]`	lade AX mit dem Inhalt des 3. Reihungselements, dessen effektive Adresse sich aus ea = #feld + <SI> ergibt (wobei #feld die Anfangsadresse der Reihung feld ist).
`MOV SI,10`	lade SI mit Index-Komponente entsprechend dem Index 5.
`MOV feld[SI],AX`	schreibe den Inhalt von AX in das 5. Reihungselement. Dabei wurde angenommen, dass die Reihung feld mit dem Indexlaufbereich [0..10] zuvor deklariert wurde, und ein Reihungselement 2 Bytes belegt.

3.6.4   Indirekte Adressierung über Basisregister

Der Adressierungsmodus indirekt über Basis ist auf den ersten Blick dem Adressierungsmodus indirekt über Index sehr ähnlich und wird leicht mit ihm verwechselt. Wenn wir uns allerdings an unsere obige Definition des Datentyps Adresse erinnern, dann sehen wir, dass der Index der dort erwähnten ganzen Zahl entspricht oder anders formuliert, das Indexregister, das ganzzahlige Ergebnis der Abbildungsfunktion aufnimmt, das dann zur festen Anfangsadresse hinzu addiert wird. Bei der Adressierung indirekt über Index enthält also der Befehl einen festen Teil, nämlich die Basisadresse und die Angabe eines Registers, das den zur Laufzeit berechneten Index (ganze Zahl) enthält. Bei der Adressierung indirekt über Basis ist es genau umgekehrt. Der Befehl enthält einen festen Verschiebeanteil und die Angabe eines Registers, nämlich des Basisregisters oder Adressregisters, in dem die Anfangsadresse der Datenstruktur enthalten ist, die zur Laufzeit des Programmes erst bestimmt wird. Ein solcher Adressierungsmodus wird zum Beispiel eingesetzt zur Implementierung des Datentyps Verbund (record). Betrachten wir als Beispiel eine lineare Liste aus Verbunden des folgenden Aufbaus.

Bild 3.7: Beispiel für den Aufbau eines Verbundes (record)

Distanz (Bytes)

Distanz	
0	Verweis
2	Name
4	Vorname
⋮	...
20	
22	Note

Distanz

Wie aus Pascal bekannt, kann eine solche Liste dynamisch, d. h. zur Laufzeit, aufgebaut werden, indem wir zum Beispiel Listenelemente an eine bereits bestehende Liste anhängen. Wird ein solches Listenelement erzeugt, dann erhalten wir einen Verweis auf den Anfang eines solchen Listenelementes oder Verbundes (vergleiche die Bedeutung der Operation **new** in Pascal). Dieser Verweis oder Zeiger auf das Listenelement wird einfach durch die Anfangsadresse des Listenelementes implementiert. Diese Anfangsadresse ist allerdings für jedes neu erzeugte Listenelement anders, da die Listenelemente im Speicher beliebig liegen können. Dagegen ist der Abstand der einzelnen Komponenten eines Verbundes zum Anfang des Verbundes (für alle Exemplare des selben Verbundtyps) gleich. Wir sehen also, dass wir zur Adressierung der Komponenten eines Verbundes die Situation haben, dass die Adresse eines solchen Komponente sich zusammensetzt aus einem festen Teil (offset), der die *Distanz* zum Anfang des Verbundes angibt und einer sich verändernden Basisadresse, die erst zur Laufzeit bestimmt wird (nämlich dann, wenn der Verbund erzeugt wird). Vergleichen wir das mit dem Adressierungsmodus indirekt über Index, dann sehen wir, dass indizierte Adressierung benutzt wird, wenn die Anfangsadresse einer Datenstruktur zur Assemblierzeit bekannt ist, aber dagegen zur Laufzeit des Programms bestimmt wird, auf welche Komponente zugegriffen werden soll. Die Basisadressierung dagegen wird benutzt, wenn sich die Anfangsadresse der Datenstruktur nicht zur Assemblierzeit, sondern erst zur Laufzeit bestimmen lässt, aber die relative Position eines Komponente in der Datenstruktur zur Assemblierzeit bekannt ist und fest bleibt. Wie wir noch sehen werden, gibt es auch weitere Anwendungen des Adressierungsmodus indirekt über Basisregister, nämlich:

- Der Zugriff auf Parameter im Parameterbereich (auf dem Stapel) bei Prozeduren

- Die Implementierung von lokalen Variablen einer Prozedur.

3.6.5   Indirekte Adressierung über Basis- und Indexregister

Betrachten wir das obige Beispiel der dynamisch angelegten Verbunde, so wird klar, dass wir auch die Kombination, nämlich die Adressierung über Basis- und Indexregister benötigen, zum Beispiel dann, wenn ein solcher Verbund als Komponente eine Reihung enthält. Zur Adressierung der einzelnen Elemente der Reihung benötigen wir dann genau den Adressierungsmodus indirekt über Basis *und* Index. Dabei verwenden wir das Basisregister wie bei der Adressierung von Verbunden zur Aufnahme der Anfangsadresse des Verbundes. Der konstante Verschiebeanteil enthält dann die konstante Anfangsadresse der Komponente Reihung relativ zum Anfang des Verbundes, und das Indexregister enthält dann den entsprechend dem auftretenden Index in die Reihung berechneten Wert, wie das bei der Adressierung von Reihungen behandelt wurde.

Wie wir bei dem Adressierungsmodus indirekt über Basisregister sahen, gibt es für diesen Adressierungsmodus auch noch weitere Anwendungsfälle, und entsprechend werden wir auch weitere Beispiele für den Adressierungsmodus indirekt über Basis und Index kennenlernen, wie zum Beispiel die Adressierung von Reihungen, die als lokale Variable von Prozeduren auftreten. Für die indirekte Adressierung über Basis- und Indexregister soll im Folgenden noch ein Beispiel für den INTEL-Prozessor angegeben werden.

Nehmen wir an, dass ein Listenelement (Verbund, `record`) eine Reihung (`array`, Indexbereich [0..10], 2 Bytes je Reihungselement) als Komponente mit der Distanz 6 zum Anfang des Verbundes enthält, dann können wir z. B. mit folgenden Befehlen auf ein Reihungselement zugreifen.

Befehl: **Wirkung:**

`MOV SI,4`   Lade Indexregister SI mit Wert entsprechend dem Index 2 der Reihung.

Befehl:	**Wirkung:**
`MOV AX, [6+BX+SI]`	Lade AX mit dem Inhalt des 2. Reihungselements, dessen effektive Adresse sich aus `ea = 6 + <BX> + <SI>` ergibt.

Dabei haben wir angenommen, dass das Basisregister BX zuvor mit der (dynamisch bestimmten) Anfangsadresse des Verbundes geladen wurde.

3.7 Zugriff zum Speicher

Adressbreite

Wie wir oben gesehen haben, werden Adressen als vorzeichenlose ganze Zahlen dargestellt. Dabei spielt die zur Verfügung stehende *Adressbreite* eine entscheidende Rolle. Diese Adressbreite wird festgelegt durch die maximale Anzahl von Bits, die zur Speicherung von Adressen in Prozessorregistern bzw. im Speicher zur Verfügung stehen. Bei den Mikrorechnern finden wir hier unterschiedliche Festlegungen für die Adressbreite.

- INTEL 8086: Adressbreite 16 Bit

- MOTOROLA 68000: für die Speicherung von Adressen stehen in den Prozessorregistern sowie im Speicher jeweils 32 Bit zur Verfügung, allerdings werden nur die ersten 24 Bits (Bit 0 bis 23) bei der Adressierung vom Prozessor an den Bus weitergegeben. Das bedeutet, wir haben in Wirklichkeit eine Adressbreite von 24 Bit (die obersten Bits sollten 0 sein).

Der vom Prozessor direkt adressierbare Adressraum, beträgt somit bei INTEL 8086 2^{16} Bytes gleich 64 kByte und bei MOTOROLA 68000 2^{24} Bytes gleich 16 MByte. Wir finden also ganz unterschiedliche Größenordnungen des Adressraums und stoßen damit auf Probleme von der Bauart: Wie kann ein INTEL 8086 Prozessor mehr als 64 kB realen Speicher adressieren, oder wie wird der beim MOTOROLA 68000 zur Verfügung stehende Adressraum von 16 MByte auf z. B. 2 bis 8 MByte realen Hauptspeicher abgebildet (diese Abbildung muss allerdings nicht ein für allemal fest sein, wie wir noch sehen werden). Bei dieser Zuordnung kann es auch vorkommen, dass gewissen Teilen des Adressraums kein realer Adressraum zugeordnet werden kann, wenn nicht genügend Speicher vorhanden ist. In diesem Fall treten dann im Adressraum Teile auf, die sogenannte ungültige Adressen enthalten, weil ihnen kein realer Speicherraum entspricht.

Im Zuge fallender Preise für den Speicher tritt in der Praxis häufig das Problem auf, dass von den Anwendungen her größere Speicheranforderungen gestellt werden, der physikalische Speicher durchaus preiswert angeschlossen werden könnte, aber die

Adressbreite der Prozessorregister festliegt und insofern den Adressraum begrenzt. Dieses Problem wird dadurch gelöst, dass man im Prinzip die oben erläuterte Methode der Basisadressierung nochmals einsetzt, allerdings jetzt implizit, d. h. also jetzt für jeden Befehlszugriff bzw. Datenzugriff des Prozessors auf den Speicher, wobei zwischen Befehlszugriff und Datenzugriff unterschieden wird. Damit können für Befehlszugriff bzw. Datenzugriff unterschiedliche Basisadressen verwendet werden.

Effektive Adresse
Physikalische Adresse
Verdeckte und offene
Basisadressierung

Je nachdem, wie das Verfahren der impliziten Basisadressierung technisch realisiert ist, unterscheiden wir die beiden Methoden *verdeckte Basisadressierung* und *offene Basisadressierung*. Bei der Methode der offenen Basisadressierung teilen wir dem Prozessor durch normale Befehle die Basisadresse mit und diese wird dann automatisch auf jede in einem Befehl entstehende sogenannte *effektive Adresse* aufaddiert, wobei wir die dabei entstehende Adresse, die schließlich zum Zugriff auf den Speicher dient, als sogenannte *physikalische Adresse* bezeichnen. Man kann so zum Beispiel den adressierbaren Speicherraum vergrößern, indem man für den Befehlszugriff eine andere Basisadresse benutzt als für den Datenzugriff. Ferner lässt sich der Adressraum dadurch erweitern, dass man zu den effektiven Adressen die Basisadresse nicht direkt, sondern um zum Beispiel 4 Bits nach links verschoben (d. h. mit $2^4=16$ multipliziert) addiert, um die physikalische Adresse zu erhalten.

Bild 3.8: Die Segment-adressen: Einsatz der Segmentregister zur Bildung der physikalischen Adressen

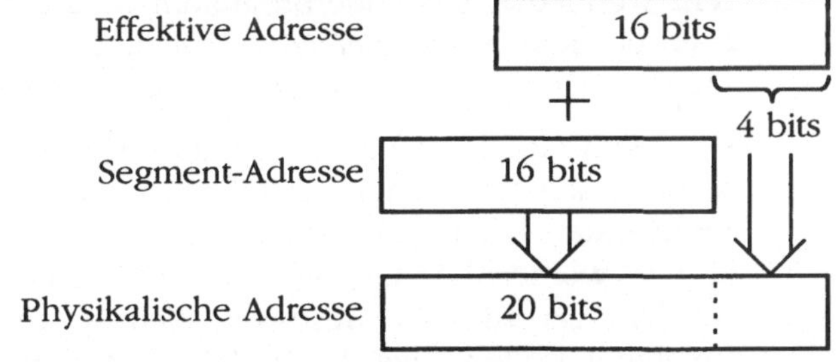

Segmentregister

Die Bild 3.8 zeigt die Vorgehensweise beim INTEL 8086 Prozessor. Dieser Prozessor hat eine Adressbreite von 16 Bit, d. h. der Adressraum einer effektiven Adresse umfasst maximal 64 kB, was in der INTEL-Sprechweise als Segment bezeichnet wird. Der INTEL 8086 Prozessor besitzt folgende *Segmentregister*, die jeweils 16 Bit breit sind:

1. Codesegmentregister (CS) für den Befehlszugriff,

2. Datensegmentregister (DS) zum Datenzugriff,

3. Stapelsegmentregister (SS) zum Datenzugriff auf den Stapel bei Verwendung eines speziell dafür vorgesehenen Stapel-zeigerregisters (SP, stackpointer),

4.   Extrasegmentregister (ES) als Reserve-Datensegmentregister.

frei verschiebbar

Diese Methode der offenen Basisadressierung hat verschiedene ganz wesentliche Vorteile. Sie erlaubt nicht nur die Adressierung eines größeren realen Speichers (beim INTEL 8086 sind das 1 MByte), sondern sie erlaubt auch die Segmente auf unterschiedliche Bereiche des realen Speichers voneinander getrennt abzubilden. Wir nannten diese Methode der Basisadressierung *offene Basisadressierung,* weil die Segmentregister, wie die anderen Register des Prozessors auch, vom Programm her geladen werden können. Von dieser Möglichkeit kann zum Beispiel ein Betriebssystem Gebrauch machen, das ein Anwendungsprogramm zum Ablauf bringen will. Gehen wir davon aus, dass das Anwendungsprogramm in seinen effektiven Adressen (Adressraum der Segmente) mit der Adresse 0 beginnend adressiert (d. h. mit 0 beginnend *relativ* adressiert), und das Betriebssystem weiß, welche Speicherbereiche des realen Speichers frei sind, so muss das Betriebssystem vor Ablauf des Programms lediglich die Segmentregister mit den Anfangsadressen der freien Speicherbereiche für Kode, Daten usw. laden. Das Anwendungsprogramm kann dann vom Betriebssystem als ganz normale Prozedur per Sprung auf den Anfang der Prozedur aufgerufen werden. Der wesentliche Punkt dabei ist, dass wegen der impliziten Basisadressierung keine Adressen im Anwenderprogramm geändert werden müssen, wenn das Anwenderprogramm in unterschiedlichen Bereichen des realen Speichers zum Ablauf gebracht werden soll. Wir sagen dann, ein Programm ist *frei verschiebbar* (relocatable).

Die Methode der offenen Basisadressierung hat darüberhinaus natürlich auch noch den Vorteil, dass, wie wir hier bei der INTELArchitektur sahen, die effektiven Adressen mit weniger Bits kodiert werden können, als zur physikalischen Adresse benötigt werden. Da effektive Adressen auch als fester Bestandteil der Befehle auftreten, trägt das Verfahren der Basisadressierung auch zur Reduzierung der Länge des Kodes bei.

Verdeckte Basisadressierung
Speicherzugriffseinheit
Logische Adresse

Bei dem Verfahren der *verdeckten Basisadressierung* wird wie oben ebenfalls bei jedem Befehls- bzw. Datenzugriff zum Speicher implizit eine Basisadresse aufaddiert. Dieses Verfahren wird üblicherweise technisch durch eine sogenannte *Speicherzugriffseinheit* (memory management unit oder MMU) realisiert. Diese wird zwischen Prozessor und Speicher gelegt und dient zur Umsetzung der vom Prozessor gelieferten effektiven oder auch *logischen Adresse* auf eine physikalische Adresse.

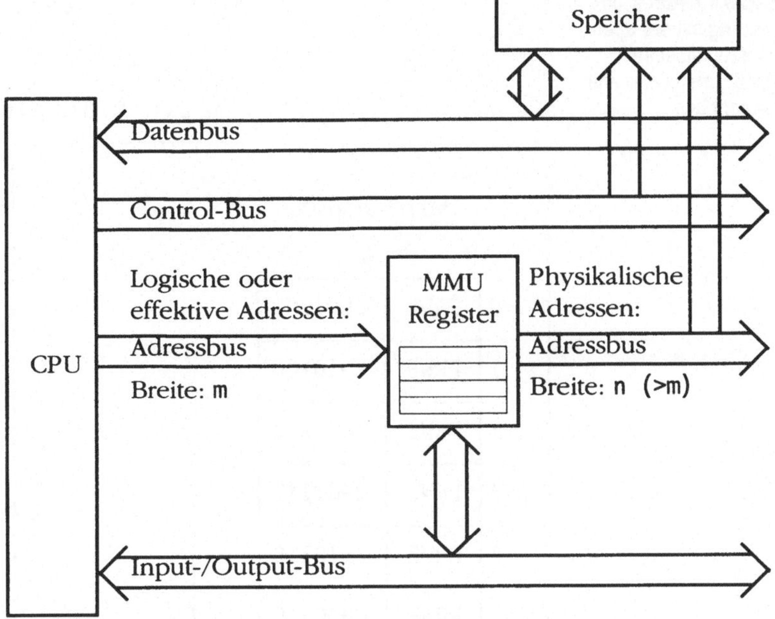

Bild 3.9: Speicherzugriffseinheit (Memory Management Unit, MMU)

Die Speicherzugriffseinheit besteht im wesentlichen aus einer Menge von Registern, die die entsprechenden Basisadressen enthalten. Bei Speicherzugriff durch den Prozessor werden die Basisadressen zu den angegebenen effektiven Adressen hinzuaddiert, zur Bildung der physikalischen Adresse. Diesen Adressumsetzungsvorgang verdeutlicht das nächste Bild 3.10.

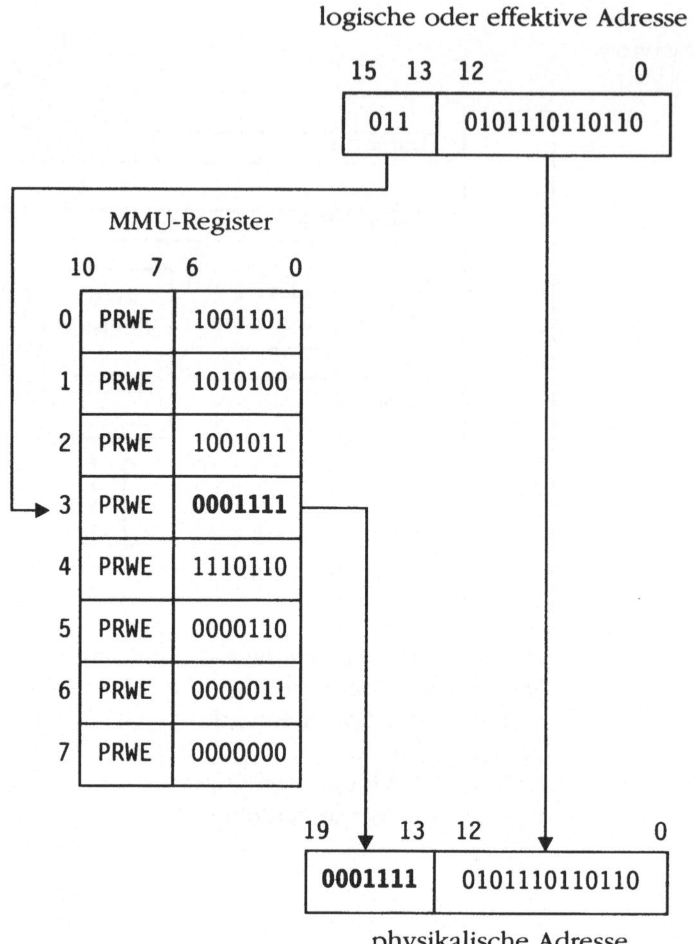

Bild 3.10: Adressumsetzung mit der Speicherzugriffseinheit (MMU, memory management unit)

Das obige Beispiel (Bild 3.10) zeigt vereinfacht und schematisch die Adressumsetzung in einer einfachen Speicherzugriffseinheit. Wir gehen dabei davon aus, dass die effektiven oder logischen Adressen, die vom Prozessor gebildet werden, hier m=16 Bit breit sind und dass die physikalischen Adressen, die zur Ansteuerung des physikalischen Speichers angelegt werden, n=20 Bits breit sind. Damit bildet also die Speicherzugriffseinheit jeweils 64 kByte logische Adressräume in den maximal 1 MByte großen physikalischen Speicher ab. Wie wir sehen, werden die 13 niederwertigen Bits der logischen Adresse durch die Speicherzugriffseinheit hindurch gereicht ohne Änderung. Die 3 höchstwertigen Bits der logischen Adresse werden als Index in die Tabelle der Register der MMU benutzt. Die 7 Bits aus dem dort angewählten Eintrag werden dann den 13 niederwertigen Bits der logischen Adresse vorangestellt, um so die 20 Bit physikalische Adresse zu bilden.

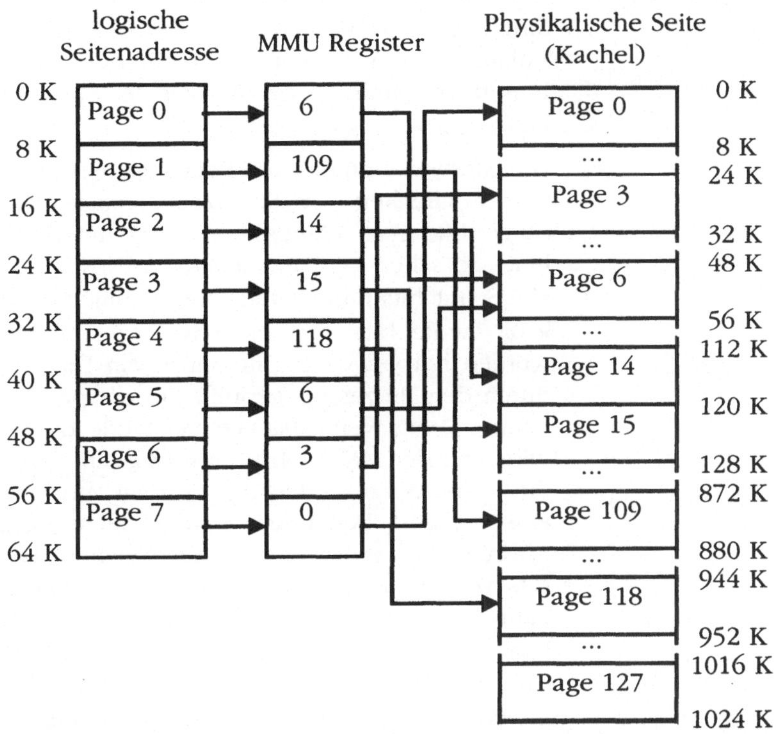

Wie die obige Bild 3.11 zeigt, hat die MMU also den Effekt, den logischen und auch den physikalischen Adressraum in gleich große Teile von 8 kB aufzuspalten, den sogenannten Seiten. Ein 64 kB großer Adressraum besteht damit aus 8 Seiten. Jede dieser Seiten wird durch die Speicherzugriffseinheit auf den physikalischen Speicher abgebildet. Wie wir aus der Bild 3.11 sehen, können die Seiten im physikalischen Speicher verstreut liegen, was z. B. für ein Betriebssystem die Zuteilung und Verwaltung des physikalischen Speichers sehr erleichtert, weil die Zuteilung von Speicher für ein Programm nun nicht mehr erfordert, dass diese Seiten im physikalischem Speicher hintereinander (konsekutiv) liegen müssen.

Die durch die Speicherzugriffseinheit geleistete Abbildung der Seiten in den Hauptspeicher ist ferner ein interessantes Hilfsmittel, um Datenschutz zwischen verschiedenen Benutzerprogrammen zu erreichen. So kann zum Beispiel ein Mehrbenutzerbetriebssystem den logischen Adressraum eines Benutzerprogrammes auf unterschiedliche Seiten im physikalischen Speicher abbilden, so dass Benutzer, auch wenn sie die gleichen logischen Adressen benutzen, doch unterschiedliche Speicherbereiche im physikalischen Speicher adressieren. Es kann so gewährleistet werden, dass kein Benutzerprogramm die Daten eines anderen Benutzerprogramms adressieren kann. Der Preis dafür ist allerdings, dass das Mehrbenutzerbetriebssystem beim Übergang vom Ablauf des einen Benutzerprogramms zum Ablauf des anderen Benutzerprogramms die Register der Speicherzugriffseinheit umlädt.

Üblicherweise enthält die Speicherzugriffseinheit noch eine weitere Möglichkeit, um Schutz zu realisieren. Betrachten wir die obige Bild 3.10 (Adressumsetzung mit der Speicherzugriffseinheit), so sehen wir, dass jedem MMU-Register noch drei zusätzliche Schutzbits hinzugefügt sind, nämlich das R-Bit (read bit), das W-Bit (write bit) und das E-Bit (execute bit). Diese Schutzbits werden bei jedem Zugriff, sei es ein Daten- oder Befehlszugriff durch den Prozessor, geprüft. Ein entsprechender Zugriff ist nur dann erlaubt, wenn das entsprechende Bit gesetzt ist, andernfalls wird von der MMU hardwaremäßig eine Unterbrechung erzeugt, die eine Schutzverletzung anzeigt und vom Betriebssystem entsprechend behandelt werden muss (gegebenenfalls durch Abbruch des Programms). Man beachte, dass durch Setzen der Bits verschiedene Schutzmöglichkeiten bestehen, beispielsweise kann so festgelegt werden, dass eine Seite nur gelesen werden kann, wenn nur das R-Bit gesetzt ist und W- und E-Bit gleich 0 sind. Interessant ist auch die Möglichkeit, nur das E-Bit gesetzt zu haben, was bedeutet, die entsprechende Seite, die nur Kode enthält, kann nur vom Prozessor ausgeführt werden, sie kann weder gelesen (kopiert) noch beschrieben werden.

Der Einsatz einer Speicherzugriffseinheit bietet darüberhinaus noch eine weitere interessante Möglichkeit. Betrachtet man den Ablauf eines Programms, das beispielsweise aus mehreren ineinanderliegenden vielfach durchlaufenen Schleifen besteht, so kann man hinsichtlich des Adressierungsverhaltens eine gewisse Lokalität beobachten. Innerhalb einer Schleife werden lange stets dieselben Daten referenziert, und der Rest des dem Programm zustehenden Adressraums wird nicht angesprochen und die betreffenden Seiten müssten folglich auch nicht im Hauptspeicher liegen. Dies ist die Grundidee des sogenannten *virtuellen Speichers*. Bei diesem Verfahren realisiert man den einem Programm zur Verfügung stehenden Speicher physikalisch auf dem Hintergrundspeicher, d. h. einer Platte, und lädt die entsprechenden Seiten von der Platte nur „bei Bedarf" in den Hauptspeicher. Zur Unterstützung dieses Verfahrens wird in den Registern der MMU neben den Schutzbits noch ein weiteres Bit, das P-Bit (presence bit) hinzugefügt. Dieses Bit zeigt an, ob der im logischen Adressraum angesprochenen Seite momentan eine Seite im physikalischen Speicher zugeordnet ist, d. h. ob der Eintrag in dem betreffenden MMU-Register gültig ist. Ist das P-Bit gleich 0, dann bedeutet dies, dass sich die betreffende Seite

Virtueller Speicher
Seitenfehlerunterbrechung
Virtuelle Adresse
Seitenauslagerungsstrategie

momentan nicht im Hauptspeicher, sondern noch auf dem Hintergrundspeicher befindet. Von der MMU wird dieses P-Bit bei jedem Zugriff geprüft und, falls es auf 0 gesetzt ist, löst die MMU hardwaremäßig eine Unterbrechung aus, die sogenannte *Seitenfehlerunterbrechung.* Diese muss dann vom Betriebssystem behandelt werden, indem die betreffende Seite vom Hintergrundspeicher in einen noch freien Bereich des Hauptspeichers eingelagert wird, womit dann der Zugriff möglich ist. Dabei wird natürlich das P-Bit dann auf 1 gesetzt, so dass später weitere Zugriffe zu keiner Unterbrechung führen. Dabei treten einige Probleme auf, wie z. B. was zu tun ist, wenn im Hauptspeicher kein Platz mehr frei ist, in den eine Seite aus dem Hintergrundspeicher eingelagert werden kann? Dieses Problem hat das Betriebssystem zu lösen, indem es rechtzeitig dafür sorgt, dass nicht mehr benötigte Seiten aus dem Hauptspeicher rechtzeitig ausgelagert werden, nach einer sogenannten *Seitenauslagerungsstrategie.* Diese hier beschriebene Technik nennt man die Technik des virtuellen Speichers und wir reden dann statt von einer effektiven oder logischen Adresse in diesem Zusammenhang von einer sogenannten *virtuellen Adresse.*

Verdeckte Basisadressierung

Wir wollen abschließend noch einmal auf die Frage zurückkommen, warum wir das Verfahren der Adressierung über eine Speicherzugriffseinheit als sogenannte *verdeckte Basisadressierung* bezeichnet haben. Dahinter steckt die Frage, wie die Register der MMU selbst zugänglich sind bzw. geladen werden können. Natürlich ist klar, dass das Betriebssystem zum Beispiel vor Ablauf eines Benutzerprogramms die Register entsprechend laden muss. Dazu muss das Betriebssystem die MMU-Register adressieren können, aber Benutzerprogrammen sollte diese Möglichkeit nicht eingeräumt werden.

Privilegierter Modus Nichtprivilegierter Modus

Das wird üblicherweise dadurch erreicht, dass man für den Prozessor zwei Betriebszustände einrichtet und unterscheidet, den Betriebssystemmodus bzw. *privilegierten Modus* (**supervisor mode**) und den Benutzermodus bzw. *nichtprivilegierten Modus* (**user mode**). Wird der Rechner eingeschaltet, so fährt er im Betriebssystemmodus hoch (um das Betriebssystem zu laden und zu installieren) und das Betriebssystem schaltet dann zur Ausführung eines Benutzerprogramms in den Benutzermodus. Im Benutzermodus ist keine Modusumschaltung möglich. Führt man nun zum Laden der MMU-Register Spezialbefehle ein, die nur im privilegierten Modus ausgeführt werden können, dann ist der Schutz erreicht. Ist also das Schreiben auf die MMU-Register nur unter solchen besonderen Schutzmaßnahmen möglich, dann reden wir von der sogenannten **verdeckten Basisadressierung**.

3.8 Sprungbefehle

Alle Sprungbefehle laufen darauf hinaus, dass das Befehlszähler-register, das auch als IP-Register (Instruction Pointer) oder PC-Register (Program Counter) bezeichnet wird, einen neuen Wert erhält. Dieser Wert gibt das Sprungziel an, d. h. die Adresse des Sprungziels. Im einfachsten Fall wird dieser Wert ähnlich wie beim unmittelbaren Operanden direkt als Bestandteil des Befehls fest im Kode abgelegt und die Wirkung des Sprungbefehls wird dann wie folgt definiert:

```
<PC> <= Adresse des Sprungziels
```

Absolute Sprünge

Üblicherweise wird die Zieladresse dadurch spezifiziert, dass man als Zieloperanden des Sprungbefehls eine Marke verwendet, also einen Bezeichner. Dieser wird dadurch definiert, dass die Marke dem Sprungziel, d. h. dem Befehl, vorangestellt wird, mit dem die Ausführung fortgesetzt werden soll. Die Vorgehensweise ist also ähnlich dem, was wir bei Verwendung von Marken in höheren Programmiersprachen im Zusammenhang mit der goto-Anweisung kennengelernt haben. Da der Assemblierer die Adresse der Marke des Sprungziels kennt, kann er die Zieladresse als festen Bestandteil des Sprungbefehls einsetzen. Diese Art des Sprungbefehls bezeichnet man auch als *absolute Sprünge*. Hier treten die gleichen Nachteile auf, wie bei absoluter Adressierung. Soll ein Programm mit absoluten Sprüngen ab einer anderen Stelle im Adressraum zum Ablauf gebracht werden, dann müssen selbstverständlich sämtliche in den Sprüngen enthaltenen Adressen für die Sprungziele neu berechnet und in die Sprungbefehle eingetragen werden. Dies läuft also auf ein Editieren des Kodes hinaus und ist eine der Aufgaben, die zum Beispiel ein Binder übernehmen muss. Ein Programm mit absoluter Adressierung der Sprungziele ist also nicht freiverschiebbar oder nichtverschiebbar.

Selbstrelative Sprünge

Dieser Nachteil absoluter Sprünge lässt sich vermeiden, in dem man als Bestandteil des Sprungbefehls nicht die Zieladresse spezifiziert, sondern die Distanz zum Sprungziel angibt. Sprung-bebehle die so arbeiten, nennt man *selbstrelative Sprünge*. Dabei wird in das Befehlsformat nicht die absolute Adresse, sondern die Distanz (dist) zum Sprungziel eingetragen. Die Wirkung des Sprungbefehls wird dann wie folgt definiert:

```
<PC> <= <PC> + dist
```

Betrachtet man das Befehlsformat für absolute Sprünge, dann muss dieses so ausgelegt sein, dass es als Distanz die maximal mögliche Adresse aufnehmen kann.

Kurze selbstrelative Sprünge

Bedenkt man aber, dass in der Praxis in den meisten Fällen das Sprungziel von der Absprungstelle nur einige Befehle entfernt ist, so genügen zur Kodierung der Distanz wenige Bits (zum Beispiel 8 Bits). Wir finden deshalb bei den Prozessoren die Methode der sogenannten *kurzen selbstrelativen Sprünge*. Dabei kennzeichnet `dist` die Sprungdistanz, die sowohl positiv (Vorwärtssprung) als auch negativ (Rückwärtssprung) sein kann und deshalb im K2-Darstellung kodiert in das Befehlsformat eingetragen wird. Bei der Berechnung der Distanz ist stets zu beachten, dass bei Ausführung des Sprungbefehls der Befehlszähler (PC) ja bereits auf den folgenden Befehl zeigt. Deshalb ergibt sich die Sprungdistanz stets aus der Differenz zwischen der Adresse des Sprungziels und der Adresse des auf den Sprungbefehl folgenden Befehls (siehe Bild 3.12). Die Verwendung selbstrelativer Sprünge hat natürlich einen entscheidenden Vorteil. Soll ein solches Programm im Speicher an anderer Stelle zum Ablauf gebracht werden, so bleiben die Distanzen konstant und der Kode muss nicht mehr geändert werden (wie dies bei absoluten Sprüngen erforderlich ist). Ausserdem hat die Methode der kurzen selbstrelativen Sprünge noch den Vorteil, dass sie zu einer Verkürzung des für den Kode benötigten Speicherplatzes beiträgt, weil die Kodierung der Sprungbefehle kürzer wird.

Bild 3.12: Beispiel für das Befehlsformat und die Adressberechnung des Sprungziels beim selbstrelativen Sprungbefehl (kurzer Sprung) des MOTOROLA-68000-Prozessors

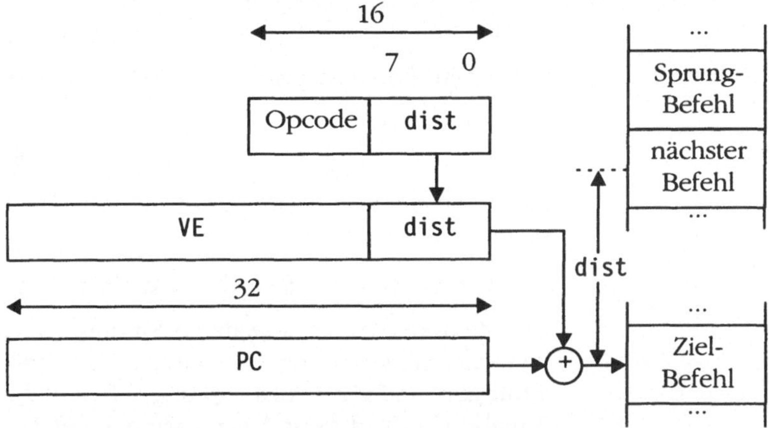

Vorzeichenrichtige Erweiterung

In Bild 3.12 bedeutet `VE` die vorzeichenrichtige Erweiterung von `dist`. Wir sprechen generell von *vorzeichenrichtiger Erweiterung* (*sign extend*), wenn eine Bitfolge in Richtung führender Bits verlängert wird und alle hinzugefügten Bits gleich dem ursprünglich führenden Bit (Vorzeichen) gesetzt sind.

Lange selbstrelative Sprünge

Neben den kurzen selbstrelativen Sprüngen gibt es noch die *langen selbstrelativen Sprünge*, bei denen die Distanz zum Beispiel mit 16 Bit kodiert wird (MOTOROLA). Soll die Distanz mit einer Breite gleich der Adressbreite (der Anzahl der Bits der Adresse im PC) kodiert werden (wie beim INTEL 8086-Prozessor),.

dann tritt allerdings ein Problem auf. Würde man die Distanz in K2-Darstellung kodieren, dann wären bei der Ausführung des Sprungbefehls Überlaufprobleme zu berücksichtigen. Ferner würde zur Kodierung der Distanz eine Adressbreite nicht ausreichen, wenn man zum Beispiel vom Anfang des Adressraumes an dessen Ende springen will. Man verwendet daher in disem Fall eine Binärarithmetik Modulo 2 hoch Adressbreite. Bei dieser Arithmetik bleiben Übertrag (bzw. „Borgen") unberücksichtigt. Der Sprungbereich kann dabei als Kreis betrachtet werden, wie in Bild 2.1 (in Kapitel 2) dargestellt. Die Wirkung des Sprungbefehls ist dann wie folgt definiert:

$$\text{<PC>} \Leftarrow \text{<PC*>} + \text{dist}$$

mit   dist = relative Adresse des Sprungziels - <PC*> .

Dabei ist zu beachten, dass:

- + und - jetzt Operationen Modulo 2 hoch Adressbreite sind

- PC* stets auf den nächsten Befehl zeigt.

Wir wollen die Methode anhand von Bild 2.1 (aus Kapitel 2) an einem Beispiel deutlich machen. Die Adressbreite ist hier 4 und wir haben die Operationen Modulo 16 durchzuführen. Die Adresse des Sprungbefehls sei 3. Das Befehlsformat des Sprungbefehls umfasse 2 Byte (es ist also PC*= 5).

Für einen Vorwärtssprung auf eine Marke bei Adresse **9** ergibt sich:

$$\text{dist} = \mathbf{9} - 5 = 4 \qquad \text{und <PC>} \Leftarrow 5 + 4 = \mathbf{9}.$$

Für einen Rückwärtssprung auf eine Marke bei Adresse **1** ergibt sich mit Adressbreite 4:

$$\text{dist} = (16{+}\mathbf{1}) - 5 = 12 \quad \text{und <PC>} \Leftarrow 5 + 12 = \mathbf{1}.$$

Die Methode der selbstrelativen Sprünge wird üblicherweise von den Assemblierern gut unterstützt, so dass wir, wie bei den Sprüngen lediglich das Sprungziel angeben müssen (durch Angabe der Marke) und der Assemblierer rechnet dann automatisch die Distanz aus und setzt diese im passenden Sprungbefehl ein. Selbstrelativer kurzer und langer Sprung sind unterschiedliche Maschinenbefehle.

Als Sonderfall des Sprungbefehls findet man bei den meisten Prozessoren zur Unterstützung der Implementierung von Unterprogrammen einen Spezialbefehl zum Ansprung des Unterprogramms (z. B. INTEL: CALL oder MOTOROLA: BSR, JSR). Dieser Befehl fasst die zwei wichtigsten Aktionen beim Prozeduraufruf in einem Befehlsablauf zusammen, nämlich die Ablage des bisherigen Wertes des Befehlszählerregisters auf dem Stapel und den Sprung an die Anfangsadresse der Prozedur.

Ein entsprechender Befehl existiert für die Prozedur-Rückkehr. Dieser macht gewissermaßen das umgekehrte des Befehls zum Prozeduraufruf: Er entnimmt dem obersten Element des Stapels die dort abgelegte Rückkehradresse und lädt diese Adresse in das Befehlszählerregister. Damit wird im aufrufenden Programm die Abarbeitung nach dem Befehl zum Prozeduraufruf fortgesetzt. Wir werden diese Befehle später noch im einzelnen kennenlernen.

3.9 Bedingte Sprünge

Die bedingten Sprünge sind die in Programmen am häufigsten vorkommenden Sprünge. Obwohl sich die Bezeichnungen der bedingten Sprungbefehle unterscheiden, arbeiten sie doch alle nach derselben Methode: Sie testen, ob bestimmte Kennzeichenbits gesetzt sind, oder eine Sprungbedingung (Boolescher Ausdruck) mit solchen Kennzeichenbits (*condition flag*) erfüllt ist, nur dann wird der Sprung ausgeführt. Da bedingte Sprünge zu den am häufigsten auftretenden Sprüngen gehören, arbeiten sie nach der Methode der kurzen selbstrelativen Sprünge. Einen Überblick über die bedingten Sprungbefehle der INTEL- und MOTOROLA-Prozessoren zusammen mit den dabei getesteten Bedingungen gibt die Tabelle in Bild 3.13.

Bild 3.13: Sprungbefehle und Sprungbedingungen der INTEL- und der MOTOROLA-Prozessoren

Befehl	**Befehl**	**Sprungbedingung**	**Bitbedingung**	
INTEL	**MOTOROLA**		**INTEL**	**MOTOROLA**
Einzelbit				
JNC	BCC	Not Carry, Carry clear	CF=0	C=0
JC	BCS	Carry set	CF=1	C=1
JS	BPL	Sign, Plus	SF=1	N=1
JNS	BMI	Not Sign, Minus	SF=0	N=0
JNE/JNZ	BNE	Not Equal to Zero	ZF=0	Z=0
JE/JZ	BEQ	Equal to Zero	ZF=1	Z=1
JNO	BVC	No Overflow, Overflow clear	OF=0	V=0
JO	BVS	Overflow set	OF=1	V=1
JNP		No Parity, Parity Odd	PF=0	
JP		Parity, Parity Even	PF=1	

Befehl INTEL	Befehl MOTOROLA	Sprungbedingung	Bitbedingung INTEL	MOTOROLA
vorzeichenbehaftet				
JGE/JNL		Greater or Equal, Not Less	$(SF \oplus OF)=0$	
	BGE	Greater or Equal (to zero)		$(N \oplus V)=0$
JL/JNGE		Less, Not Greater or Equal	$(SF \oplus OF)=1$	
	BLT	Less than (zero)		$(N \oplus V)=1$
JG/JNLE		Greater, Not Less or Equal	$((SF \oplus OF) + ZF)=0$	
	BGT	Greater than (zero)		$((N \oplus V) + Z)=0$
JLE/JNG		Less or Equal, Not Greater	$((SF \oplus OF) + ZF)=1$	
	BLE	Less or Equal (to zero)		$((N \oplus V) + Z)=1$
vorzeichenlos				
JAE/JNB		Above or Equal, Not Below	$CF=0$	
	BHS	Higher or the Same		$C=0$
JB/JNAE		Below, Not Above or Equal	$CF=1$	
	BLO	Lower		$C=1$
JA/JNBE		Above, Not Below or Equal	$(CF + ZF)=0$	
	BHI	Higher		$(C + Z)=0$
JBE/JNA		Below or Equal, Not Above	$(CF + ZF)=1$	
	BLS	Lower or the Same		$(C + Z)=1$

Anmerkung: + bedeutet logisches Oder, $\oplus$ logisches Exklusiv-Oder

Prozessorarchitekturen

In der folgenden Übersicht werden wir den Aufbau der beiden Prozessoren der MOTOROLA- bzw. INTEL-Serie gegenüberstellen. Dabei gibt es natürlich Gemeinsamkeiten, wie z. B. Befehlszählerregister und Kennzeichenbits. Wesentliche Unterschiede bestehen allerdings in der Art, der Anzahl und dem Verwendungszweck der Prozessorregister und natürlich im Befehlssatz. Die Festlegungen bezüglich der Register des Befehlssatzes bilden eine wesentliche Grundlage für die Assemblerprogrammierung und sind für die beiden Prozessorfamilien so unterschiedlich, das wir sie in zwei getrennten Abschnitten behandeln.

4.1 INTEL 8086

Die wichtigsten Kenngrößen dieses Prozessors sind im folgenden Bild 4.1 zusammengefasst.

Bild 4.1: Kenngrößen des Prozessors INTEL 8086

Kenngrößen	INTEL 8086
Adressbus	20 Bit
Datenbus	16 Bit
Adressraum	1 MByte
Operandenlänge	8 und 16 Bit
Registersatz	8 * 8 Bit (Operanden)
(ohne IR und LF)	8 * 16 Bit (Adressen)
	9 * 1 Bit (Merker)
Befehlswortlänge	1 bis 8 Byte (8 bis 64 Bit)
Zahl der Operanden (explizit) je Befehl	0, 1 oder 2
Zahl der Maschinenbefehle	135
Zahl der symbolischen Befehle	80
Adressierungsmodi für Speicheroperanden	24

Prozessormodell

Das Bild 4.2 gibt eine Übersicht über die Prozessorregister, die für den Programmierer zugänglich sind. Eine solche Übersicht wird oft auch als *Prozessormodell* oder auch Programmiermodell des Prozessors (programming model) bezeichnet.

Betrachten wir das Bild 4.2, so sehen wir am unteren Rande das Befehlszählerregister (Instruction-Pointer, IP) und das Kennzeichenbitregister oder Merkerregister (Flags, Condition Code Register). Eine Übersicht über die Bedeutung der Merker gibt die folgende Zusammenstellung in Bild 4.3. Wir unterscheiden dabei zwei Gruppen, die Statusmerker (Statusflags) und die Steuermerker (Controlflags). Die sechs Statusmerker geben die Eigenschaften des Ergebnisses arithmetischer und logischer Operationen an.

Bild 4.2: Prozessorregister des INTEL 8086

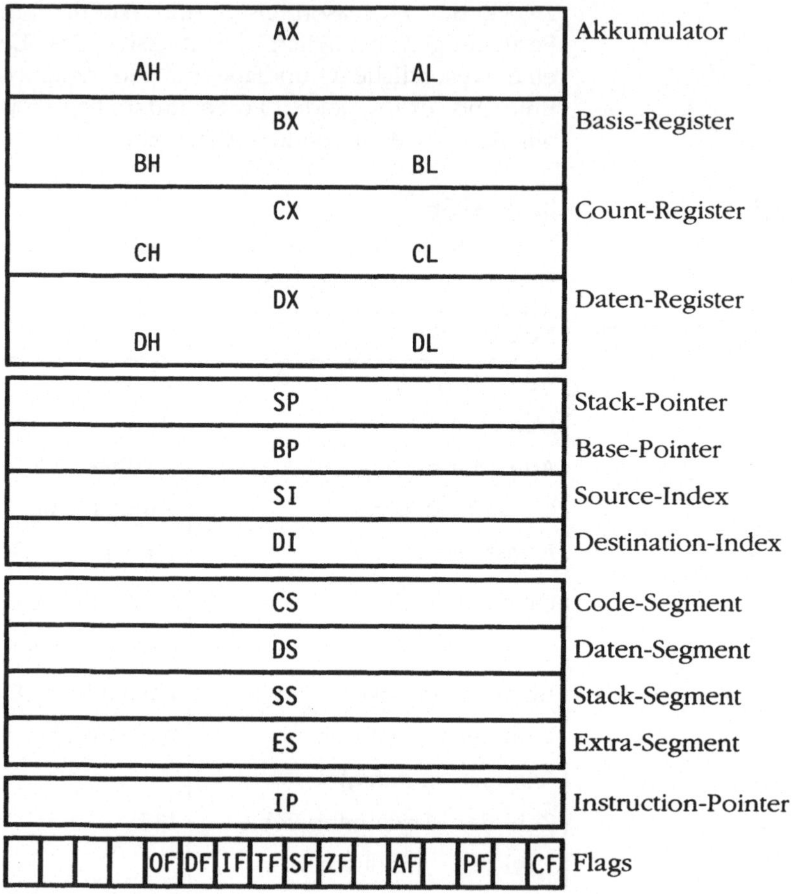

AX		Akkumulator
AH	AL	
BX		Basis-Register
BH	BL	
CX		Count-Register
CH	CL	
DX		Daten-Register
DH	DL	
SP		Stack-Pointer
BP		Base-Pointer
SI		Source-Index
DI		Destination-Index
CS		Code-Segment
DS		Daten-Segment
SS		Stack-Segment
ES		Extra-Segment
IP		Instruction-Pointer

				OF	DF	IF	TF	SF	ZF		AF		PF		CF	Flags

Statusmerker (Statusflags):

CF   Übertragungsmerker (Carryflag)

PF   Paritätsmerker (Parityflag)

AF   Hilfsübertragsmerker (Auxiliary Carry Flag)

Zeigt einen Übertrag aus dem niederwertigen Byte an.

ZF   Nullmerker (Zeroflag)

SF   Vorzeichenmerker (Signflag)

OF   Überlaufmerker (Overflowflag)

Steuermerker (Controlflags):

TF   Einzelschrittmerker (Trapflag)

IF   Unterbrechungsfreigabe (Interrupt Enable)

Wenn IF=1, dann ist der Prozessor extern über INTR-Eingang unterbrechbar, sonst nicht.

DF   Richtungsmerker (Directionflag)

Nur für die speziellen String-Befehle von Bedeutung (hält Transportrichtung im Adressraum fest).

Die Statusmerker werden bei Ausführung der arithmetischen bzw. logischen Befehle entsprechend der Spezifikation des Befehls gesetzt und dienen dann z. B. zur Steuerung der bedingten Sprünge. Dabei ist allerdings eine Besonderheit des INTEL-Prozessors zu beachten, nämlich dass ein Datentransportbefehl (MOV) keine Merker setzt. Obwohl im allgemeinen die Merker als Nebeneffekt der arithmetischen und logischen Operationen gesetzt werden, existieren auch Befehle, mit denen die Merker explizit manipuliert werden können, z. B. kann CF durch Befehle gesetzt, gelöscht oder komplementiert werden.

Die Steuermerker (Controlflags) können durch Befehle gesetzt bzw. gelöscht werden und beeinflussen die Arbeitsweise des Prozessors.

Bei den weiteren Registern der Bild 4.2 unterscheiden wir in der INTEL-Sprechweise 4 Gruppen:

- Allgemeine Register   AX,BX,CX,DX
- Zeigerregister   SP,BP
- Indexregister   SI,DI
- Segmentregister   CS,DS,SS,ES

Die Segmentregister können durch normale Lade- und Speicherebefehle aus dem Anwenderprogamm heraus adressiert werden. Das bedeutet, dass der INTEL-Prozessor mit *offener Basis-*

adressierung arbeitet. Wie wir sahen, wird dabei zu jeder effektiven Adresse, die der Prozessor entsprechend dem Adressierungsmodus berechnet, beim Zugriff auf den Speicher eine entsprechende Segmentadresse implizit aufaddiert.

Bild 4.4: Bildung der physikalischen Adresse

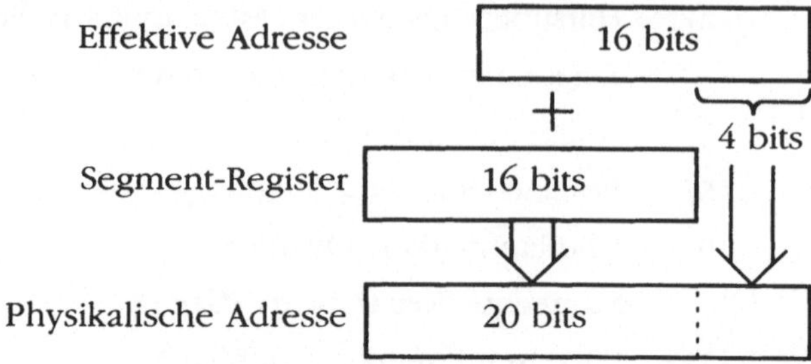

Die beiden Indexregister werden mit der Bezeichnung SI (source index) und DI (destination index), wie ihr Name andeutet, als Indexregister bei der indirekten Adressierung verwendet.

Die Gruppe der Zeigerregister enthält ein Zeigerregister auf den Stapel, das SP-Register. Dieses Register dient zu Unterstützung von Stapelzugriffen im Speicher und wird z. B. implizit durch die Stapelzugriffsbefehle PUSH und POP benutzt. Dabei ist zu beachten, dass bei Zugriff über das Stapelregister zur Bildung der physikalischen Adresse standardmäßig das entsprechende Segmentregister für den Stapel, das Stack-Segmentregister (SS) herangezogen wird (wenn nicht explizit anderes im Programm verlangt wird).

Ebenso wie das SP-Register dient auch das BP-Register zur Unterstützung des Zugriffs auf den Stapel, und arbeitet ebenfalls implizit mit dem Stack-Segmentregister zusammen. Das BP-Register wird, wie wir noch später sehen werden, zur Unterstützung der Implementierung des Prozedurkonzepts benötigt. Es wird dabei als Basisregister eingesetzt, um mit dem Adressierungsmodus „indirekt über Basisregister", z. B. die Parameter einer Prozedur, zu adressieren.

In der Gruppe „Allgemeine Register" sind schließlich die restlichen Register zusammengefasst. Diese Register nehmen z. B. die Daten, bei arithmetischen bzw. logischen Operationen auf. Jedes Register ist aufteilbar in eine obere Hälfte und eine untere Hälfte (von jeweils 8 Bit). Diese Hälften sind getrennt mit Bezeichnern adressierbar. So ist z. B. die obere Hälfte des AX-Registers durch AH und die untere Hälfte durch AL adressierbar. Bei den Registern gibt es auch solche, die eine Sonderstellung einnehmen. So arbeitet z. B. das CX-Register implizit mit dem Schleifenbefehl (LOOP-Befehl) fest zusammen, eine Bedingung, die die freie Verwendung von Registern einschränkt. Ferner ist die Verwendung der Register bei den arithmetischen Befehlen für Multiplikation und Division genau geregelt, wie wir dort noch sehen werden. Das BX-Register nimmt ebenfalls eine Sonderstellung ein, es kann sowohl Daten aufnehmen, als auch zur indirekten Adressierung als Basisregister verwendet werden.

Zusammenfassend halten wir also fest, dass zur indirekten Adressierung als

- Indexregister nur die Register SI und DI und als

- Basisregister nur die Register BX und BP

verwendet werden können. Dabei ist zu bedenken, dass das BP-Register für die Implementierung des Prozedurkonzeptes (Unterprogramm) reserviert ist.

Wie wir der obigen Bild 4.1 der Kenngrößen entnehmen können, kennt der INTEL-Prozessor ca. 80 verschiedene Befehle. Zur besseren Übersicht unterscheiden wir die Befehle in folgende Gruppen:

- Datenbefehle:

    - Transportbefehle (Data Transfer)

    - arithmetische Befehle (Arithmetic)

    - Logik-Befehle (Logic)

    - Zeichenkettenbefehle (String Manipulation)

  - Sprungbefehle (Control Transfer)

  - Prozessorsteuerung (Processor Control)

Die einzelnen Befehle sind in den Bildern 4.5 bis 4.9 zusammengefasst. Wir werden ihre Wirkung und Verwendung im einzelnen anhand von Programmbeispielen kennenlernen.

Bei den Sprungbefehlen ist hervorzuheben, dass der INTEL-Prozessor bei dem bedingten und bei dem unbedingten Sprung die Technik der selbstrelativen Sprünge einsetzt, wobei die möglichen Sprungdistanzen unterschiedlich sind. Bei den bedingten Sprüngen werden sogenannte kurze Sprünge eingesetzt, d. h. mit einer Distanz $-128 \leq$ dist $< +128$, da für die Kodierung der Distanz im Maschinenbefehl nur 1 Byte vorgesehen ist. Dagegen ist für die Kodierung der Distanz bei unbedingten Sprüngen (JMP-Befehl) im Befehlswort ein 16-Bit-Feld vorgesehen, so dass der Sprungbereich ein gerades Segment erfasst (siehe Abschnitt 3.8).

Beim unbedingten Sprung besteht auch die Möglichkeit des indirekten Sprunges über ein Register (siehe Kapitel 5.2.2). Als Register ist hier das BX-Register bzw. das CX-Register möglich. Bei deser Variante des unbedingten Sprungs handelt es sich nicht um einen selbstrelativen Sprung.

Bild 4.5: INTEL 80x86: Datentransportbefehle

Befehl	Operanden	Modi	Wirkung
MOV	dst,src	B,W	<dst> ⇐ <src>
MOV	dst,data	B,W	<dst> ⇐ data
MOV	dst,sreg	W	<dst> ⇐ <sreg>
MOV	sreg,src	W	<sreg> ⇐ <src>
XCHG	dst,reg	B,W	Vertausche <dst> mit <reg>
PUSH	src	W	Lege <src> auf den Stapel ab
PUSH	sreg	W	Lege <sreg> auf den Stapel ab
PUSHF		W	Lege Kennzeichenbits auf den Stapel ab
POP	dst	W	Lade dst vom Stapel
POP	sreg	W	Lade sreg vom Stapel
POPF		W	Lade FLAGS vom Stapel
LAHF		B	Lade AH mit dem niederwertigen Byte der FLAGS
SAHF		B	Speichere AH in das niederwertige Byte der FLAGS
XLAT		B	Lade AL mit Inhalt von Speicheradresse [BX+AL]
LEA	reg,msrc	W	Lade reg mit der effektiven Adresse von msrc
LDS	reg,msrc	D	Lade DS und reg mit Doppelwort von msrc
LES	reg,msrc	D	Lade ES und reg mit Doppelwort von msrc

Anmerkungen:

reg   steht bei **W**ortmodus (**D**oppelwortmodus) für jedes Register AX bis DI, oder bei **B**ytemodus für jedes Byteregister AH bis DL.

sreg   steht für jedes Segmentregister CS bis ES.

src   und dst Operanden können unter Verwendung aller Adressierungsmodi spezifiziert werden, jedoch muss ein Operand im Register sein und src kann kein unmittelbarer Operand sein.

data   ist ein unmittelbarer Operand (oder ein Ausdruck vom Typ NUMBER) entsprechend dem Modus des Befehls.

msrc   bedeutet ein Speicheroperand (alle Adressierungsmodi).

FLAGS   steht für die Kennzeichenbits.

(Die speziellen MOV-Befehle für Zeichenbearbeitung (String-befehle) sind weggelassen)

Bild 4.6: INTEL 80x86: arithmetische Befehle

Befehl	Operanden	Modi	Wirkung
ADD	dst,src	B,W	<dst> ⇐ <dst> + <src>
ADD	dst,data	B,W	<dst> ⇐ <dst> + data
ADC	dst,src	B,W	ADD WITH CARRY, <dst> ⇐ <dst> + <src> +Übertragungsbit (CF)
ADC	dst,data	B,W	<dst> ⇐ <dst> + data + Übertragungsbit (CF)
SUB	dst,src	B,W	<dst> ⇐ <dst> − <src>
SUB	dst,data	B,W	<dst> ⇐ <dst> − data
SBB	dst,src	B,W	SUBTRACT WITH BORROW, <dst> ⇐ <dst> − <src> − Übertragungsbit (CF)
SBB	dst,data	B,W	<dst> ⇐ <dst> − data − Übertragungsbit (CF)
CMP	dst,src	B,W	Bilde <dst> − <src> und setze Kennzeichenbits
CMP	dst,data	B,W	Bilde <dst> − data und setze Kennzeichenbits
INC	dst	B,W	<dst> ⇐ <dst> + 1
DEC	dst	B,W	<dst> ⇐ <dst> − 1
NEG	dst	B,W	<dst> ⇐ − <dst>
MUL	src	B,W	Multiplikation vorzeichenlos
IMUL	src	B,W	INTEGER-Multiplikation vorzeichenbehaftet
DIV	src	B,W	Division vorzeichenlos
IDIV	src	B,W	INTEGER-Division vorzeichenbehaftet
CBW		B	CONVERT BYTE TO WORD, Vorzeichenrichtige Erweiterung von AL in AX

Befehl	Operanden	Modi	Wirkung
CWD		W	CONVERT WORD TO DOUBLE WORD, Vorzeichenrichtige Erweiterung von AX in DX
DAA		B	DECIMAL ADJUST AL FOR ADD bei gepackter BCD-Darstellung
DAS		B	DECIMAL ADJUST AL FOR SUBTRACT bei gepackter BCD-Darstellung
AAA		B	ASCII ADJUST AL FOR ADD bei ungepackter (ASCII) BCD-Darstellung
AAS		B	ASCII ADJUST AL FOR SUBTRACT bei ungepackter (ASCII) BCD-Darstellung
AAM		W	ASCII ADJUST AX FOR MULTIPLY bei ungepackter (ASCII) BCD-Darstellung
AAD		W	ASCII ADJUST AX FOR DIVIDE bei ungepackter (ASCII) BCD-Darstellung

Anmerkungen:

src und dst	Operanden können unter Verwendung aller Adressierungsmodi spezifiziert werden, jedoch muss bei zwei Operanden einer ein Register sein und src kann kein unmittelbarer Operand sein.
data	ist ein unmittelbarer Operand (oder ein Ausdruck vom Typ NUMBER entsprechend dem Modus des Befehls.

Bild 4.7: INTEL 80x86: Logische, Schiebe- und Rotationsbefehle

Befehl	Operanden	Wirkung
AND	dst,src	Logisches Und, <dst> ⇐ <dst> AND <src>
OR	dst,src	Logisches Oder, <dst> ⇐ <dst> OR <src>
XOR	dst,src	Exklusives Oder, <dst> ⇐ <dst> XOR <src>
TEST	dst,src	Kennzeichenbits ⇐ <dst> AND <src>
NOT	dst	Invertiere alle Bits von <dst> (Einerkomplement)
SHR	dst,cnt	Logische Rechts-Verschiebung von

Befehl	Operanden	Wirkung
		<dst> um cnt Bits
SHL/SAL	dst,cnt	Logische und arithmetische Links-Verschiebung von <dst> um cnt Bits
SAR	dst,cnt	Arithmetische Rechts-Verschiebung von <dst> um cnt Bits
ROL	dst,cnt	Links-Rotation von <dst> um cnt Bits
ROR	dst,cnt	Rechts-Rotation von <dst> um cnt Bits
RCL	dst,cnt	Links-Rotation von <dst> um cnt Bits mit Einbeziehung des CF-Bits
RCR	dst,cnt	Rechts-Rotation von <dst> um cnt Bits mit Einbeziehung des CF-Bits

Anmerkungen:

src und dst — Operanden können unter Verwendung aller Adressierungsmodi spezifiziert werden, jedoch muss ein Operand ein Register sein. Für src ist auch ein unmittelbarer Operand möglich.

cnt — ist entweder „1" oder „CL". Letzteres bedeutet, dass der Wert im Register CL angibt um wieviele Bits verschoben wird.

Bild 4.8: INTEL 80x86: Wirkung der Schiebebefehle

Logische Rechts-Verschiebung SHR:

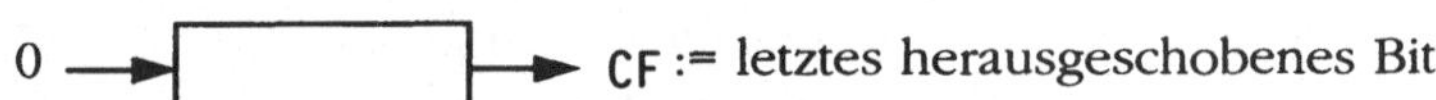

Logische und arithmetische Links-Verschiebung SHL **und** SAL:

CF := letztes herausgeschobenes Bit ◄— | | ◄— 0

Arithmetische Rechts-Verschiebung SAR:

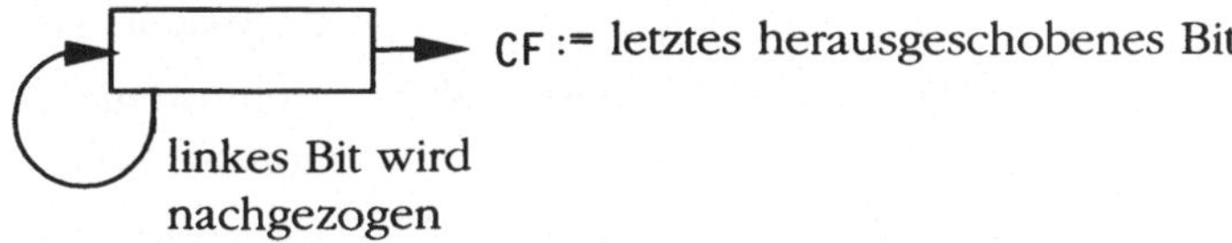

Die Kennzeichenbits werden für alle Schiebebefehle in gleicher Weise gesetzt:

OF := 1, falls sich bei Verschiebung um 1 das Vorzeichenbit ändert, sonst OF:=0. PF, SF, ZF werden entsprechend dem Ergebnis der Verschiebeoperation gesetzt. Undefiniert: AF, OF nur, falls cnt≠1 (d. h. bei Mehrfachverschiebung)

Bild 4.9: INTEL 80x86: Wirkung der Rotationsbefehle

Links-Rotation ROL:

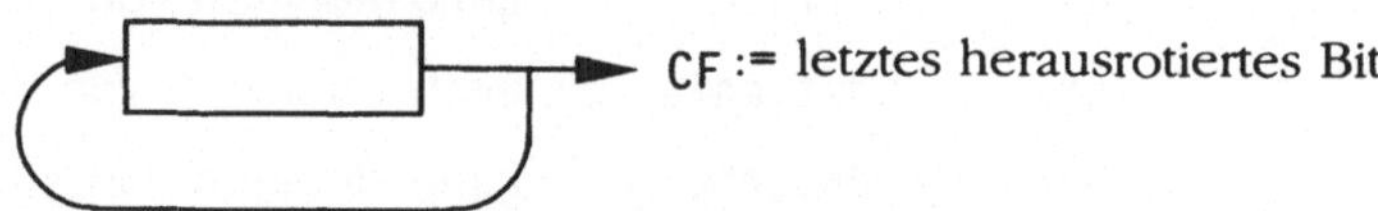

CF := letztes herausrotiertes Bit

Rechts-Rotation ROR:

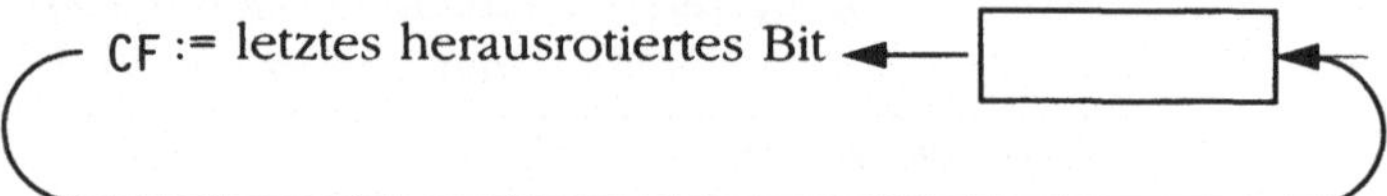

CF := letztes herausrotiertes Bit

Links-Rotation mit Übertragsbit RCL:

CF := letztes herausrotiertes Bit

Rechts-Rotation mit Übertragsbit RCR:

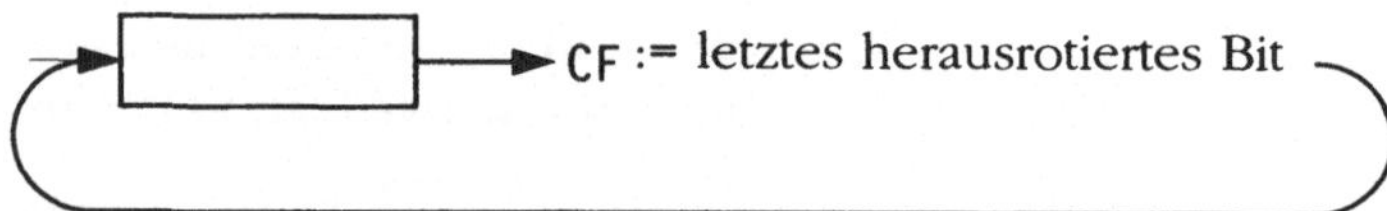

CF := letztes herausrotiertes Bit

Die Kennzeichenbits werden für alle Rotationsbefehle in gleicher Weise gesetzt:

OF := 1, falls sich bei Rotation um 1 das Vorzeichenbit ändert, sonst OF := 0. undefiniert: AF, PF, SF, ZF, OF nur falls cnt ≠1 (d. h. bei Mehrfachrotation)

Bild 4.10: INTEL 80x86: Befehle zur Ablaufsteuerung in Programmen

Befehl	Operanden	Wirkung
JMP	addr	JUMP, Selbstrelativer Sprung auf Zieladresse addr
JMP	src	JUMP, Indirekter Sprung auf Adresse in src
CALL	addr	Unterprogrammsprung auf Zieladresse addr
CALL	src	Indirekter Unterprogrammsprung auf Adresse in src
RET		Unterprogramm-Rücksprung
RET	n	Unterprogramm-Rücksprung und <SP> ⇐ <SP> + n
Jcc	addr8	Bedingter, selbstrelativer Sprung auf addr8

Befehl	Operanden	Wirkung
LOOP	addr8	$<CX> \Leftarrow <CX> -1$, selbstrelativer Sprung falls CX$\neq$0
LOOPE/LOOPZ	addr8	$<CX> \Leftarrow <CX> -1$, selbstrelativer Sprung falls CX$\neq$0 und ZF=1
LOOPNE/LOOPNZ	addr8	$<CX> \Leftarrow <CX> -1$, selbstrelativer Sprung falls CX$\neq$0 und ZF=0
JCXZ	addr8	Selbstrelativer Sprung falls $<CX> = 0$
CLC		CLEAR CARRY ($<CF> \Leftarrow 0$)
CMC		COMPLEMENT CARRY $(<CF> \Leftarrow 1-<CF>)$
STC		SET CARRY $(<CF> \Leftarrow 1)$
CLD		CLEAR DIRECTION ($<DF> \Leftarrow 0$)
STD		SET DIRECTION $(<DF> \Leftarrow 1)$
CLI		CLEAR INTERRUPT-ENABLE $(<IF> \Leftarrow 0)$
STI		SET INTERRUPT-ENABLE ($<IF> \Leftarrow 1$)
HLT		Halt bis Unterbrechung oder RESET-Unterbrechung eintrifft
WAIT		Warte bis Signal auf TEST-Eingabeleitung eintrifft
ESC	opc,srce	Lade OPCODE und Operand von Koprozessor
NOP		NO OPERATION, Leerbefehl

Anmerkungen:

n   ist ein unmittelbarer 16-Bit Operand.

cc   (condition code) steht für die durch 1 bis 2 Buchstaben abgekürzte Sprungbedingung über den Kennzeichenbits, die erfüllt sein muss, damit der bedingte Sprung stattfindet. (siehe Bild 3.13)

addr8   steht für die Zieladresse bei selbstrelativen Sprüngen (deren Distanz mit 8 Bit in K2-Darstellung angegeben wird).

4.2   MOTOROLA 68000

Die wichtigsten Kenngrößen dieses Prozessors sind im folgenden Bild 4.11 zusammengefasst.

Adressbus	32 Bit
Datenbus	16 Bit
Adressraum	4 Gbyte
Operandenlänge	Byte Wort (2 Byte) Doppelwort (4 Byte)
Registersatz	8 Datenregister (32 Bit) 8 Adressregister (32 Bit)
Befehlswortlänge	1 bis 5 Worte
Zahl der Operanden	0, 1, 2 oder mehr
Zahl der Maschinenbefehle	81
Adressierungsmodi für Operanden	14

Das Bild 4.12 gibt eine Übersicht über die Prozessorregister, die für den Programmierer zugänglich sind. Eine solche Übersicht wird oft auch als *Prozessormodell* oder auch Programmiermodell des Prozessors (programming model) bezeichnet.

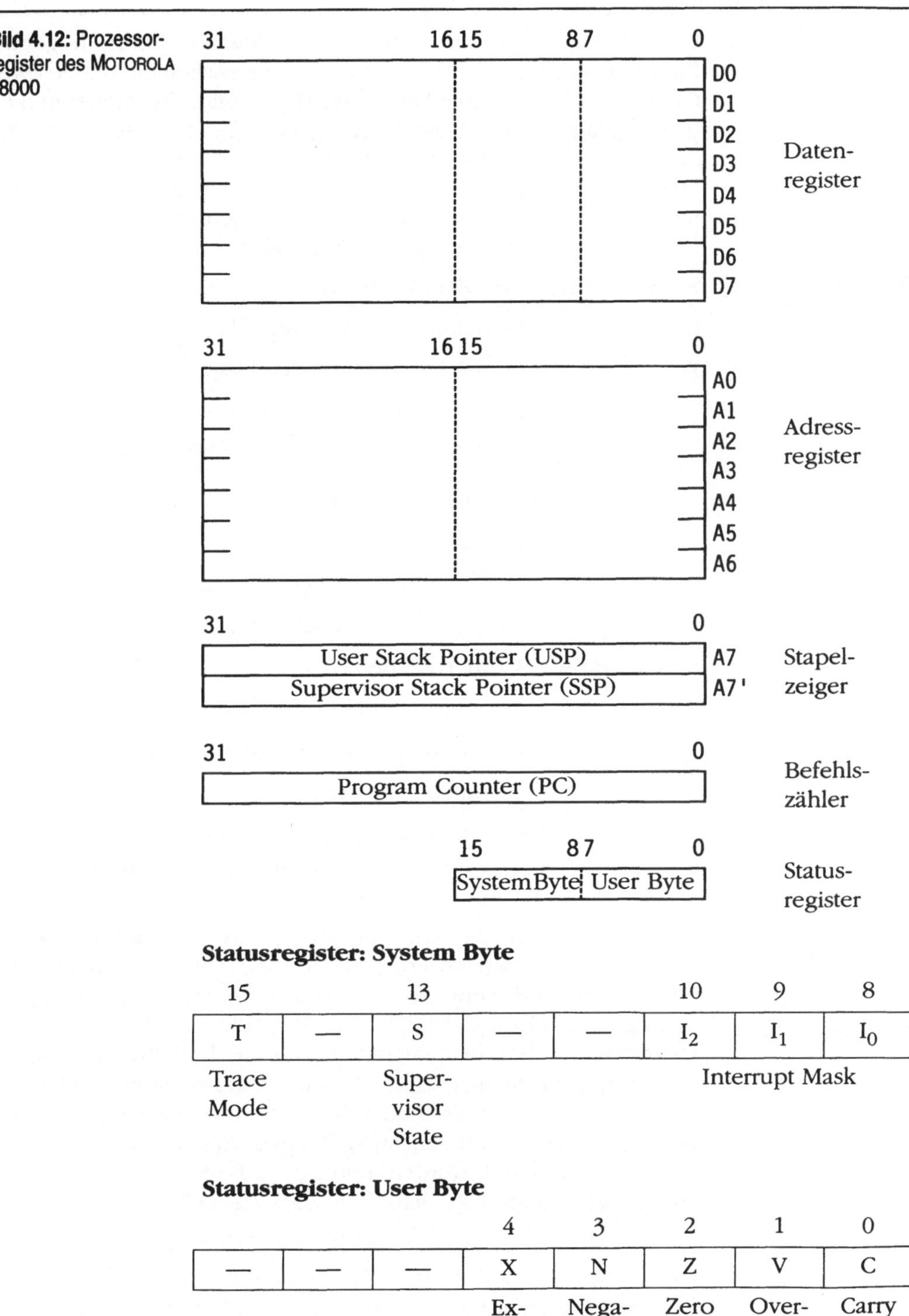

Statusregister: System Byte

Statusregister: User Byte

Eine Übersicht über die Bedeutung der Merker gibt die folgende Zusammenstellung in Bild 4.13. Wir unterscheiden dabei zwei Gruppen, die Statusmerker (Statusflags) und die Steuermerker (Controlflags). Die Statusmerker geben die Eigenschaften des Ergebnisses arithmetischer und logischer Operationen an. Sie liegen im „User Byte" und sind der Anwendungsprogrammierung im Benutzermodus zugänglich. Die Steuermerker im „System Byte" sind nur im Systemmodus zugänglich.

Bild 4.13: Bezeichnung der MOTOROLA-Merker

Statusmerker (Condition Codes)

C   Übertragungsmerker (Carry Flag)

X   Erweiterungsbit (Extended Flag)

    Wird wie C gesetzt, aber nicht von allen Befehlen. Dadurch kann ein C-Ergebnis eines früheren Befehls erhalten bleiben; wird für mehrfach genauere Arithmetik benutzt.

Z   Nullmerker (Zero Flag)

N   Vorzeichenmerker (Negative Flag)

V   Überlaufmerker (Overflow Flag)

Steuermerker (Control Flags)

T   Einzelschrittmerker (Trap Flag)

I_2, I_1, I_0 Unterbrechungsmerker (Interrupt Mask)

S   Systemmodusmerker

    Bei S=1 befindet sich der Prozessor im Systemmodus (Supervisor State); bei S=0 ist er im Benutzermodus (User Mode).

Die Statusmerker werden bei Ausführung der arithmetischen bzw. logischen Befehle entsprechend der Spezifikation des Befehls gesetzt und dienen dann z. B. zur Steuerung der bedingten Sprünge. Dabei ist allerdings eine Besonderheit des MOTOROLA-Prozessors zu beachten, nämlich dass ein Datentransportbefehl (MOVE) stets die Merker setzt. Obwohl im allgemeinen die Merker als Nebeneffekt der arithmetischen und logischen Operationen gesetzt werden, existieren auch Befehle, mit denen die Merker explizit manipuliert werden können, z. B. können die Merker (CCR) durch einen MOVE-Befehl mit dem Ziel CCR gesetzt werden.

Stapelzeiger

Bei den weiteren Registern in Bild 4.12 unterscheiden wir die zwei Gruppen Adressregister A0 bis A7 und Datenregister D0 bis D7. Die Adressregister können als Basisregister *und* als Indexregister verwendet werden. Das Adressregister A7 dient als Register für den *Stapelzeiger*. Es ist doppelt vorhanden und zwar für

Systemmodus und Benutzermodus (User Stack Pointer und System Stack Pointer). Generell gilt, dass auf Adressregistern nur die arithmetischen Operationen Addition und Subtraktion zugelassen sind, und dass Operationen auf den Adressregistern, auch die MOVE-Befehle (natürlich mit Ausnahme des CMPA-Befehls), die Statusmerker *nicht* setzen (so dass die bisher gesetzten Statusmerker erhalten bleiben). Hinter dieser Festlegung steckt die Philosophie, dass Adressen einen eigenen Datentyp bilden (siehe Abschnitt 3.5), und dass durch Operationen auf Adressen die in den Statusmerkern vorhandenen Ergebnisse nicht zerstört werden sollten.

Das Bild 4.14 enthält die englischen Bezeichnungen der Befehle sowie die daraus abgeleiteten mnemotechnischen Bezeichnungen (kurz: Mnemo). Syntaktisch haben Befehle mit zwei Operanden den folgenden Aufbau:

Mnemo.S   Quelloperand, Zieloperand

Dabei gibt S (Size) an, ob der Befehl im Byte-, Wort- oder Doppelwort- Modus auf die Operanden zugreift, jenachdem ob für S der Buchstabe B, W oder L (Longword) eingesetzt wird. Dabei ist zu beachten, dass bei Byte- oder Wortoperationen auf ein Datenregister jeweils nur die niederwertigen Teile betroffen sind. Der Rest des Registers bleibt unverändert. Auch bei den arithmetischen Operationen Addition (ADD) und Subtraktion (SUB) gilt dasselbe (ein Übertrag bzw. Überlauf wird durch die entsprechenden Bits angezeigt). Bei den Adressregistern als Zieloperand sind keine Befehle im Bytemodus möglich. Beim Wort- Modus ist zu beachten, dass der höherwertige Teil des Adressregisters stets vorzeichenrichtig aufgefüllt wird. Als Quelloperand können Adressregister nur auftreten, wenn der Befehl im Doppelwortmodus arbeitet. Dahinter steckt die Überlegung, dass eine Adresse in Quellposition stets nur als Ganzes verwendet werden sollte. Deshalb besteht auch die Regelung der vorzeichenrichtigen Erweiterung. Dementsprechend können auch keine Befehle zur Bitmanipulation und keine Befehle für Logische-, Schiebe- und Rotationsoperationen auf Adressregister angewandt werden.

Über die in der Übersicht in Bild 4.14 hinausgehend gibt es auf Maschinenebene noch weitere Varianten der Befehle (siehe MOTOROLA Programming Reference Card [Mot91]). Diese sind dadurch gekennzeichnet, dass dem Mnemo als Anhängsel noch ein Buchstabe hinzugefügt wird:

- A für Adresse kennzeichnet die Befehle, die auf Adressregister zugreifen. Dabei ist zu beachten, dass Operationen mit Adressregistern keine Byteoperationen sein dürfen.

Ferner ist zu berücksichtigen, dass bei einer Wortoperation, mit einem Adressregister als Ziel, stets die obere Hälfte des Registers vorzeichenrichtig erweitert wird.

- I (Immediate) kennzeichnet Befehle mit unmittelbarem Operand.

- Q (Quick) kennzeichnet Befehle mit unmittelbarem Operand, der mit 3 Bits kodierbar ist.

- M (Memory) kennzeichnet Befehle, die Speicher-Speicher Operationen durchführen.

- X kennzeichnet Befehle, deren Operationen das Erweiterungsbit X (Extensionbit) mit einbeziehen

Üblicherweise müssen die Anhängsel A, I und Q in Assemblerprogrammen nicht geschrieben werden. Der Assemblierer kann sie selbständig ergänzen bzw. die entsprechenden Befehle verwenden. Die Anhängsel M und X müssen jedoch stets angegeben werden.

Bild 4.14: Befehle

Mnemo	Englische Bezeichnung
ABCD	Add Decimal with Extend
ADD	Add
AND	Logical AND
ASL	Arithmetic Shift Left
ASR	Arithmetic Shift Right
Bcc	Branch Conditionally
BCHG	Bit Test and Change
BCLR	Bit Test and Clear
BRA	Branch Always
BSET	Bit Test and Set
BSR	Branch to Subroutine
BTST	Bit Test
CHK	Check Register against Bounds
CLR	Clear Operand
CMP	Compare
DBcc	Decrement and Branch Conditionally
DIVS	Divide Signed
DIVU	Divide Unsinged
EOR	Exclusive OR

Mnemo	Englische Bezeichnung
EXG	Exchange Registers
EXT	Sign Extend
JMP	Jump
JSR	Jump to Subroutine
LEA	Load Effective Address
LINK	Link Stack
LSL	Logical Shift Left
LSR	Logical Shift Right
MOVE	Move Source to Destination
MULS	Multiply Signed
MULU	Multiply Unsigned
NBCD	Negate Dezimal with Extend
NEG	Negate
NOP	No Operation
NOT	One´s Complement
OR	Logical OR
PEA	Push Effective Address
RESET	Reset External Devices
ROL	Rotate Left without Extend
ROR	Rotate Right without Extend
ROXL	Rotate Left with Extend
ROXR	Rotate Left with Extend
RTD	Return and Deallocate
RTE	Return from Exception
RTR	Return and Restore
RTS	Return from Subroutine
SBCD	Subtract Decimal with Extend
Scc	Set Conditional
STOP	Stop until Interrupt
SUB	Subtract
SWAP	Swap Data Register Halves
TAS	Test and Set Operand
TRAP	Trap
TRAPV	Trap on Overflow
TST	Test
UNLK	Unlink Stack

PC-relative
Adressierung

Das Bild 4.15 gibt eine Übersicht über die Operanden und Adressierungsmodi des MOTOROLA-Prozessors. Die Spalte

„Operand" gibt an, wie die Spezifikation des Zieloperanden (dest) bzw. des Quelloperanden (src) in der Syntax des MOTOROLA-Assemblers erfolgt. In diesem Bild wurden auch die Adressierung relativ zum Befehlszähler (PC), die sogenannte *PC-relative Adressierung*, aufgenommen. Sie ist ähnlich der Basisadressierung, nur mit dem Unterschied, dass statt der Adressregisters An das Befehlszählerregister PC auftritt. Sie macht die Methode des Operandenzugriffs der selbstrelativen Sprünge allgemeiner, d. h. auch für Datenzugriffe, zugänglich.

Bild 4.15: MOTOROLA Operanden und Adressierungsmodi

Adressierung	Operand	Effektive Adresse
Direkt Register	Dn An	
Direkt Speicher	aF vF	ea = Formel aF ea = Formel vF
Indirekt über Basis	(An)	ea = <An>
Indirekt über Basis und Verschiebeanteil	aF_{16}(An)	ea = <An> + d_{16} mit d_{16} = Distanz als 16-Bit kodierbarer Wert einer aF
Indirekt über Basis und Index mit Verschiebeanteil	aF_8(An,Xn)	ea = <An> + <Xn> + d_8 mit d_8 = Distanz als 8-Bit kodierbarer Wert einer aF
Indirekt über Basis und Postinkrement	(An)+	ea = <An>, dann <An>=<An>+S
Indirekt über Basis und Prädekrement	-(An)	<An>=☐<An>-S, dann ea = <An>
Unmittelbarer Operand:		
Lang	aF_{32}	mit 32-Bit kodierbarer Wert einer aF
Kurz	aF_{16}	mit 16-Bit kodierbarer Wert einer aF
Schnell (Quick-Operand)	aF_3	mit 3-Bit kodierbarer Wert einer aF
PC-relative Adressierung:		
Relativ mit Distanz	rF aF(PC)	ea = <PC> + d_{16} mit d_{16} = Distanz als 16-Bit kodierbarer Wert

Adressierung	Operand	Effektive Adresse
Relativ mit Index und Distanz	rF(Xn) aF(PC,Xn)	ea = <PC> + <Xn> + d_8 mit d_8 = Distanz als 8-Bit kodierbarer Wert

Anmerkung:	
ea	effektive Adresse
Dn	Datenregister D0 bis D7
An	Adressregister A0 bis A7
Xn	Adressregister oder Datenregister
aF	absolute Formel, siehe Text
vF	verschiebliche Formel, siehe Text
rF	relative Formel, siehe Text
S	= 1 bei Bytezugriff (B) = 2 bei Wortzugriff (W) = 4 bei Doppelwortzugriff (L)

In der Regel können zur Spezifikation der Operanden alle Adressierungsmodi verwendet werden. Generell bestehen jedoch die folgenden Enschränkungen:

- Der Zieloperand kann kein unmittelbarer Operand sein,

- Als Zieloperand ist ein Adressregister nur zugelassen bei bestimmten zum Teil speziell dafür vorgesehenen Befehlen: MOVEA, ADDA, ADDQ, SUBA, SUBQ, CMPA, EXG, LEA, LINK, UNLK, MOVEM. Als Quelloperand ist ein Adressregister nur zugelassen bei den speziell für Adressregister vorgesehenen Befehlen, die durch den Endbuchstaben A (für Adresse) gekennzeichnet sind (wie z. B. MOVEA) und ferner bei den Befehlen: ADD, CMP, EXG, LINK, UNLK, MOVE, MOVE USP, SUB, SUBQ. Dahinter steckt das Prinzip, dass Adressen einen eigenen Datentyp bilden (siehe Kapitel 3.5). Einen genauen Überblick über die zugelassenen Adressierungsmodi findet man in [Mot91].

- Die PC-relativen Adressierungsmodi können nur bei Operanden eingesetzt werden, die den Programmbereich (nicht den Datenbereich) adressieren und die durch die Operation nicht geändert werden. Sie können also z. B. bei Sprungbefehlen oder bei Datentransferbefehlen verwendet werden. Die Verwendung ist beschränkt auf Quelloperanden und für Zieloperanden verboten. Hinter dieser Festlegung steckt das Prinzip, dass ein schreibender Zugriff auf

Maschinenkode verboten sein sollte, weil veränderbarer Kode zu Programmen führt, die nicht mehr eintrittsinvariant sind. Die Forderung, dass Programme eintrittsinvariant sein müssen, kommt aus dem Betriebssystembau. Nur Programme, die eintrittsinvariant sind, können von mehreren Anwendungen gleichzeitig benutzt werden.

Die Adressierungsmodi mit Postinkrement und Prädekrement dienen (unter anderem) zur Implementierung des Stapelzugriffes. Statt spezieller Stapelbefehle (wie beim INTEL-Prozessor) wird der normale Befehl zum Datentransport (MOVE-Befehl) verwendet. Dabei wird standardmäßig als Stapelzeiger das Adressregister A7 eingesetzt.

Formel

In Bild 4.15 taucht bei der syntaktischen Spezifikation der Operanden der Begriff *Formel* auf. Beim MOTOROLA-Assembler können, wie in Assemblern üblich, komplizierte Formeln (arithmetische Ausdrücke, die zur Assemblierzeit ausgewertet werden) gebildet werden. Dabei können unter Verwendung von Klammern die Operatoren +, -, * und / (ganzzahlige Division) auftreten. Als Operanden sind zugelassen:

- ganze Zahlen,

- Bezeichner, die durch eine Assembliereranweisung zu Konstantendefinition (EQU- Anweisung) definiert wurden und deren Wert eine ganze Zahl ist,

- Bezeichner, die durch Assembliereranweisungen zur Datendefinition eingeführt wurden wenn sie paarweise in Differenzen auftreten (z. B. Bezeichner A - Bezeichner B),

- Sprungmarken wenn sie paarweise in Differenzen auftreten (z. B. Sprungmarke A - Sprungmarke B).

Der Grund ist, dass hinter Bezeichnern für Daten und Sprungmarken Adressen stehen und Differenzen von Adressen stets ganze Zahlen sind (siehe Abschnitt 3.5).

Absolute Formel

Eine Formel, die den obigen Bedingungen genügt, nennen wir *absolute Formel*, weil ihr Wert auch dann unverändert bleibt, wenn das Programm an einer anderen Stelle im Speicher ausgeführt wird.

Verschiebliche Formel

Eine Formel, die als Summe aus einem Bezeichner für Daten und einer absoluten Formel dargestellt werden kann, nennen wir eine *verschiebliche Formel*.

Relative Formel

Eine Formel, die als Summe aus einer Sprungmarke und einer absoluten Formel dargestellt werden kann, nennen wir eine *relative Formel,* wenn die Sprungmarke in einem selbstrelativen Sprung verwendet wird.

4.2.1   **Transportbefehle**

Bei der Beschreibung der Bedeutung der Befehle benutzen wir die im vorigen Abschnitt in Bild 4.15 eingeführten Abkürzungen. Insbesondere bezeichnet **ea** die effektive Adresse.

Die Transportbefehle des MC68000 lassen sich in vier Gruppen einteilen:

- Der MOVE-Befehl mit verschiedenen Variationen.

- Der CLR-Befehl zum Löschen eines Datums.

- Der LEA- und PEA-Befehl zum Laden einer Adresse des Zielobjektes (nicht dessen Inhalt).

- Der EXG- und SWAP-Befehl zum Vertauschen von Daten in Registern.

MOVE-Befehle sind die häufigsten in einem Programm vorkommenden Befehle. Durch sie werden sowohl Lade-Operationen als auch Speicher-Operationen wiedergegeben. Die genaue Bedeutung ergibt sich aus dem folgenden Bild 4.16:

Bild 4.16: Transportbefehle des MC68000

Befehl	Bedeutung	Bemerkung
MOVE.s ea1,ea2	<ea2> ⇐ <ea1>	
MOVE ea,CCR	<CCR> ⇐ <ea>	ein Byte
MOVE SR,ea	<ea> ⇐ <SR>	ein Wort
MOVEA.s ea,An	<An> ⇐ <ea>	s = W, L
MOVEM.s rl,ea	s. Text	s = W, L; ea ≠ Ri, Postinkrement
MOVEM.s ea,rl	s. Text	s = W, L; ea ≠ Ri, Prädekrement
MOVEP.s Dn,d(An)	s. Text	nur Adressregister indirekt + Distanz
MOVEP.s d(An),Dn	s. Text	s = W, L
MOVEQ #da,Dn	<Dn> ⇐ da	-128 ≤ da ≤ 127
CLR.s ea	<ea> ⇐ 0	
LEA ea,An	<An> ⇐ ea	
PEA ea	<A7> ⇐ <A7> - 4; <A7> ⇐ ea	

Befehl		Bedeutung	Bemerkung
EXG	Xi,Xj	Vertausche die Registerinhalte	
SWAP	Dn	Vertausche die Registerhälften	

Anmerkung:	
ea	effektive Adresse
Dn	Datenregister D0 bis D7
An	Adressregister A0 bis A7
Xn	Adressregister oder Datenregister
#da	unmittelbarer Operand
CCR	Statusmerker (Condition Code Register)
rl	Registerliste
SR	Status Register

Der MOVEM-Befehl (Move multiple registers) gestattet es, einige oder alle Daten- und Adressregister in den Speicher zu retten oder vom Speicher wieder zu laden. Die zu transportierenden Register werden durch eine Registerliste rl angegeben. Diese besteht aus einzelnen Registerangaben und aus Registerbereichen Rm...Rn, m<n. Mehrere solche Angaben können durch Schrägstrich getrennt hintereinander gesetzt werden, also z. B. MOVEM A0/A7/D2-D5,-(A7). Ist – wie hier – die effektive Adresse im Prädekrementverfahren festgelegt, so werden die Register in der Reihenfolge A7-A0, D7-D0 im Speicher abgelegt. Beim Rücktransport in Register im Postinkrement-Verfahren werden die Speicherinhalte in umgekehrter Reihenfolge in Register geladen. Das Adressregister ist in beiden Fällen um den Umfang des insgesamt benötigten Speicherbereichs erniedrigt bzw. erhöht. Bei anderen Formen der Angabe der effektiven Adresse werden die Register in der Reihenfolge D0-D7/A0-A7 im Speicher abgelegt und wieder geladen. Das Speicherbild für unsere obigen Registerlisten sieht also in jedem Fall wie folgt aus:

Bild 4.17: Speicherbild
nach MOVEM
`A7/A0/D2-D5,ea`

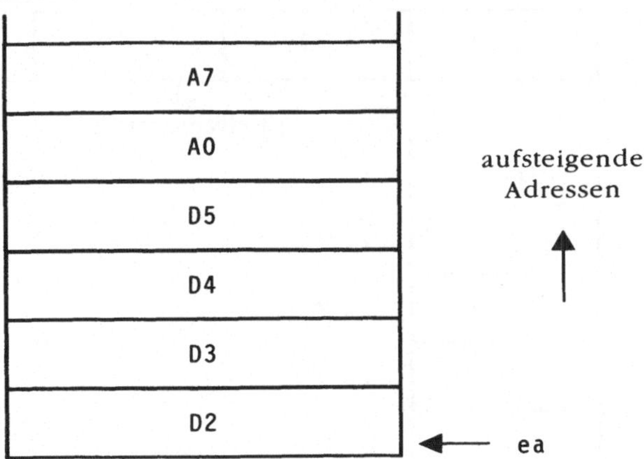

Der Umfang der einzelnen Einheiten ist 2 Byte, wenn wir Worttransport und 4 Byte, wenn wir Doppelwortransport verlangt haben.

Der `MOVEP`-Befehl (move peripheral) dient dazu, Bytes aus einem Datenregister so auf Speicheradressen zu verteilen, wie dies für den Transport auf bestimmte externe Geräte nötig ist. Auch der umgekehrte Transport in ein Datenregister ist möglich. Die effektive Speicheradresse **ea** kann gerade oder ungerade sein. Je nachdem, ob Wort- oder Doppelwort-Transport verlangt ist, ergibt sich eine der beiden folgenden Zuordnungen:

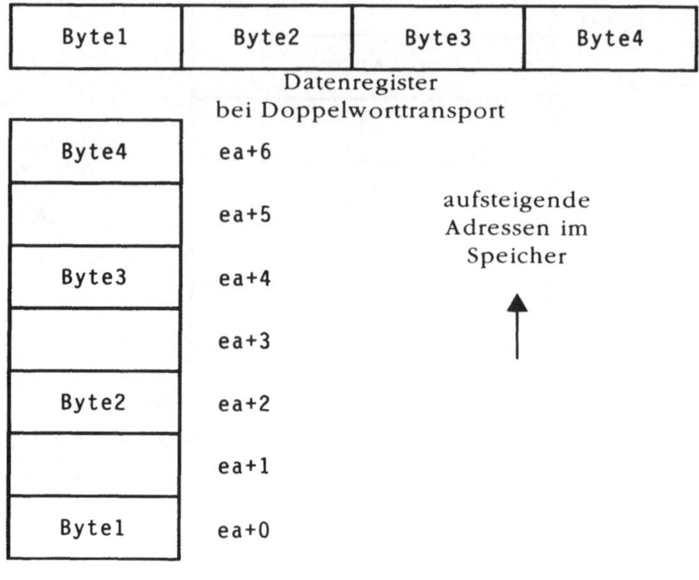

Bild 4.18: Register-Speicher-Entsprechung bei MOVEP Dn,ea

Durch den MOVE-Befehl nach CCR werden natürlich die gesamten Statusmerker gesetzt. Ansonsten setzt der gewöhnliche MOVE-Befehl, der MOVEQ- und der SWAP-Befehl das N- und Z-Bit der Statusmerker entsprechend dem Vorzeichen des Resultats. Das X-Bit bleibt in allen Fällen unberührt.

4.2.2 Arithmetikbefehle

Der MC68000 verfügt über Befehle für alle vier Grundrechenarten. Ferner gibt es einen Befehl, um das Komplement einer Zahl zu bilden (NEG). Die Addition, Subtraktion und Komplementbildung (ABCD, SBCD, NBCD) gibt es auch für dezimale Arithmetik. Hierbei enthält jedes Byte zwei Dezimalstellen kodiert mit je 4 Bit. Wir gehen hierauf nicht näher ein. Die möglichen Befehlsformen für Addition und Subtraktion sind in Bild 4.19 zusammengefasst.

Bild 4.19: Additions- und Subtraktionsbefehle des MC68000

Addiere	Subtrahiere	Bedeutung	Bemerkung
ADD.s Dn,ea	SUB.s Dn,ea	<ea> ⇐ <ea>±<Dn>	
ADD.s ea,Dn	SUB.s ea,Dn	<Dn> ⇐ <Dn>±<ea>	s=W,L
ADDA.s ea,An	SUBA.s ea,An	<An> ⇐ <An>±<ea>	
ADDI.s #da,ea	SUBI.s #da,ea	<ea> ⇐ <ea>±da	da=unmittelbarer Opnd
ADDQ.s #da,ea	SUBQ.s #da,ea	<ea> ⇐ <ea>±da	1<=da<=8
ADDX.s Di,Dj	SUBX.s Dn,Dj	<Dj> ⇐ <Dj>±<Dn>± <X>	mit $i \neq j$
ADDX.s -(Ai),-(Aj)	SUBX.s -(Ai),-(Aj)	<Aj> ⇐<Aj>-L; <Ai> ⇐<Ai>-L; <<Aj>> ⇐ <<Aj>>±<<Ai>> ± <X>	mit $i \neq j$

Für die Komplementbildung stehen folgende beiden Befehle in Bild 4.20 zur Verfügung:

Bild 4.20: Komplement-Befehl des MC68000

Befehl	Bedeutung	Bemerkung
NEG.s ea	<ea> ⇐ 0 -<ea>	Komplement
NEGX.s ea	<ea> ⇐ 0 -<ea> + <X>	Komplement mit Erweiterung

Alle diese Operationen setzen die Statusmerker. Die Operationen mit Erweiterung (Befehle mit Endbuchstabe: X) addieren bzw. subtrahieren zusätzlich das von einer vorangehenden Operation hinterlassene Erweiterungsbit zum Resultat. Diese Operationen werden benötigt, wenn man ganze Zahlen mit mehr als 32 Stellen verarbeiten will. Haben wir z. B. in den Registern D0, D1 und D2, D3 je eine doppelt lange Zahl (Vorzeichen und 63 Binärstellen), so können wir diese addieren durch

```
ADD.L    D3,D1
ADDX.L   D2,D0
```

Ein etwa durch die erste Operation gesetzter Überlauf bleibt unberücksichtigt, da die hintere Hälfte der Zahl ja vorzeichenlos ist. Die zweite Addition berücksichtigt den Übertrag aus der ersten Addition und liefert daher das korrekte und vollständige doppelt lange Resultat. Das Ergebnis ist nicht mit 64 Bit darstellbar, wenn die zweite Addition Überlauf (V-Bit gesetzt) liefert.

Die Multiplikations- und Divisionsoperation gibt es, wie wir in Bild 4.21 sehen, jeweils in zwei Formen. In der ersten Form (MULS, DIVS) sind die Operanden und Ergebnisse vorzeichenbehaftete ganze Zahlen, in der zweiten Form (MULU, DIVU) sind die Operanden und Ergebnisse vorzeichenlose Zahlen. In beiden Fällen gilt:

☐ die Multiplikation verlangt zwei 16-Bit-Zahlen als Operanden und liefert ein 32stelliges Ergebnis.

☐ Die Division erwartet ein 32stelligen Zähler (in Dn) und einen 16stelligen Nenner (unter der effektiven Adresse ea). Sie liefert ein 32stelliges Ergebnis (in Dn). Die hinteren 16 Bit dieses Ergebnisses, sind der Quotient, die vorderen 16 Bit des Ergebnisses (Dn[31:16]) sind der Rest der Division. Dabei bedeutet die Schreibweise „[31:16]", dass die Bitfolge von Bit 31 bis Bit 16 (einschliesslich) gemeint ist. Bei Division mit Vorzeichen wird der Rest so gebildet, dass er stets das Vorzeichen des Zählers hat.

Die Operationen setzen die Statusmerker. Die Multiplikation kann offensichtlich keinen Überlauf hervorrufen. Die Division hingegen setzt das Überlaufbit V, falls dem Betrage nach

$$\text{Zähler[31:16], d. h. } Dn[31:16] > \text{Nenner}$$

gilt. Das folgende Bild 4.21 zeigt die Befehle.

Bild 4.21: Multiplikations- und Divisionsbefehle des MC68000

Befehl	Bedeutung	Bemerkung
MULS ea,Dn	<Dn> ⇐ <Dn> * <ea>	mit Vorzeichen
MULU ea,Dn	<Dn> ⇐ <Dn> * <ea>	ohne Vorzeichen
DIVS ea,Dn	<Dn[31:16]> ⇐ <Dn>MOD<ea> <Dn[15: 0]> ⇐ <Dn> / <ea>	mit Vorzeichen
DIVU ea,Dn	<Dn[31:16]> ⇐ <Dn>MOD<ea> <Dn[15: 0]> ⇐ <Dn> / <ea>	ohne Vorzeichen

4.2.3   Bedingte und unbedingte Sprungbefehle

Der MC68000 verfügt über zwei undbedingte Sprungbefehle JMP und BRA (BRanch Always), sowie über zwei bedingte Sprungbefehle B_{CC} und DB_{CC}. Der Index CC zeigt hier an, dass dem Operationskode B bzw. DB noch zwei Buchstaben anzufügen sind, welche die zu testende Bedingung, hier die Sprungbedingung kennzeichnen. Schließlich behandeln wir hier noch den Befehl S_{cc}, der die sämtlichen Bits eines Bytes mit 1 bzw 0 besetzt, je nachdem, ob die zu testende Bedingung CC erfüllt ist oder nicht. Die bedingten Sprungbefehle B_{CC} sowie die Bedingungen CC wurden bereits in Bild 3.13 (in Abschnitt 3.8 Sprungbefehle) zusammengefasst.

Bei den Sprungbefehlen BRA, B_{CC}, DB_{CC} sowie bei dem unten zu besprechenden Unterprogrammsprung BSR handelt es sich um selbstrelative Sprünge. Dabei gibt es auf Maschinenebene die beiden Varianten kurze oder lange Sprünge, je nachdem ob die Distanz (in K2-Darstellung) mit 8 Bit oder mit 16 Bit kodiert werden kann. Die Unterscheidung trifft der Assemblierer üblicherweise automatisch. Bei den Sprungbefehlen JMP und JSR (siehe unten) handelt es sich um absolute Sprünge, bei denen alle Adressierungsmodi, bis auf die mit Postinkrement und Prädekrement, eingesetzt werden können. Die Angabe eines unmittelbaren Operanden oder eines Registers als Sprungziel ist natürlich nicht erlaubt (weil sinnlos).

Insgesamt haben wir die folgenden Möglichkeiten:

<table>
<tr><td colspan="3">

Bild 4.22: Die bedingten und unbedingten Sprungbefehle

</td></tr>
</table>

Befehl	Wirkung	Bemerkung
BRA Marke	<PC> $\Leftarrow$ ea	nur PC-rel. Adresse
B_{CC} Marke	IF CC THEN <PC> $\Leftarrow$ ea	nur PC-rel. Adresse
JMP ea	<PC> $\Leftarrow$ ea	Ea $\neq$ An, Dn, Postinkr., Prädekr.

DB_{CC} Dn,Marke	IF NOT CC THEN
	BEGIN <Dn> $\Leftarrow$ <Dn>-1;
	  IF <Dn> $\neq$ -1 THEN
	    <PC> $\Leftarrow$ ea
	END
		Dn $\neq$ Wortmodus
		nur PC-rel. Adresse

S_{CC} ea	IF CC THEN <ea> $\Leftarrow$ 1..1 ELSE <ea> $\Leftarrow$ 0..0	ea $\neq$ Bytemodus

Von den beiden unbedingten Sprungbefehlen ist der BRA-Befehl der „normale". Als kurzer oder langer selbstrelativer Sprung adressiert er das Sprungziel relativ zum Befehlszähler. Der JMP-Befehl ist ein absoluter Sprung, der auch indirekte Adressierungsmodi erlaubt. Er wird nur eingesetzt, wenn das Sprungziel möglicherweise mehr als 32 kByte von der Absprungstelle entfernt ist. Im Hinblick auf die optimale Auswertung boolescher Ausdrücke (siehe Abschnitt 7.1) sind der B_{CC}- und der S_{CC}-Befehl gewissermaßen komplementär: Alle Vergleiche liefern ihr Ergebnis in den Statusmerkern ab. Wird nun ein solches Vergleichsergebnis als Bedingung verwendet, so verwendet man einen B_{CC}-

Befehl, soll das Vergleichsergebnis jedoch einer booleschen Variablen zugewiesen werden, so benutzt man einen S_{cc}-Befehl.

Der DB_{cc}-Befehl ist der Befehl mit der kompliziertesten Bedeutung des ganzen Befehlssatzes. Er dient im wesentlichen der Schleifensteuerung. Er unterstützt Schleifen mit Zählung absteigend um eins , so dass die Zählung mit 0 endigt.

Wenn wir nicht sicher sind, dass das Ergebnis einer arithmetischen Operation mit der verwendeten Operandenlänge darstellbar ist, muss auf jede arithmetische Operation (außer der Multiplikation) als Test-Befehl ein B_{cs}- (bei vorzeichenlos), B_{vs}- (bei vorzeichenbehaftet), oder ein TRAPV-Befehl (siehe Abschnitt 13.2) folgen, der in eine Fehlerbehandlung verzweigt, falls die arithmetische Operation Überlauf auslöste. Wenn kein Überlauf möglich ist, kann man den Test-Befehl sparen.

4.2.4 Vergleichs- und andere Prüfbefehle

Bisher sahen wir, dass die Statusmerker durch Transportbefehle und arithmetische Befehle mit dem Vorzeichen des Ergebnisses gesetzt werden. Durch die nun zu besprechenden Befehle werden die Statusmerker gezielt mit dem Ergebnis des Vergleiches von Operanden besetzt, Dabei bleibt das X-Bit stets unverändert. Wir unterscheiden Vergleichs-, Bit-Test- und sonstige Prüf-Befehle.

Der Vergleichsbefehl CMP und seine Variationen in Bild 4.23 vergleichen zwei Operanden a,b, indem sie die Differenz (a-b) bilden und die Statusmerker setzen. Dabei bleibt jedoch das X-Bit unverändert.

Bild 4.23: Vergleichsbefehle des MC68000

Befehl	Bedeutung	Bemerkung
CMP.s ea,Dn	<N,Z,V,C> $\Leftarrow$ (<Dn> - <ea>)	
CMPA.s ea,An	<N,Z,V,C> $\Leftarrow$ (<An> - <ea>)	s=W,L
CMPI.s #da,ea	<N,Z,V,C> $\Leftarrow$ (<ea> - da)	da:unmittelbarer Opnd
CMPM.s (An)+,(Am)+	<N,Z,V,C> $\Leftarrow$(<<Am>> - <<An>>) <An> $\Leftarrow$ <An> + S; <Am> $\Leftarrow$ <Am> + S;	m $\neq$ n, S= 1 bei .B 2 bei .W 4 bei .L

Die Gruppe der Bit-Test-Befehle testet ein einzelnes Bit und setzt das Z-Bit der Statusmerker entsprechend. Die anderen Bits der

Statusmerker bleiben unverändert. Mit Ausnahme des BTST-Befehls ändern diese Befehle zugleich den Wert des getesteten Bits. Die Befehle können nur im Bytemodus (.B) oder Doppelwortmodus (.L) arbeiten. Im Doppelwortmodus kann das Ziel nur ein Datenregister sein. Im Bytemodus können beim Zieloperanden die üblichen Adressierungsmodi eingesetzt werden.

Die Lage des zu testenden Bits wird durch eine Bitnummer im Bereich 0-7 oder eine Bitnummer im Bereich 0-31 spezifiziert. Die Bitnummer kann als unmittelbarer Operand (#da) im Befehl stehen oder einem Datenregister entnommen werden. Die Bit-Test-Befehle sind in Bild 4.24 zusammengefasst.

Bild 4.24: Bittest-Befehle des MC68000

Befehl	Bedeutung	Bemerkung
BCHG xxx,ea	Z:=Bit; Bit:=NOT Bit	xxx=Dn oder
BCLR xxx,ea	Z:=Bit; Bit:=0	xxx=#da
BSET xxx,ea	Z:=Bit; Bit:=1	Bezeichnet die Lage
BTST xxx,ea	Z:=Bit	Des Bits in <ea>

Die restliche Prüfbefehle sind aus dem folgenden Bild 4.25 ersichtlich. Sie dienen Spezialaufgaben.

Bild 4.25: Sonstige Prüfbefehle des MC68000

Befehl	Bedeutung	Bemerkung
CHK ea,Dn	IF NOT (0 <= <Dn> <= <ea>) THEN Programmunter- brechung	Dn, <ea> ein Wort
TAS ea	CMPI.B #0,<ea>; <ea[Bit7]> ⇐ 1	in einem Speicher-zyklus!
TST.s ea	CMPI.s #0,<ea>	

Der Prüfbefehl CHK testet, ob die vorzeichenbehaftete 16-Bit-Zahl im hinteren Wort von Dn zwischen 0 und dem mit ea adressierten Wort liegt. Er dient z. B. der Laufzeitüberprüfung ob die Indexgrenzen bei Reihungen (Array) eingehalten werden. Er unterstützt die notwendigen Test, dass Indizes nicht außerhalb von Reihungsgrenzen und Werte eines endlichen Typs nicht außerhalb der Typgrenzen liegen. Der Befehl „Teste und Setze", TAS, vergleicht seinen Byteoperanden mit 0 und besetzt dann das Vorzeichen mit 1. Wesentlich ist dabei, dass während dieser Operation kein anderer Prozessor Zugriff auf das zu prüfende Byte erhält. Diese Eigenschaft wird benutzt bei allen Synchronisierungsverfahren zwischen mehreren Prozessoren, die auf den gleichen Speicher zugreifen können. Alle Maschinensprachen enthalten daher wenigsten einen Befehl mit dieser Eigenschaft.

4.2.5 **Logische Befehle**

Befehle zur Ausführung der logischen Operationen **AND** und **OR** gehören zur Grundausstattung jedes Prozessors. Die Befehle des MC68000 finden wir in Bild 4.26. Er bietet darüberhinaus eine Operation **EOR** für das ausschließende Oder und eine Operation **NOT** für die Invertierung der Bits (d. h. für das Einserkomplement) an. Sämtliche Operationen verarbeiten *alle* Bits ihrer Operanden. Die Befehle mit zwei Operanden verknüpfen die Bits auf entsprechender Position paarweise, d. h. alle Befehle dieser Gruppe arbeiten bitweise. Das folgende Bild 4.26 zeigt alle Möglichkeiten:

Bild 4.26: Logische Befehle des MC68000

Befehl	Bedeutung	Bemerkung
AND.s ea,Dn	<Dn>⇐ <Dn> AND <ea>	alle Befehle dieser Gruppe arbeiten bitweise
AND.s Dn,ea	<ea> ⇐ <ea> AND <Dn>	
ANDI.s #da,ea	<ea> ⇐ <ea> AND da	da = unmitelbarer Operand
OR.s ea,Dn	<Dn> ⇐ <Dn> OR <ea>	
OR.s Dn,ea	<ea> ⇐ <ea> OR <Dn>	
ORI.s #da,ea	<ea> ⇐ <ea> OR da	da = unmitelbarer Operand
EOR.s Dn,ea	<ea> ⇐ <ea> XOR <Dn>	XOR ⊖exklusives Oder
EORI.s #da,ea	<ea> ⇐ <ea> XOR da	
NOT.s ea	EORI.s #0,ea	Einserkomplement

Hierbei sind für **ea** alle Zugriffe in den Speicher sowie Datenregister zugelassen; wird der Operand verändert, so scheidet, wie erwähnt, die Adressierung relativ zum Befehlszähler aus. Bei **ANDI.B**, **ORI.B**, **EORI.B** können auch die Statusmerker **CCR** als effektive Adresse auftreten. (Leider fehlt die Kombination **EOR.s ea,Dn**. Dies ist eine Unregelmäßigkeit des Befehlsumfangs, wie wir sie leider bei allen Maschinen finden.)

Die logische Operationen werden in der Praxis weniger zur Auswertung boolescher Formeln eingesetzt. Da diese meist keine Seiteneffekte aufweisen, kann man sie viel bequemer mit Sprungsequenzen auswerten, wie wir das in Abschnitt 7.1 kennenlernen werden. Wesentlich häufiger ist die Verwendung von **AND** zum Ausblenden von Teilen eines Operanden, von **OR** zum Zusammensetzen von Operanden und von **EOR** zum Überlagern zweier Operanden oder zum bitweisen Vergleich zweier Operanden. (Sie werden auch zur Implementierung des Durchschnitts und der Vereinigung von Mengen benötigt).

4.2.6

Schiebe-Befehle

Die Schiebe-Befehle verschieben die Bits ihrer Operanden nach links oder rechts. Der MC68000 verfügt über vier verschiedene Schiebe-Befehle:

- **ASr** (arithmetische Verschiebung)

- **LSr** (logische Verschiebung),

- **ROr** (Rotation) und

- **ROXr** (Rotation mit Erweiterungsbit X),

die jeweils in zwei komplementären Formen mit Verschieberichtung (r) nach links (Endbuchstabe r=L) oder nach rechts (Endbuchstabe r=R) ausgeführt werden können. Ihre Wirkung auf den Zieloperanden ergibt sich aus dem folgenden Bild 4.27.

Bild 4.27: Wirkung der Schiebebefehle des MC68000

Logische Rechts-Verschiebung LSR:

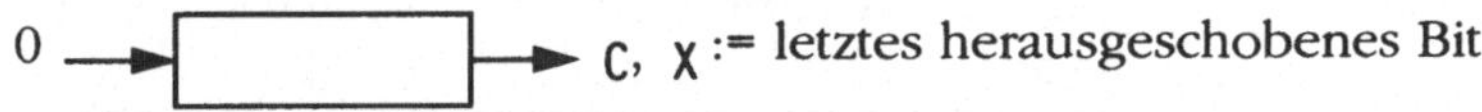

$0 \longrightarrow \boxed{} \longrightarrow$ C, X := letztes herausgeschobenes Bit

Logische und arithmetische Links-Verschiebung LSL und ASL:

C, X := letztes herausgeschobenes Bit $\longleftarrow \boxed{} \longleftarrow 0$

Arithmetische Rechts-Verschiebung ASR:

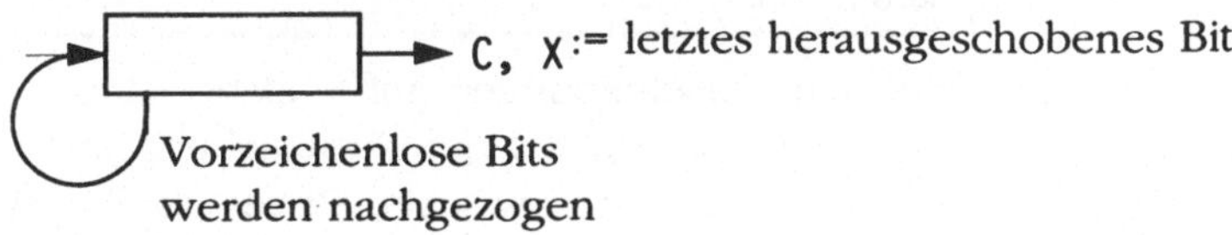

$\boxed{} \longrightarrow$ C, X := letztes herausgeschobenes Bit

Vorzeichenlose Bits werden nachgezogen

Links-Rotation ROL:

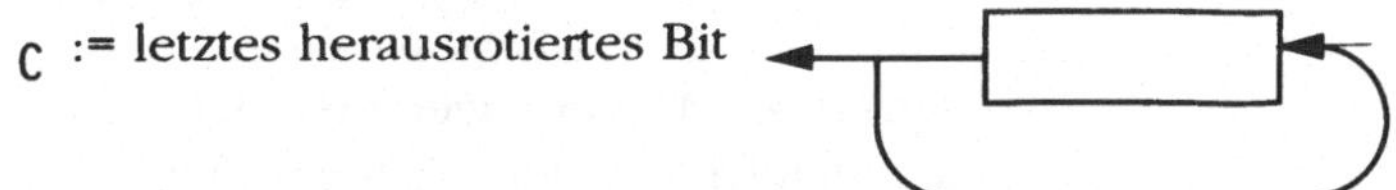

C := letztes herausrotiertes Bit $\longleftarrow \boxed{} \longleftarrow$

Rechts-Rotation ROR:

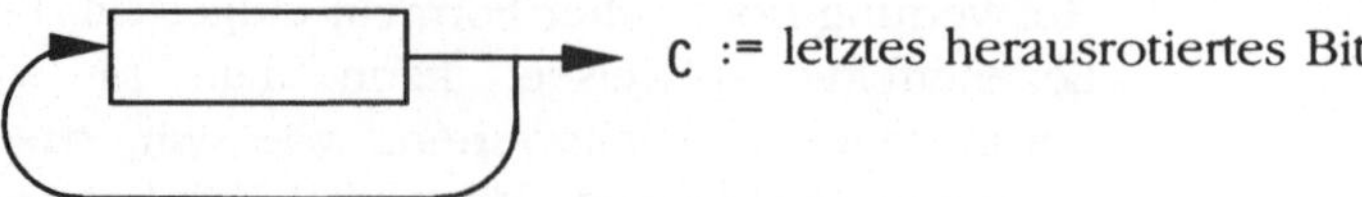

Links-Rotation mit Übertragsbit ROXL:

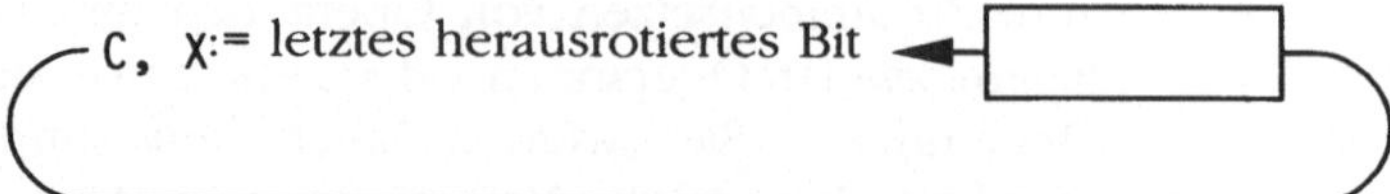

Rechts-Rotation mit Übertragsbit ROXR:

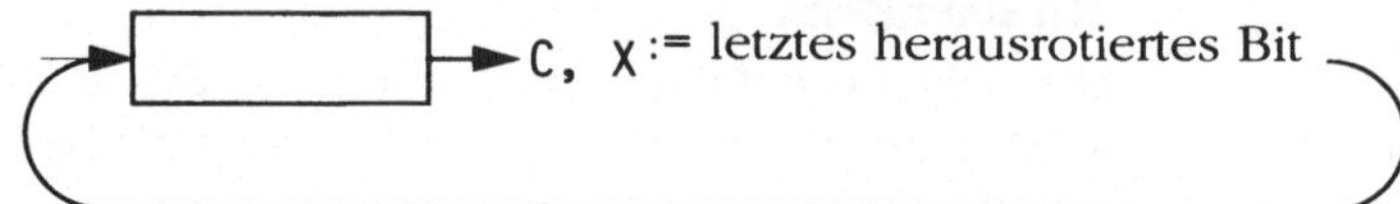

Bild 4.28: Schreibweise der Schiebebefehle des MC68000

Befehl	Bedeutung
ASr.s Dn,Dm	Arithmetische Verschiebung von Dm um Dn MOD 64 Stellen
ASr.s #da,Dm	Arithmetische Verschiebung von Dm um da Stellen, $1 \leq da \leq 8$
ASr ea	Arithmetische Verschiebung von <ea> um 1 Stelle
LSr.s Dn,Dm Lsr.s #da,Dm Lsr ea	Logische Verschiebung, sonst wie bei Asr
ROr.s Dn,Dm ROr.s #da,Dm ROr ea	Rotation (Kreisverschiebung), sonst wie bei ASr
ROXr.s Dn,Dm ROXr.s #da,Dm ROXr ea	Rotation mit Einbeziehung des X-Bits, sonst wie bei ASr

Bei den Verschiebungen auf Speicheradresse **ea** wird immer ein Wort verschoben. Bei der Verschiebung in Datenregistern haben wir die Auswahl zwischen Bytes (s=B), Wörtern (s=W) und Doppelwörtern (s=L).

Die arithmetischen Shiftoperationen implementieren die Multiplikation bzw. die Division einer ganzen Zahl mit einer Zweierpotenz. Daher werden bei der Rechtsverschiebung vorzeichengleiche Stellen „nachgezogen".

Bei logischen Verschiebungen werden stets Nullen nachgezogen.

Bei Rotationen werden die am einen Ende herausfallenden Bits in der gleichen Reihenfolge am anderen Ende wieder eingesetzt.

Die Rotation mit Erweiterungsbit verhält sich wie die gewöhnliche Rotation, nur dass das Bit X der Statusmerker in die Rotation einbezogen wird. Die Rotation bezieht sich also auf einen 33-stelligen Operanden.

In den Statusmerkern werden N und Z entsprechend dem Wert des Ergebnisses, interpretiert als ganze Zahl mit Vorzeichen, gesetzt. Das Übertragsbit C hat stets den Wert des letzten aus dem Operanden herausgeschobenen Bits. Das Erweiterungsbit X ist außer bei der Rotation mit dem Übertragsbit C identisch; bei der gewöhnlichen Rotation wird es nicht verändert. Das Überlaufbit V wird mit Null besetzt mit Ausnahme der arithmetischen Linksverschiebung. Dort kann Überlauf entstehen, wenn das Resultat nicht mit der Operandenlänge darstellbar ist.

4.2.7 Unterprogrammbefehle

Wie bei Mikroprozessoren üblich, besitzt auch der MOTOROLA-Prozessor spezielle Unterprogrammbefehle, die die Unterprogrammtechnik unterstützen. Diese Befehle verwenden das Adressregister A7 als Stapelzeiger. Wie wir in Kapitel 11 noch sehen werden, werden Prozeduren und Funktionen in Programmstücke (Unterprogramme) umgesetzt, die mit einem speziellen Sprungbefehl aufgerufen werden, bei dem gleichzeitig die Rückkehradresse (auf dem Stapel) gemerkt wird. Der MC68000 verfügt über zwei solche speziellen Befehle für Unterprogrammsprünge:

Bild 4.29: Unterprogrammsprünge des MC68000

Befehl	Bedeutung	Bemerkung
BSR Marke	<A7> ⇐ <A7>-4;<A7>⇐ea <PC> ⇐ <PC> + dist	ea=Fortsetzungsadresse, selbstrelativer Sprung
JSR ea	wie BSR, aber beliebiger Zugriff für Zieladresse	

Beide Befehle verändern die Statusmerker nicht. Bezüglich des Einsatzbereichs dieser beiden Befehle gelten die gleichen Bemerkungen wie über den BRA- und den JMP-Befehl. Der BRA-Befehl ist der „normale" und der JMP-Befehl wird für „weite" Sprünge benutzt.

Auch für die Rückkehr aus einem Unterprogramm gibt es spezielle Befehle, auf die wir in Abschnitt 11.2.3 näher eingehen werden. Die Rückkehradresse, auf die wir am Unterprogrammende springen müssen, steht auf dem Stapel mit Pegel A7. Für den Rücksprung müssen wir folglich doppelte indirekte Adressierung über **A7** anwenden. Zugleich sollte dabei die Rückkehradresse vom Stapel verschwinden. Für diesen speziellen Zweck gibt es die zwei Sprungbefehle im folgenden Bild.

Bild 4.30: Rücksprungbefehle des MC68000

Befehl	Bedeutung
RTR	CCR ⇐ <<A7>>; <A7>⇐ <A7>+2; <PC>⇐ <<A7>>; <A7>⇐ <A7>+4;
RTS	<PC>⇐ <<A7>>; <A7>⇐ <A7>+4;
RTE	<SR>⇐ <<A7>>; <A7>⇐ <A7>+4; <PC>⇐ <<A7>>; <A7>⇐ <A7>+4;

Der Befehl RTS ist der „normale" Befehl zur Rückkehr aus dem Unterprogramm. Der Befehl RTE ist ein spezieller Befehl zur Rückkehr aus einer Unterbrechungsbehandlung, auf den wir in Abschnitt 13.2 noch zurückkommen..

Neben den Befehlen zum Unterprogrammsprung und zur Rückkehr besitzt der MC68000 noch zwei weitere spezielle Befehle zum Aufbau und Abbau der Schachtel einer Prozedur. Wir werden diese Befehle in Abschnitt 11.2.2 noch genauer behandeln, führen sie aber der Vollständigkeit halber im Folgenden schon an.

Bild 4.31: Schachtelbefehle

Befehl	Bedeutung	Bemerkung
LINK An,#da	<A7> ⇐ <A7>-4; <<A7>> ⇐ <An>; <An> ⇐ <A7>; <A7> ⇐ <A7>+da;	$-2^{15} \leq da \leq 2^{15}-1$ nur da ≤ 0 sinnvoll
UNLK An	<A7> ⇐ <An>; <An> ⇐ <<A7>>; <A7> ⇐ <A7>+4;	

5 Assembler

Maschinenkode

Wollten wir ein Programm direkt in der Form erstellen, wie es vom Prozessor unmittelbar abgearbeitet werden kann, so müssten wir für die einzelnen Befehle beispielsweise die Kodierungen der Befehle als Bitfolgen verwenden, um sie so zu einem Programm hintereinander zu setzen, dass das Ganze dann in den Speicher gebracht werden kann, um es ablaufen zu lassen. Ein solches Programm bezeichnet man als ein Programm in Maschinensprache, oder als *Maschinenkode*. Es wäre außerordentlich schwierig zu erstellen und zu verstehen.

Assemblierer
Assembler

Zur Unterstützung der Programmierung wird deshalb in der Praxis ein Programm eingesetzt, das wir *Assemblierer* nennen und das ähnlich wie ein Übersetzer als Eingabe einen Quelltext- das Programm in einer Sprache, die wir *Assembler* nennen- erwartet und als Ausgabe das Programm in Maschinenkode liefert. Diese Assemblersprache unterstützt die Programmierung auf der maschinennahen Ebene erheblich. Wir müssen für die Befehle nicht mehr die Bitfolgen angeben, sondern können für die Befehle einprägsame, mnemotechnische Bezeichnungen verwenden, so dass das Programm für den Benutzer lesbarer wird. Diese Quellsprache, die ein Assemblierer akzeptiert, ist allerdings, anders als bei höheren Programmiersprachen üblich, nur teilweise standardisiert. Üblicherweise legen die Hersteller von Prozessorfamilien lediglich die mnemotechnische Bezeichnung der Befehle und die Bezeichnung der Register fest und lassen dem Entwickler des Assemblierers Freiheiten bezüglich der weiteren Ausgestaltung der Assemblersprache.

Bild 5.1: Assembler-
programmierumgebung

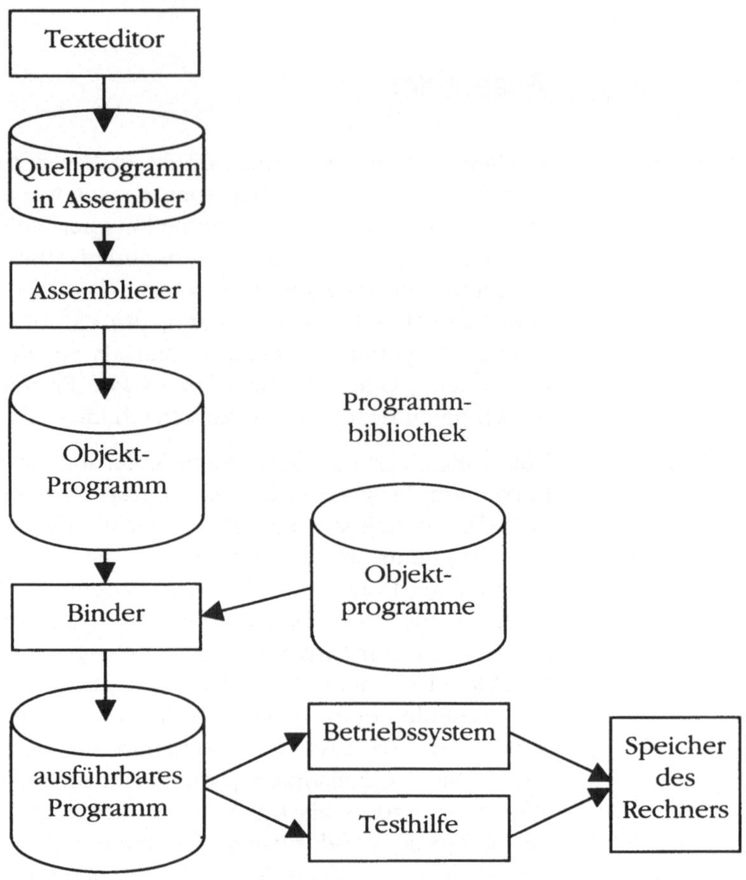

Quellprogramm

Das Bild 5.1 verdeutlicht den Vorgang bei der Entwicklung und dem Austesten eines Assemblerprogramms. Es wird zunächst mit irgendeinem Texteditor der Programmtext in Assembler (Assemblerprogramm) als sogenanntes *Quellprogramm* (*source code, source program*) erstellt. Dieses Quellprogramm muss den Regeln der Assemblersprache genügen. Da, wie wir oben sahen, der Hersteller eines Prozessors nur die mnemotechnischen Bezeichnungen der Befehle festlegt, aber dem Entwickler eines Assemblierers darüberhinaus Freiheiten lässt, sind Assemblerprogramme (bei gleichem Prozessor) oft nicht portabel, d. h. auf einen anderen Rechner übertragbar. Es haben sich allerdings auf dem Markt einige Industriestandards in Form weit verbreiteter Assemblierer durchgesetzt.

Objektprogramm
Binder

Wie wir in Bild 5.1 sehen, akzeptiert der Assemblierer (ähnlich wie ein Übersetzer) das Quellprogramm und erzeugt daraus ein sogenanntes *Objektprogramm* (*object program, object modul* oder *object file*), das als ganz gewöhnliche Datei auf der Platte abgelegt wird. Dieses Objektprogramm ist noch nicht direkt ausführbar, sondern muss noch von einem sogenannten *Binder* in ein ausführbares Programm überführt werden, das dann ebenfalls als Datei auf der Platte steht.

Ausführbares Programm

Oft kommt es vor, dass man z. B. im Rahmen eines Programmierprojektes für unterschiedliche Aufgaben verschiedene Assemblerprogramme hat, die zu einem ganzen, einheitlichen Programm zusammengefügt werden sollen. Die Objektprogramme der getrennt voneinander assemblierten Programme befinden sich dann in einer Programmbibliothek. Der *Binder* hat dann die Aufgabe, die einzelnen Teilprogramme so hintereinanderzufügen, dass sie als Ganzes ablauffähig werden. Dazu gehört auch, dass die Adressierung in Ordnung gebracht werden muss, und dass der Aufruf eines Programms von seinem Vorgänger aus unterstützt wird. Der Binder erzeugt als Ausgabe wiederum eine Datei, die wir als *ausführbares Programm* (*executable file, executable code*) bezeichnen.

Lader Testhilfe

Von der Platte wird das ausführbare Programm dann, wenn es ablaufen soll, vom Betriebssystem, genauer von einem Programm des Betriebssystems, dem *Lader* (loader), in den Speicher der Maschine geladen und zur Ausführung gebracht. Dieses kann alternativ auch unter der Kontrolle einer *Testhilfe* (Debugger) geschehen. In diesem Falle wird die Testhilfe aufgerufen und das ausführbare Programm wird von der Testhilfe in den Speicher geladen und gestartet.

Crossassembler

Texteditor und Assemblierer sind Programme, die natürlich auf einer Maschine ablaufen müssen. Dies muss aber nicht notwendigerweise die Maschine sein, auf der dann das erzeugte Maschinenprogramm ablaufen soll. Wir nennen einen Assemblierer, der auf der einen Maschine abläuft und ein Objektprogramm für eine andere Maschine erzeugt, einen *Crossassembler*. Wir benötigen dann auf der Zielmaschine natürlich ein Betriebssystem und einen Binder.

5.1 Assemblersprache

Obwohl die Syntax einer Assemblersprache nicht standardisiert ist und ihre genaue Festlegung dem Hardwarehersteller bzw. Entwickler des Assemblierers überlassen bleibt, gibt es doch Gemeinsamkeiten, die wir hier zunächst zusammenstellen wollen, bevor wir uns speziell mit den Assemblern für die INTEL- bzw. MOTOROLA-Architektur befassen.

Im Gegensatz zu Programmen in höheren Programmiersprachen sind Assemblerprogramme typischerweise zeilenorientiert, d. h. jede Anweisung oder jeder Befehl eines Assemblerprogramms kommt in eine eigene Zeile und bildet syntaktisch eine Einheit. Für diese Zeile ist ein bestimmtes Format vorgeschrieben, das nacheinander die folgenden Felder enthält:

[<Markendefinition>] <Befehl>   [<Operanden>] [<Kommentar>].

Dabei sind einige Felder optional ([...]), z. B. das Feld zur Markendefinition, das Operandenfeld bei operandenfreien Befehlen und das Feld für den Kommentar. Es sind auch Zeilen möglich, die nur Kommentare enthalten oder leer sind.

Bei der Schreibweise der Befehle, sowie bei der Bezeichnung der Register hat Groß- und Kleinschreibung keine unterscheidende Bedeutung.

Assembliereranweisung Ähnlich wie wir das von dem Vereinbarungsteil bei höheren Programmiersprachen her kennen, gibt es auch bei der Programmierung in Assembler entsprechende Anweisungen zur Datenvereinbarung. Diese haben vom syntaktischen Format her den oben beschriebenen Aufbau, wobei statt „Befehl" jetzt eine Anweisung an den Assemblierer steht. Man spricht deshalb von *Assembliereranweisung* oder auch häufig von Pseudobefehlen oder Assemblerdirektiven.

Bild 5.2: Beispiel für den Programmaufbau beim INTEL-Assembler

```
.MODEL SMALL                    ; program Reihung;
n EQU 4                         ; const n = 4;

.DATA                           ; var
                                ;   i: integer;     { in CX }
   x DW n+1 DUP (?)             ;   x: array [0..n] of integer;

.CODE
Anfang: mov  ax, @DATA   ; begin
        mov  ds, ax

        mov  cx, 0            ; for i:=0 to n do
        mov  di, offset x    ; { di: pointer to array x}
    m1: mov  [di], cx        ;    x[i]:=i;
        inc  di
        inc  di
        inc  cx
        cmp  cx, n
        jle  m1

Ende:   mov  ax, 4C00H   ; end.
        int  21H
END Anfang
```

Das Bild 5.2 zeigt an einem Programmbeispiel, auf das wir noch genauer eingehen werden, zunächst den prinzipiellen Aufbau eines Assemblerprogramms. Die einzelnen Programmteile, Datenteil und Befehlsteil werden jeweils durch die Symbole `.DATA` und `.CODE` eingeleitet und das Symbol `END` kennzeichnet das

Programmende. Innerhalb des Datenteiles stehen die Anweisungen zur Reservierung von Datenbereichen, entsprechend den Vereinbarungen im Vereinbarungsteil bei höheren Programmiersprachen. Im Befehlsteil folgen dann hintereinander die entsprechenden Befehle in ihrer Kurzform (mnemotechnischen Abkürzung), jeweils gefolgt von den für diesen Befehl benötigten Operanden. In der Zeile wird hier durch das Symbol „;" der Kommentar eingeleitet. Als Kommentartext verwenden wir Elemente der Programmiersprache Pascal.

Bild 5.3: Protokoll eines INTEL-Assemblierers für das Programm in Bild 5.2 (Kommentare wurden weggelassen)

```
 1
 2   0000                  .MODEL SMALL
 3
 4          = 0004         n EQU 4
 5
 6   0000                  .DATA
 7
 8   0000  05*(????)    x DW n+1  DUP (?)
 9
10   000A                  .CODE
11   0000  B8 0000s   Anfang: mov  ax, @DATA
12   0003  8E D8              mov  ds, ax
13
14   0005  B9 0000            mov  cx, 0
15   0008  BF 0000r           mov  di, offset x
16   000B  89 0D        m1: mov  [di], cx
17   000D  47                 inc  di
18   000E  47                 inc  di
19   000F  41                 inc  cx
20   0010  83 F9 04           cmp  cx, n
21   0013  7E F6              jle  m1
22
23   0015  B8 4C00    Ende:   mov  ax, 4C00H
24   0018  CD 21              int  21H
25                     END Anfang
```

Die in unserem Beispiel gezeigte Reihenfolge von Datenteil und Befehlsteil ist nicht zwingend, sondern sie kann vertauscht werden (darüber hinaus können auch Daten- und Befehlsteil gemischt werden, wobei dann jeweils das entsprechende Symbol .DATA oder .CODE einleitend davor stehen muss). Wir werden uns allerdings in unseren Beispielen, in Anlehnung an die aus höheren Programmiersprachen bekannten Verhältnisse, stets daran halten, dass wir zuerst den Datenteil abschließen, bevor wir mit dem Befehlsteil beginnen.

Adresszähler

Die einzelnen Anweisungen im Daten- und Befehlsteil sind, wie wir sahen, zeilenorientiert und sie sind sich in ihrem syntaktischen Aufbau sehr ähnlich. Für diese Anweisungen im Datenteil wird (in der Regel) kein Maschinenkode durch den Assemblierer erzeugt, sondern es wird vielmehr eine Adressrechnung für die Belegung des Datenbereichs durchgeführt. Dazu wird im Assemblierer intern ein Pegel oder *Adresszähler* (program location counter, PLC) für den Datenbereich gehalten. Dieser Zähler wird zu Beginn des Assemblierungsvorgangs standardmäßig mit 0 initialisiert, wenn nicht durch entsprechende Assembliereranweisungen (z. B. ORG-Direktive) etwas anderes festgelegt wird. Für jede Datenanweisung, die dann auftritt, wird der aktuelle Stand des Zählers der etwa vorhandenen Bezeichnung für den Speicherbereich, d. h. Variablennamen zugeordnet und dieses Paar (Bezeichner, Adresse) wird in eine interne Tabelle des Assemblierers, die sogenannte *Symboltabelle*, aufgenommen. Danach wird der Adresszähler entsprechend der Länge des angelegten Datenbereichs (in Bytes) hochgezählt.

Verschiebliche Adresse Ladeadresse

Es entsteht so für den Assemblierer ein Speicherbelegungsplan, der genau der Speicherbelegung im realen Speicher entspricht, falls der Speicher ab Adresse 0 belegt würde. Das bedeutet, der Assemblierer arbeitet mit Adressen ab 0 und alle Adressen, die er verwendet, sind also nur unter dieser Vorraussetzung gültig. Wir nennen eine solche Adresse *verschiebliche Adresse (relocatable adresss)*. Diese Eigenschaft, nur mit verschieblichen Adressen arbeiten zu können, finden wir bei allen Assemblierern. Das Problem ist, dass der Assemblierungsvorgang zeitlich zu einem Zeitpunkt stattfindet, der in der Regel weit vor dem Zeitpunkt liegt, zu dem das Programm ablaufen wird. Welches die Anfangsadresse, die *Ladeadresse* (load adress) des gerade freien Speicherbereiches zum Zeitpunkt des Ablaufs ist, lässt sich im allgemeinen ja zum Zeitpunkt der Assemblierung noch nicht sagen.

Adressoperator

Während der Assemblierung kann mittels des *Adressoperators* (siehe Abschitt 3.5.1) auf die Adresseinträge der Symboltabelle zugegriffen werden. Wird der Adressoperator angewandt auf einen Namen eines Datenbereiches, so liefert er dessen Anfangsadresse (d. h. eine verschiebliche Adresse).

Verschieblicher Kode

Sollen zu einem Objektprogramm eines Assemblerprogrammms noch andere Objektprogramme aus einer Programmbibliothek hinzugefügt werden, dann entsteht ein Problem. Alle hinzugefügten Programme konnten nur mit verschieblicher Adressierung erzeugt werden, da zum Zeitpunkt ihrer Assemblierung nicht bekannt war, wie sie später kombiniert werden. Es bleibt dann die Aufgabe des Binders aus den Teilprogrammen ein ausführbares Programm zu machen. Dazu kann der Binder alle Teilprogramme im Adressraum ab 0 adressierend hintereinanderlegen.

Er muss dann wissen, wo in den Teilprogrammen verschiebliche Adressen auftreten, um sie entsprechend zu ändern. Dafür legt der Assemblierer ein Verschiebungsverzeichnis (relocation dictionary) an, das Verweise auf alle die Stellen im Kode enthält, an denen eine verschiebliche Adresse auftritt. Die Ausgabe des Assemblierers besteht also aus dem Kode und dem Verschiebungsverzeichnis, was auch als *verschieblicher Kode* (relocatable code) bezeichnet wird.

Die Aufgabe eines Binders kann recht aufwendig werden, weil sie auf ein Editieren des Kodes hinausläuft. Es ist deshalb interessant zu untersuchen, durch welche Maßnahmen und Festlegungen die Arbeit des Binders erleichtert werden kann.

Betrachten wir die in Kapitel 3.5 eingeführten Relativadressen, so sehen wir, dass sie, da sie Differenzen von Adressen (desselben Programms) sind, bei einer Verschiebung des Kodes unverändert bleiben (das gleiche gilt auch für die Differenz von Relativadressen). Da selbstrelative Sprünge mit Relativadressen arbeiten, wird klar, dass die Verwendung selbstrelativer Sprünge die Arbeit des Binders erleichtert, weil er hier nichts tun muss. Das gleiche gilt auch bei absoluten Formeln und relativen Formeln (siehe Abschnitt 4.2), da sie nur Relativadressen (keine einzelnen verschieblichen Adressen) enthalten dürfen. Daher also die Festlegungen auf diese Art von Formeln.

Auch die Verwendung PC-relativer Adressierung erleichtert die Arbeit des Binders, da sie Relativadressen benutzt (siehe Abschnitt 4.2, MOTOROLA).

Positionsinvarianter Kode

Ferner sei noch erwähnt, dass es möglich ist, durch geeignete Programmiertechnik (ausschließliche Verwendung selbstrelativer Sprünge und Adressierung der Daten über Basisregister) Kode zu erzeugen, bei dem ein Binder nichts mehr tun muß. Solch ein Kode wird *positionsinvarianter Kode* (position independent code) genannt.

Bindelader

Gelegentlich wird die Aufgabe eines Binders auch mit der eines Laders kombinert. Wir reden dann von einem *Bindelader* (relocating loader).

Analog wie beim Datenteil wird auch für den Befehlsteil ein Adresszähler gehalten und entsprechend der Länge der einzelnen Befehle hochgezählt. Dieser Adresszähler wird wiederum standardmäßig auf 0 initialisiert (wenn nichts anderes explizit durch eine Assembliereranweisung verlangt wird). Wird eine Marke an einen Befehl geheftet (wie in unserem Beispiel in Bild 5.2 die Marke m1, oder **Ende**), so wird die entsprechende Markenbezeichnung samt der Anfangsadresse des betreffenden Befehls ebenfalls in die Symboltabelle eingetragen. Tritt dann später ein Sprungbefehl auf diese Marke auf, dann kann der Assemblierer mittels der Markenbezeichnung und mit Hilfe der Symboltabelle die Sprungadresse für den Sprungbefehl (oder die Relativadresse bzw. Distanz bei selbstrelativem Sprung) automatisch berechnen.

Bei Sprüngen gibt es das sogenannte Problem der Vorwärtsverweise, das dann auftritt, wenn der Sprungbefehl in der textuellen Reihenfolge vor der Definition der Marke im Programm erscheint. Bei der Assemblierung liest der Assemblierer das Programm von Anfang an durch und übersetzt es zeilenweise. Enthält eine Zeile einen Sprungbefehl zum Vorwärtssprung, dann ist das Sprungziel, d. h. die Markendefinition, noch nicht bekannt und es existiert noch kein Eintrag in der Symboltabelle. Dieses Problem kann auf unterschiedliche Arten gelöst werden. Eine häufig benutzte Technik ist, das Assemblerprogramm durch den Assemblierer zweimal durchlesen zu lassen; im ersten Durchgang werden sämtliche Bezeichnerdefinitionen in die Symboltabelle aufgenommen und im zweiten Durchgang wird der Kode und die Sprungbefehle mit den entsprechenden Sprungadressen erzeugt. Bei dieser Vorgehensweise reden wir dann von einem *Zweipass-Assembler.*

Nicht nur im Datenteil, sondern auch im Befehlsteil gibt es einen *Adresszähler.* Dieser hat eine ganz anschauliche Bedeutung. Er enthält nacheinander genau die Werte, die im Befehlszählerregister (program counter) später beim Ablauf des Programms auftreten würden, falls das Programm ab Adresse 0 in den Speicher geladen würde. Wir haben deshalb auch hier wieder verschiebliche Adressierung, d. h. der Adresszähler enthält nur verschiebliche Adressen.

Die Existenz des Adresszählers im Datenteil und im Befehlsteil ist für die Assemblerprogrammierung sichtbar. Durch eine entsprechende syntaktische Notation, das *Symbol für den Adresszähler* kann innerhalb des Assemblerprogramms der aktuelle Wert des Adresszählers benutzt werden. Manchmal unterscheidet man zwei Adresszähler, einen für den Datenbereich und einen für den Befehlsbereich. Es wird dann durch unterschiedliche Symbole deutlich gemacht, welcher Adresszähler gemeint ist. Diese Situation finden wir beim Assembler der INTEL-Familie vor, wie wir noch in Abschnitt 5.2 sehen werden. Der Grund für diese Festlegung ist, dass Befehlsbereich und Datenbereich in unterschiedliche Segmente im Speicher abgebildet werden. Man beachte, dass auch unterschiedliche Segmentregister zur Adressierung der Segmente benutzt werden.

Die Unterscheidung der beiden Adresszähler durch zwei unterschiedliche Symbole ist nicht zwingend. Es kann auch nur *ein*

Symbol verwendet werden. Manchmal unterscheiden Assemblierer (und damit auch Assembler) hinsichtlich des Adresszählers nicht zwischen Datenbereich und Befehlsbereich und zwar genau dann, wenn die beiden Bereiche in den Speicher so abgebildet werden können, dass sie nahtlos hintereinander (konsekutiv) liegen. Es gibt dann nur einen Adresszähler und entsprechend im Assembler nur ein Symbol für den Adresszähler. Diese Situation finden wir beim Assembler für die MOTOROLA-Familie.

Das Ergebnis eines Assemblierungsvorgangs ist immer eine Datei, die das sogenannte Objektprogramm enthält. Darüberhinaus kann ein Protokoll des Assemblierers verlangt werden. Ein Beispiel dafür sehen wir in Bild 5.3. Die erste Spalte dieser Abbildung enthält die vom Assemblierer durchgeführte Nummerierung der Zeilen. In der zweiten Spalte sind hexadezimal die Anfangsadressen (verschieblichen Adressen) der den jeweiligen Zeilen entsprechenden Anweisungen notiert. Dahinter folgen bei Datenanweisungen mit Initialisierung die Inhalte des Speichers und bei Befehlen die Kodierung der Befehle und der entsprechenden Operanden (alles hexadezimal). Dieser Aufbau und die Interpretation dieses Assembliererprotokolls ist natürlich spezifisch für den hier verwendeten Assemblierer, aber prinzipiell bestehen hier zwischen den Assemblierern keine wesentlichen Unterschiede.

In den folgenden beiden Abschnitten werden wir die Assembler der beiden Prozessorfamilien INTEL bzw. MOTOROLA besprechen.

5.2   INTEL-Assembler

Die Assemblersprache für die INTEL-Familie ist syntaktisch zunächst dadurch festgelegt, dass als Bezeichnung für die Befehle und Register nur die vom Hersteller INTEL festgelegten Bezeichnungen verwendet werden dürfen. Dieser Festlegung sind alle Hersteller von Assemblierern verpflichtet. Die genaue Assemblersyntax wird aber schließlich vom Hersteller des Assemblierers festgelegt. Wir werden in diesem Buch bei unseren Beispielen INTELs weitverbreiteten Assembler ASM-86 verwenden [Bor91].

Die syntaktische Struktur des INTEL-Assemblers ist zunächst wie üblich zeilenorientiert und folgt damit unserem oben skizzierten Schema. Bei Befehlen, die mehrere Operanden besitzen, werden diese durch Komma getrennt nach dem Befehl angegeben, wobei generell die Festlegung gilt, dass der linke Operand (dest) der Zieloperand und der rechte Operand (src) der Quelloperand ist. Ein typischer Befehl mit zwei Operanden (und auch einer der häufig vorkommenden Befehle) ist z. B. der Datentransferbefehl:

`MOV dest,src`

mit der Wirkung, dass der Zieloperand als Inhalt den Wert des Quelloperanden bekommt.

Wie wir noch sehen werden, gibt es unter Verwendung der verschiedenen Adressierungsmodi vielfältige Möglichkeiten, den Quell- bzw. Zieloperanden zu spezifizieren, wobei als Operanden natürlich auch die Register auftreten können. (Allerdings gibt es hier auch unangenehme Einschränkungen, z. B. erlaubt der INTEL 8086 keine Speicher--Speicheroperationen, so dass bei Befehlen mit zwei Operanden einer der Operanden stets ein Register sein muss.) Die meisten der Befehle können im Wort- bzw. Byte-Modus (16 bzw. 8 Bit) arbeiten. Die Einstellung des Modus geschieht durch ein spezielles Bit (das W-Bit mit W=1 für Worttransfer und W=0 für Bytetransfer) im Befehlskode. Dieses Bit kann vom INTEL-Assemblierer bei Erzeugung des Befehlskodes automatisch entsprechend gesetzt werden.

Typisierung
Typ

Die INTEL-Standard-Assemblersprache, der sogenannte ASM-86-Assembler nimmt gegenüber dem, was man sonst bei Assemblersprachen findet, eine gewisse Sonderstellung ein. Bei dieser Assemblersprache wird versucht, das aus höheren Programmiersprachen bekannte Konzept der *Typisierung* auf Assemblersprachen zu übertragen, so dass man also den Assembler ASM-86 als „typisierten Assembler" bezeichnen kann. Diese Vorgehensweise hat Vorteile, wie z. B. den oben genannten, dass der Assemblierer automatisch den Befehlsmodus Byteoperation oder Wortoperation bestimmen kann, je nach dem von welchem *Typ* die entsprechenden Daten sind. Üblicherweise wird in der Symboltabelle, die der Assemblierer intern unterhält, neben dem Bezeichner nur die Adresse eingetragen, bei der der Bezeichner definiert wurde. Beim ASM-86-Assemblierer hat ein Bezeichner darüber hinaus noch weitere sogenannte Attribute, nämlich den Typ, die Länge des definierten Speicherbereichs (in Bytes) und der Segmentname, in dem der Bezeichner definiert wurde. Diese zusätzlichen Informationen werden in die Symboltabelle mit aufgenommen.

Einen Überblick über die Assemblerdirektiven oder Steueranweisungen des ASM-86-Assemblers gibt das Bild 5.4. Die für den Programmierer wesentlichen Typen sind in Bild 5.5 zusammengefasst.

Bild 5.4: Assemblerdirektiven der INTEL-Assemblers ASM-86

| | | Beispiele | | |
Direktive	Effekt	Bezeichner	Direktive	Operanden
EQU	Setzt einen	N	EQU	4

Direk- tive	Effekt	Beispiele		
		Be- zeichner	Direktive	Operan- den
	Bezeichner gleich einem angegebenen Operanden			
DB	Definiert einen Byte-Datenbereich			
	nicht initialisiert:	ZEICHEN	DB	?
	initialisiert:	NAME	DB	'MUELLER'
DW	Definiert ein Wort-Datenbereich			
	nicht initialisiert:	X	DW	10 dup(?)
	initialisiert:	Y	DW	10, 300
DD	Definiert ein Doppelwort-Datenbereich			
	nicht initialisiert:	DVAR	DD	?,?
	initialisiert:	FELD	DD	10 DUP(0)
SEGMENT	Anfang logisches Segment	SEG0	SEGMENT	
ENDS	Ende logisches Segment	SEG0	ENDS	
ALIGN	Ausrichtung			
ASSUME	Setzt die zur Laufzeit erwartete Einstellung eines Segmentregisters fest.		ASSUME	CS:SEG0
ORG	setzt Adresszähler auf den in Operanden angegebenen Wert (innerhalb eines Segments)		ORG	100H
PROC	Anfang Prozedur-Definition	DRAW	PROC	NEAR
ENDP	Ende Prozedur-Definition	DRAW	ENDP	
EXTRN	Definiere exter-		EXTRN	OS:FAR

Direk-tive	Effekt	Beispiele		
		Be-zeichner	Direktive	Operan-den
	nen Bezeichner			
END	Ende des Assemblerprogramms mit (optionaler) Angabe einer Marke als Startadresse des Programms		END	MARKE

Typ

Jedem Bezeichner, der in einem ASM-86-Programm definiert wird, wird ein bestimmter *Typ* zugeordnet. Dieser Typ entscheidet dann darüber, in welcher Weise der dem Bezeichner zugeordnete Wert im Assemblerprogramm verwendet werden kann. Ähnlich wie beim Typkonzept in höheren Programmiersprachen, kann dann der Wert eines bestimmten Typs im Programm nur an den Stellen verwendet werden, an denen ein Wert dieses Typs erwartet wird. Eine andere Verwendung kann als Fehler erkannt werden. Natürlich treten dann ähnlich wie bei höheren Programmiersprachen auch Typkonvertierungsprobleme auf, und dementsprechend gibt es im ASM-86-Assembler spezielle Operatoren zur Typkonvertierung, die wir in Bild 5.6 finden.

Bild 5.5: Übersicht über die Typen beim ASM-86-Assembler

Typ	Bedeutung
BYTE PTR	Der Wert ist eine (16-Bit-)Adresse eines Byte-Datenbereichs
WORD PTR	Der Wert ist eine (16-Bit-)Adresse eines Word-Datenbereichs
DWORD PTR	Der Wert ist eine (16-Bit-)Adresse eines Doppelwort-Datenbereichs
NEAR PTR	Der Wert ist eine (16-Bit-)Adresse eines innerhalb desselben Segments liegenden Befehls (der also mittels *intrasegment* Jump- oder CALL-Befehl erreicht werden kann)
FAR PTR	Der Wert ist eine (16-Bit-)Adresse eines innerhalb eines anderen Segments liegenden Befehls (der also nur mittel *intersegment* JUMP- oder CALL-Befehl erreicht werden kann)
NUMBER	Der Wert ist eine beliebige 16-Bit-Zahl

Konstantendefinition

Betrachten wir das Bild 5.4 mit den Assemblerdirektiven und Beispieldefinitionen, so finden wir als erstes die EQU-Direktive.

Mit dieser Direktive kann, ähnlich wie bei der aus höheren Programmiersprachen bekannten *Konstantendefinition*, einem Bezeichner ein bestimmter Wert fest zugeordnet werden. Dabei kann der Wert auch in Form eines arithmetischen Ausdrucks angegeben werden, wobei dieser allerdings zur Assemblierzeit auswertbar sein muss, d. h. der Wert aller seiner Operanden muss zur Assemblierzeit definiert und bekannt sein. Der Typ eines mit der EQU-Direktive definierten Bezeichners ergibt sich aus dem Typ des Operanden. Häufig ist er, wie in unserem Beispiel, vom Typ NUMBER. (Es können jedoch auch andere Typen auftreten, wie. wir in dem unten folgenden Beispiel Bild 5.7 sehen werden.)

In Bild 5.4 dienen die drei folgenden Datenbereich-Direktiven DB, DW und DD zur Definition von Byte-, Wort- bzw. Doppelwort-Datenbereichen. Dementsprechend ist der Bezeichnertyp festgelegt mit BYTE PTR, WORD PTR und DWORD PTR. Die Bezeichnungsweise mit der nachgestellten Abkürzung PTR (von Pointer) soll daran erinnern, dass der Wert eines mit einer solchen Datenbereichsdirektive definierten Bezeichners ein Zeiger (die Anfangsadresse) für einen Datenbereich ist, auf den in einer bestimmten Zugriffsart (Byte-, Wort- oder Doppelwort-Zugriff) zugegriffen wird. Damit kann der Assemblierer beispielsweise erkennen, dass der Assemblerbefehl

```
INC ZAEHLER      ; Erhöhe Variable ZAEHLER um 1
```

in einen Maschinenbefehl für INC im Wortmodus umgesetzt werden muss, wenn ZAEHLER mit der Direktive DW definiert wurde. Ebenso wird der Assemblerbefehl

```
MOV AX, ZAEHLER ; Lade den Wert Variable ZAEHLER
                ; in das (16-Bit-)AX-Register
```

in einen Datentransportbefehl MOV im Wortmodus umgesetzt, aber der Assemblerbefehl

```
MOV AL, ZAEHLER
```

als fehlerhaft erkannt (Fehlermeldung des Assemblierers), weil eine Wort-Variable (der Breite 16 Bit) in ein Byte-Register geladen werden soll. Beim Datentransportbefehl MOV müssen Quell- und Zieloperanden stets von gleichem Typ (d. h. typkompatibel) sein.

Wie wir aus den Beispielen zu den Datenbereichs-Direktiven in Bild 5.4 sehen, kann ein Datenbereich, initialisiert durch eine Liste von Operanden (Liste: Menge von Worten, Zeichen oder Zeichenketten, getrennt durch Kommata), definiert werden (als Operanden sind hier, wie bei der EQU-Direktive, auch Ausdrücke zugelassen). Soll der Datenbereich nicht (oder teilweise nicht) initialisiert sein, wird als Operand '?' angegeben. Um etwa bei der Definition von Reihungen (Array) die lästige Wiederholung gleicher Werte in der Liste der Operanden zu vermeiden, gibt es eine Duplizierungsdirektive DUP, wobei die Anzahl der Wiederholungen (Wiederholungsfaktor) vorangestellt wird und der Wert in Klammern folgt. Durch die Liste der Operanden ist automatisch auch die Länge des definierten Datenbereichs implizit festgelegt.

Die PROC-Direktive in Bild 5.4 dient (analog wie in höheren Programmiersprachen) zur Definition von Prozeduren in Assembler. Ein mit PROC definierter Bezeichner (der Prozedurname) kann später im Assemblerprogramm mit dem Assemblerbefehl

CALL Prozedurname; Aufruf der Prozedur Prozedurname

verwendet werden. Der Maschinenbefehl CALL addr (Vergleiche Bild 4.10) existiert in zwei Versionen (Modi), je nachdem, ob eine Prozedur innerhalb desselben Segments (*Intrasegment call*), oder in einem anderen Segment (*Intersegment call*) aufgerufen werden soll (Im zweiten Fall muss im Maschinenbefehl für den Operanden addr ein Doppelwort, bestehend aus Segmentadresse und Zieladresse, im Maschinenbefehl stehen). Damit ein Assemblierer den entsprechenden Maschinenbefehl automatisch richtig erzeugen kann, gibt es die beiden Typen NEAR PTR und FAR PTR (entsprechend dem *Intrasegment call* und dem *Intersegment call*). Bei der Definition eines Bezeichners (Prozedurname) mit der Direktive PROC wird durch das nachgestellte NEAR (bzw. FAR) der Typ (und damit auch der bei Aufruf zu erzeugende Maschinenbefehl) festgelegt.

Bild 5.6: Operatoren des ASM-86-Assemblers zur Typkonvertierung (* steht für „irgendein", † für „im gleichen Segment ")

Operator	Konvertiere von	nach	Kommentar
OFFSET	* PTR	NUMBER	Rückgabe 16-Bit-Adresse (im Segment)
SEG	* PTR	NUMBER	Rückgabe 16-Bit-Segment-Adresse
SIZE	* Daten-PTR	NUMBER	Rückgabe der Anzahl von Bytes, Wörtern oder Doppel-Wörtern
LENGTH	* PTR	NUMBER	†
BYTE PTR	* PTR, NUMBER	BYTE PTR	†
WORD PTR	* PTR, NUMBER	WORD PTR	†
DWORD PTR	* PTR, NUMBER	DWORD PTR	†
NEAR PTR	* PTR, NUMBER	NEAR PTR	†

Operator	Konvertiere von	nach	Kommentar
FAR PTR	* PTR, NUMBER	FAR PTR	†

Adressoperator
Verschiebliche Adresse
Typkonvertierung

In Bild 5.6 sind die Operatoren zur *Typkonvertierung* in der Assemblersprache ASM-86 aufgeführt. Wie wir sehen, ist der erste Operator OFFSET gerade der *Adressoperator.* Angewandt auf einen Bezeichner liefert er die (zur Assemblierzeit bestimmbare) Anfangsadresse eines mit dem Bezeichner verknüpften Datenbereichs. Diese Adresse kann dann z. B. bei einem Befehl als unmittelbarer Operand auftreten, wie wir in Bild 5.7 in Zeile 13 sehen, in der das Register SI mit der Anfangsadresse des Datenbereichs Feld geladen wird. Diese Anfangsadresse ist hier 0010r (hexadezimal), wobei die Kennzeichnung „r" darauf hinweist, dass es sich um eine *verschiebliche Adresse* handelt (ein Hinweis, der vom Binder benötigt wird).

Bild 5.7: Beispiel für die Verwendung von Operatoren des ASM-86-Assemblers

```
 1 0000                           .MODEL SMALL
 2
 3 0000                           .DATA
 4 0000   08*(0010)          DA DW      8 DUP(16)
 5 0010   10*(0001)        Feld DW      16 DUP( 1)
 6        = DGROUP:0030  Feldende EQU   THIS WORD
 7 0030   000A              Var DW      10
 8 0032                           .CODE
 9 0000   B8 0000s        Anfang:   mov  ax, @DATA
10 0003   8E D8                     mov  ds, ax
11
12 0005   BE 0000r                  mov  si, OFFSET DA
13 0008   BE 0010r                  mov  si,OFFSET Feld
14 000B   A1 0030r                  mov  ax, Var
15 000E   A1 0030r                  mov  al, Var
**Error** C:\ASM\OPERATOR.ASM(15) Operand types
         do not match
16 0011   A0 0030r                  mov  al,BYTE PTR Var
17 0014   B8 0010                   mov  ax, LENGTH Feld
18 0017   BB 0020                   mov  bx, SIZE Feld
19 001A   BF 0030r                  mov  di,OFFSET Feldende
20 001D   BE 0030r                  mov  si, OFFSET Var
21
22 0020   B8 4C00         Ende:     mov  ax, 4C00H
23 0023   CD 21                     int  21H
24                                  END Anfang
```

Bei der darauffolgenden Zeile 14 wird die Anwendung des Typkonzepts im ASM-86-Assembler deutlich. Da der Typ des Bezeichners Var WORD PTR ist und der Zieloperand ebenfalls vom

Typ WORD PTR ist, kann der Assemblierer den Modus des MOV-Befehls ableiten (W-bit = 1 für Worttransfer). Das Typkonzept trägt dazu bei Fehler aufzudecken, wie wir in der folgenden Zeile 15 sehen. Dort wird in einem MOV-Befehl ein Zieloperand (al) angegeben, der vom Typ BYTE PTR ist, obwohl der Quelloperand vom Typ WORD PTR ist. Der Assemblierer quittiert uns das mit einer Fehlermeldung. Eine mögliche Korrektur finden wir in der darauffolgenden Zeile 16. Hier sind Quell- und Zieloperanden jetzt vom gleichen Typ und es wird ein Maschinenbefehl MOV in Modus Bytetransfer (also W-Bit = 0) erzeugt.

Adresszähler

In Zeile 6 von Bild 5.7 sehen wir die Verwendung des *Adresszählers* im Datenbereich (beim Assembler ASM-86). Wie wir bereits sahen, ist der Adresszähler (in Bytes) spezifisch für ein Segment und beginnt standardmäßig am Anfang des Segments mit dem Wert 0 (wenn nicht durch die Assemblerdirektive ORG ein anderer Wert festgesetzt wird). Auf den momentanen Wert des Adresszählers kann durch das reservierte Symbol THIS zugegriffen werden. Dieses *Symbol für den Adresszähler* im Datenbereich verlangt eine ergänzende Typangabe. Die Typangabe erfolgt durch eines der nachgestellten Symbole: BYTE, WORD, DWORD, NEAR oder FAR. In Zeile 6 finden wir die Verwendung des Adresszählers als Operand einer EQU-Direktive mit der Wirkung, dass dem hier definierten Symbol Feldende ein Wert (eine Adresse) vom Typ WORD PTR zugeordnet wird.

Wie wir in Zeile 20 sehen, wird hier der Adressoperator OFFSET auf den Bezeichner Var eines Datenbereiches (ein Wort) angewandt und liefert, wie bekannt, die Anfangsadresse des Datenbereiches Var (diese ist hier hexadezimal 30, wie wir aus der Kodierung des Operanden des MOV-Befehls in Spalte 4 in Bild 5.7 sehen). In analoger Weise wird der Adressoperator in Zeile 19 verwendet (natürlich finden wir dann auch für die Kodierung des Operanden des MOV-Befehls den gleichen Wert in Spalte 4, da der Adresszähler bei der Definition der Bezeichner Var und Feldende den gleichen Wert hat.)

In den Zeilen 17 und 18 in Bild 5.7 finden wir Anwendungsbeispiele der Operatoren LENGTH und SIZE (angewandt auf einen Bezeichner vom Typ WORD PTR). Der Operator LENGTH liefert die Anzahl der Elemente des (in Zeile 5) definierten Datenbezeichners in Einheiten des definierten Typs (hier Worte), entsprechend dem Wiederholungsfaktor des DUP-Direktive. In unserem Beispiel ist der Wiederholungsfaktor 16 (dezimal) und dem entsprechend finden wir in Zeile 17 in der Spalte 4, der Kodierung für den Operanden der MOV-Befehl, den Wert 10 (hexadezimal). Da der Operator SIZE die Länge eines Datenbereiches in Bytes liefert, finden wir entsprechend bei der Kodierung für den Operanden des `MOV`-Befehls den Wert 20 (hexadezimal).

Bei den im INTEL Assembler möglichen Adressierungsarten zur Spezifikation der indirekt adressierten Speicheroperanden, finden wir genau die schon in Kapitel 3 besprochenen Adressierungsarten, nämlich

- indirekt über Basisregister

- indirekt über Indexregister

- indirekt über Basis- **und** Indexregister

Verschiebeanteil

Bei all diesen Adressierungsarten kann noch ein arithmetischer Ausdruck angegeben werden, dessen Wert konstant sein muss, zur Assemblierzeit berechnet wird und als konstanter Anteil, als sogenannter *Verschiebeanteil*, im Befehlsformat kodiert wird.

Bild 5.8: Beispiele zur syntaktischen Schreibweise für die indirekte Adressierung beim INTEL-Assemblers

```
 1   00000                       .MODEL SMALL
 2
 3   0000                        .DATA
 4   0000   08*(0010)            Feld1 DW   8 DUP(16)
 5   0010   10*(0001)            Feld2 DW  16 DUP( 1)
 6   0030   000A                 Var DW    10
 7   0032                        .CODE
 8   0000   B8 0000s     Anfang: mov  ax, @DATA
 9   0003   8E D8                mov  ds, ax
10
11
12                       ;       Indirekte Adressierung über
13                       ;       Basisregister { bx,bp } :
14   0005   BB 0000r             mov  bx, OFFSET Feld1
15   0008   8B 47 02             mov  ax, 2[bx]
16   000B   8B 47 02             mov  ax, [2+bx]
17                       ;       ea = 2 + <bx>
18
19                       ;       Indirekte Adressierung über
20                       ;       Indexregister { si,di } :
21   000E   BE 0010r             mov  si, OFFSET Feld2
22   0011   8B 54 02             mov  dx, 2[si]
23   0014   8B 54 02             mov  dx, [2+si]
24                       ;       ea = 2 + <si>
25
26                       ;       Indirekte Adressierung über
27                       ;       Basis- und Indexregister:
28   0017   8B 36 0030r          mov  si, Var
29   001B   8B 40 02             mov  ax, 2[bx][si]
30   001E   8B 40 02             mov  ax, [2+bx +si]
31                       ;       ea = 2+<bx>+<si>
```

```
32
33   0021   B8 4C00           Ende:    mov   ax, 4C00H
34   0024   CD 21                      int   21H
35                                     END Anfang
```

Wie wir wissen, wird dieser konstante Verschiebeanteil bei der Bestimmung der effektiven Adresse (ea) hinzuaddiert. Für jede Adressierungsart sind zwei syntaktisch-äquivalente Formulierungen angegeben (man beachte, dass die Befehlskodierungen dieselben sind und dass der konstante Verschiebeanteil als Bestandteil der Befehlskodierung auftritt). Die syntaktische Formulierung für die indirekte Adressierung auf der Position des Zieloperanden ist dieselbe.

Segmentregisterpräfix

Wie wir bereits sahen, arbeitet der INTEL-Prozessor mit offener Basisadressierung, d. h. zur Bildung der physikalischen Adresse zum Speicherzugriff wird stets der Inhalt eines Segmentregisters hinzuaddiert. Für die Auswahl des entsprechenden Segmentregisters gibt es beim INTEL-Prozessor Standardfestlegungen oder Standardeinstellungen, die falls nötig durch das sogenannte *Segmentregisterpräfix* überschrieben werden können. Eine Übersicht über die Standardfestlegung der Segmentregister gibt Bild 5.9. Man beachte insbesondere, dass bei indirekter Adressierung über das BP-Register der Speicherzugriff standardmäßig über das SS-Register erfolgt.

Bild 5.9: Standardzuordnung der Segmentregister beim INTEL-Assembler

Zugriff über	Standardsegment-register	Alternativ
IP (Instruction Pointer)	CS (Codesegmentregister)	keine
SP (Stack Pointer)	SS (Stacksegmentregister)	keine
direkte Adressierung	DS (Datensegmentregister)	CS, ES, SS
indirekte Adressierung:		
falls BP beteiligt	SS	CS, ES, DS
sonst	DS	CS, ES, SS

Ein Beispiel für die syntaktische Schreibweise, um die Standardeinstellung der Segmentregister mittels Segmentregisterpräfix (hier ES:) zu überschreiben, gibt Bild 5.10.

Bild 5.10: Beispiel für die Änderung der Standardeinstellung der Segmentregister mittels Segmentregisterpräfix (hier ES:)

```
.MODEL LARGE


HILFS_DATEN SEGMENT
            Hilfs_var DW 5
HILFS_DATEN ENDS
.DATA
            Var DW 2
```

```
.CODE
        Anfang:     mov   ax, @DATA
                    mov   ds, ax
                    mov   ax, HILFS_DATEN
                    mov   es, ax


                    mov   ax, Var
                    mov   dx, ES: Hilfs_var
                    mov   Var, dx


        Ende:       mov   ax, 4C00H
                    int   21H
        END Anfang
```

5.2.1 **Konstanten und konstante Ausdrücke**

Wie bei Assemblern üblich, enthält auch der INTEL-Assembler
Möglichkeiten, um auf der Position von Operanden *Konstanten*
oder Ausdrücke mit Konstanten, sogenannte *Konstante Ausdrücke*, anzugeben. Das Bild 5.11 zeigt die syntaktische
Schreibweise der Konstanten.

Bild 5.11: Syntaktische Schreibweise von Konstanten beim INTEL-Assembler

Konstante	Beispiele	Bemerkungen
dual	10101010B	B steht für binär
oktal	17Q	Q steht für oktal
hexadezimal	OFFH	H steht für hexadezimal
		Eine Hexadezimalzahl muss stets mit einer Ziffer (0..9) beginnen, um sie syntaktisch von der Schreibweise für Bezeichner (Identifier) unterscheiden zu können. Gegebenenfalls muss also eine führende Null ergänzt werden.
dezimal	19D	D steht für dezimal und ist optional
Zeichen	'A'	ASCII-Kode
Text	'Text'	

Numerischer Ausdruck Adresszähler

Solche Konstanten können mittels der Operatoren in Bild 5.12
zur Bildung von konstanten, numerischen Ausdrücken, kurz
numerischen Ausdrücken, verwendet werden. Der Wert eines
solchen Ausdrucks muss zur Assemblierzeit bestimmbar sein
(denn er wird zur Assemblierzeit, nicht zur Ausführungszeit,
bestimmt). Dabei können, wie bei arithmetischen Ausdrücken,
runde Klammern verwendet werden, um eine andere Auswer-

tungsreihenfolge festzulegen, als durch die Operatorpriorität nach Bild 5.12 definiert ist. Die Definition der Auswertungsreihenfolge ist also völlig analog zu dem, was wir bei höheren Programmiersprachen vorfinden. Numerische Ausdrücke können auch Operatoren aus Bild 5.6 enthalten, soweit sie ein Ergebnis vom Typ NUMBER liefern. Wie wir in dem Beispiel in Bild 5.17 sehen kann auch das *Symbol für den Adresszähler im Befehlsbereich* auftreten, das stets ein ganzzahliges Ergebnis hat (d. h. vom Typ NUMBER ist). Der Adresszähler im Befehlsbereich wird durch das Symbol „$" (nicht THIS) dargestellt und benötigt keine Typangabe. In Ausdrücken können auch Bezeichner erscheinen, denen früher mittels der EQU-Direktive ein fester Wert vom Typ NUMBER zugeordnet wurde.

<table>
<tr><td>Bild 5.12: Die Operatoren in numerischen Ausdrücken in der Rangfolge der Operatorpriorität, beginnend mit der höchsten Priorität</td><td>

Operator	Bemerkung
-, +, NOT	nur unäre Operatoren, NOT führt bitweise Negation durch
Operator aus Bild 5.6	liefert ganzzahliges Ergebnis
*, /, MOD	MOD ist die Modulo-Funktion (Rest bei einer ganzzahliger Division), / ist die ganzzahlige Division
+, -	
EQ, LT, LE, GT, GE, NE	Vergleichsoperatoren liefern einen Wert -1H (high value), falls der Vergleich wahr ist, sonst OH (low value). Beispiel: MOV AX, 12 AND A NE B Der Wert des Ausdrucks ist 12, falls A ≠ B, sonst 0.
AND OR, XOR	Diese Operatoren arbeiten analog wie die entsprechenden Maschinenbefehle (werden nicht in diese übersetzt!), also bitweise.

</td></tr>
</table>

Neben den eben behandelten numerischen Ausdrücken gibt es im INTEL-Assembler (wie auch in anderen Assemblern üblich) sogenannte *Adress-Ausdrücke*. Deren Wert wird als Speicheradresse (genauer: effektive Adresse) interpretiert, auf die etwas abgelegt werden soll (Zieloperand) oder von der etwas geholt werden soll (Quelloperand). Da hiermit ein Speicherzugriff verbunden ist, muss bei Adress-Ausdrücken stets der Typ definiert sein, damit der Assemblierer für den Datenzugriff (z. B. beim MOV-Befehl) die Breite des Datenzugriffs (z. B. WORT- oder BYTE-Modus) automatisch ableiten kann. Ein Beispiel für die

Verwendung von Adress-Ausdrücken wird in Bild 5.13 angegeben.


```
.MODEL SMALL

.DATA                      ; Wort: 0   1   2   3   4   5
      Feld DW 6 DUP (1)  ;       | 1 | 1 | 1 | 1 | 1 | 1 |


.CODE
Anfang: mov  ax, @DATA
        mov  ds, ax

        mov  Feld+3*2, 0FFH   ;<3.Wort von Feld> = FFH
        mov  ax,   Feld+3*2   ; ax = <3.Wort von Feld>


Ende:   mov  ax, 4C00H
        int  21H
END Anfang
```

5.2.2   Sprungbefehle

Wir haben bereits in Bild 4.10 die Sprungbefehle JMP (und CALL) der INTEL-Prozessoren 80x86 gesehen, die dort allerdings vereinfacht dargestellt werden. In Wirklichkeit existieren auf Maschinenebene für verschiedene Sprungmöglichkeiten unterschiedliche Hardwarebefehle (jeweils noch in Varianten). Diese Unterschiede sind allerdings für den Assemblerprogrammierer insofern nicht sichtbar, als nur ein Befehl JMP (bzw. CALL) existiert. Die Vielfalt der Sprungmöglichkeiten zeigt sich auf Assemblerebene erst in den verschiedenen Spezifikationsmöglichkeiten für die Operanden. Je nach dem, wie der Operand angegeben wird, erzeugt der Assemblierer (unter Berücksichtigung des Typs des Operanden) dann den geeigneten Maschinenbefehl. Bei den Sprungmöglichkeiten unterscheiden wir zunächst zwei Klassen:

- ***Intrasegment-Sprung*** mit den Sprungmöglichkeiten in Bild 5.14. Wesentlich ist, dass das CS-Register unverändert bleibt. Die Wirkung der einzelnen Sprünge ist wie folgt definiert:

  - *direkter kurzer Intrasegment-Sprung:*
    <IP> ⇐ <IP> + 8-Bit-Distanz (im Befehlsformat enthalten) (siehe Beispielprogramm in Bild 5.16)

  - *direkter, langer Intrasegment-Sprung:*
    <IP> ⇐ <IP> + 16-Bit-Distanz (im Befehlsformat enthalten) (siehe Beispielprogramm in Bild 5.16)

- *indirekter Intrasegment-Sprung über Register:*
  <IP> ⇐ <16-Bit-Register> (siehe Beispielprogramm in Bild 5.18)

- *indirekter Intrasegment-Sprung über Speicher:*
  <IP> ⇐ <16-Bit-Speichervariable>, wobei zur Angabe des Operanden des JMP-Befehls syntaktisch die gleichen Schreibweisen erlaubt sind, wie wir sie bei der direkten oder indirekten Adressierung (also für Speicheroperanden) bereits gesehen haben (siehe Beispielprogramm in Bild 5.18)

- ***Intersegment-Sprung*** mit den Sprungmöglichkeiten in Bild 5.15 und mit der prinzipiellen Wirkung, dass sowohl das CS-Register als auch das IP-Register neu geladen werden.
  <CS> ⇐ neue Segmentadresse (16 Bit)
  <IP> ⇐ 16-Bit-Adresse innerhalb des Segments
  im einzelnen unterscheidet man die folgenden Sprünge:

  - *direkter Intersegment-Sprung:* hier sind die neuen Werte für CS bzw. IP im Befehlsformat enthalten (absoluter Sprung)

  - *indirekter Intersegment-Sprung:* hier werden die neuen Werte für CS bzw. IP als Doppelwort aus dem Speicher geholt – ab der Stelle, auf die die im Operanden angegebene Speichervariable zeigt. Die syntaktische Schreibweise des Operanden entspricht wieder der, die wir von der direkten bzw. indirekten Adressierung kennen.

Man beachte, dass es keinen indirekten Intersegment-Sprung über Register gibt, da wir ja zwei Worte brauchen, um das CS-Register und das IP-Register neu zu laden.

Bild 5.14: Sprungmöglichkeiten beim Intrasegment-Sprung

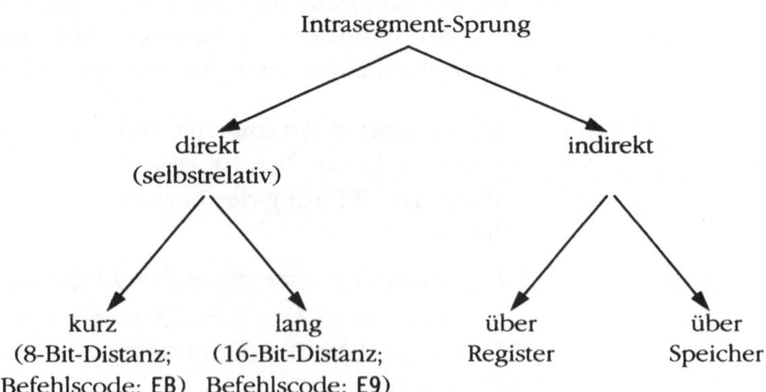

Bild 5.15: Sprungmöglichkeiten beim Intersegment-Sprung

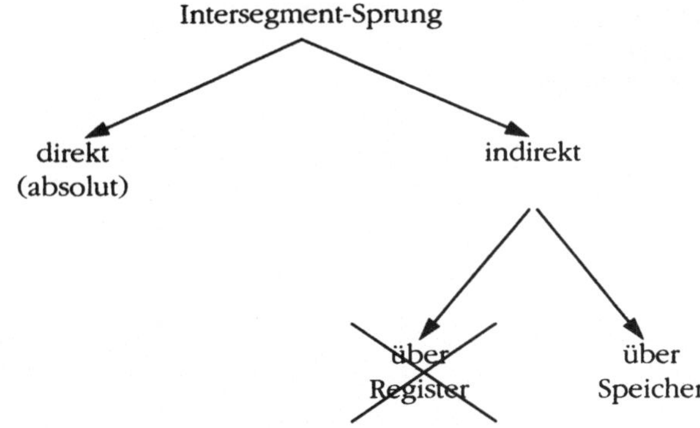

Bild 5.16: Beispielprogramm für direkte (selbstrelative) Intrasegmentsprünge (Befehlskode kurzer Sprung: EB, Befehlskode langer Sprung: E9)

```
 1 0000                 .MODEL SMALL
 2
 3 0000                 .DATA
 4
 5 0000                 .CODE
 6 0000   B8 0000s  Anfang:    mov   ax, @DATA
 7 0003   8E D8                mov   ds, ax
 8
 9                             ; direkter Sprung, kurz
10                             ; (selbstrelativ):
11 0005   EB 06 90             jmp   M_nah
12 0008   B8 0002              mov   ax, 2
13 000B   90                   nop
14 000C   90                   nop
15 000D   90        M_nah:     nop
16
17                             ; direkter Sprung, lang
18                             ; (selbstrelativ):
19 000E   E9 8000              jmp   M_weit
20 0011   90                   nop
21
22                             ORG $+32767
23                             ; Symbol $ für Adresszähler
24                             ; liefert ganze Zahl (Typ NUMBER)
25                             ; (analog THIS)
26
27 8011   90        M_weit:    nop
28
29 8012   B8 4C00   Ende:      mov   ax, 4C00H
30 8015   CD 21                int   21H
31                   END Anfang
```

Bild 5.17: Beispielprogramm für indirekte Intrasegmentsprünge

```
.MODEL SMALL
.DATA
     WortVar DW J2
     WortTab DW M1,M2,M3
     Var     DW J3

.CODE
Anfang:    mov  ax, @DATA
           mov  ds, ax

           mov  bx,OFFSET J1
           jmp  bx                ; indir. Sprung
                                  ; über Register

    J1:    jmp WortVar            ; indir. Sprung
                                  ; über Speicher

    J2:    mov  si,OFFSET Var
           jmp WORD PTR [si]      ; indir. Sprung
                                  ; über Speicher
    J3:    mov bx,1
           jmp WortTab[bx+1]      ; indir. Sprung
                                  ; über Speicher
    M1:    mov  dx,1
           jmp Ende
    M2:    mov  dx,2
           jmp Ende
    M3:    mov  dx,3

Ende:      mov  ax, 4C00H
           int  21H
END Anfang
```

Wir haben bis jetzt die verschiedenen Sprungmöglichkeiten bzw. die syntaktischen Spezifikationen für den Operanden des JMP-Befehls behandelt und gesehen, dass der Assemblierer in der Lage ist, den geeigneten Maschinenbefehl automatisch zu erzeugen. Die Verhältnisse beim Befehl **CALL**, für den Unterprogrammaufruf sind analog. Es existieren genau die gleichen Sprungmöglichkeiten bzw. entsprechend unterschiedliche Hardwarebefehle, die der Assemblierer aus der Spezifikation des Operanden beim **CALL**-Befehl ableitet. Da die Möglichkeiten zur Spezifikation des Operanden vollständig analog zu den Verhältnissen beim JMP-Befehl sind, können wir hier auf eine Wiederholung verzichten.

In diesem Abschnitt über die Eigenschaften des INTEL-Assemblers wurde versucht, eine Übersicht zu geben. Aus Gründen des Umfangs wurde bewusst darauf verzichtet, Eigenschaften näher zu besprechen, die für das Verständnis der später folgenden Assemblerprogramme nicht nötig sind. Die hier gegebene Zusammenstellung und die entsprechende Erläuterungen der Eigenschaften des INTEL-Assemblers, erheben also keinen Anspruch auf Vollständigkeit.

5.3 MOTOROLA-Assembler

Für die MOTOROLA-Familie gibt es mehrere Assembler, die sich zum Teil nur wenig unterscheiden. Bei allen gleich sind die Bezeichnungen der Register und die Schreibweise der Befehle, die wir in Abschnitt 4.2 bereits gesehen haben. Wir verwenden im Folgenden den von MOTOROLA propagierten „resident assembler" [Cle94].

Die syntaktische Struktur des Assemblers ist zunächst wie üblich zeilenorientiert und folgt damit unserem oben skizzierten Schema. Bei Befehlen, die mehrere Operanden besitzen, werden diese durch Komma getrennt nach dem Befehl angegeben, wobei generell die Festlegung gilt, dass der linke Operand (dest) der Zieloperand und der rechte Operand (src) der Quelloperand ist. Ein typischer Befehl mit zwei Operanden (und auch einer der häufig vorkommenden Befehle) ist z. B. der Datentransferbefehl:

```
Marke   MOVE.W  src, dest   Kommentar
```

mit der Wirkung, dass der Zieloperand als Inhalt den Wert des Quelloperanden (ein Wort) bekommt. Dabei ist die Angabe einer Marke optional, d. h. der Befehl kann markiert werden oder nicht. Nach der Beendigung des Befehls und der Operanden kann Kommentar angehängt werden. Eine ganze Zeile wird als Kommentarzeile gekennzeichnet durch einen einleitenden Stern „*".

Das folgende Bild 5.18 enthält die Anweisungen oder Direktiven des MOTOROLA-Assemblers.

Bild 5.18: Assemblerdirektiven des MOTOROLA-Assemblers

Direk-tive	Effekt	Beispiele		
		Be-zeichner	Direktive	Operan-den
EQU	Setzt einen Bezeichner gleich dem Wert der absoluten Formel	N M	EQU EQU	4 4+(2*N)
DC.B	Definiert einen Byte-Datenbe-reich mit Initiali-sierung	Zeichen String Bytevar	DC.B DC.B DC.B	'a' 'Januar' 2+(4*N)

| | | **Beispiele** | | |
Direktive	**Effekt**	**Bezeichner**	**Direktive**	**Operanden**
DC.W	Definiert ein Wort-Datenbereich mit Initialisierung	var Reihung	DC.W DC.W	2+(4*N) 2,5,6,7
DC.L	Definiert ein Doppelwort-Datenbereich mit Initialisierung	DVAR	DC.L	$0A123456
DS.B DS.W DS.L	Definiert einen Datenbereich (ohne Initialisierung) mit der im Operanden (absolute Formel) angegeben Anzahl von Einheiten: .B = Byte .W = Wort .L = Doppelwort	 Bytevar Reihung DVAR	 DS.B DS.W DS.L	 1 10 1
ORG	setzt Adresszähler auf den in Operanden angegebenen Wert (absolute Formel)		ORG	$100

Ausrichtung

Bei den Datendefinitionen DC.W, DC.L, DS.W und DS.L ist zu beachten, dass die Datenbereiche automatisch *ausgerichtet* angelegt werden, d. h. auf Wort- oder Doppel-Wort-Grenze beginnen. Gegebenenfalls werden dazu Leerbytes eingefügt. Der Grund dafür ist, dass der MOTOROLA-Prozessor diese *Ausrichtung* verlangt (siehe Abschnitt 3.2) und Zugriff auf nicht ausgerichtete Einheiten verbietet (falls das dennoch geschieht, wird ein Adressierungsfehler ausgelöst).

Adressoperator

Wie bei Assemblern üblich, gibt es auch einen *Adressoperator*, der angewandt auf einen Daten-Bezeichner (zur Assemblierzeit) die (verschiebliche) Adresse liefert. Das Symbol für den Adressoperator ist „#".

Symbol für unmittelbaren Operanden

Beim MOTOROLA-Assembler wird zur Kennzeichnung eines unmittelbaren Operanden ein *Symbol für unmittelbarer Operand* diesem vorangestellt. Dieses Symbol ist „#".

Hier scheinen Verwechslungen möglich. Allerdings ist durch die Art der Verwendung klar, welche Bedeutung des Symbols gemeint ist, wie das folgende Programmstück deutlich Bild 5.2 macht.

Bild 5.2: Beispiele für die Verwendung des Symbols „#"

```
Val      EQU      4          const n = 4;
Var      DC.W     10

         move.w   #Val,d0
         move.l   #Var,a0
         lea.l    Var,a0
```

Beim ersten `move`-Befehl wird der Wert `Val` als unmittelbarer Operand verwandt. Hier kennzeichnet „#" den unmittelbaren Operanden. Beim zweiten `move`- Befehl ist `Var` der Bezeichner eines Datenbereichs (ein Wort, initialisiert mit 10). Das Symbol „#" angewandt auf den Bezeichner liefert – jetzt als Adressoperator – die Adresse von `Var`. Diese Adresse wird dann als unmittelbarer Operand in das Befehlsformat des `move`- Befehls eingetragen. Dieses passiert zum Zeitpunkt der Assemblierung – zur Assemblierzeit. Bei der Ausführung des Befehls – zur Laufzeit – wird dann die Adresse in das Register `a0` geladen. Der letzte Befehl `lea` hat die gleiche Wirkung. Hier wird allerdings die Adresse erst zur Laufzeit beschafft (nicht zu Assemblierzeit wie vorher).

Konstante Ausdrücke
Absoluter Ausdruck

Wie bei Assemblern üblich, enthält auch der MOTOROLA-Assembler Möglichkeiten, um auf der Position von Operanden *Konstanten* oder Ausdrücke mit Konstanten, sogenannte *Konstante Ausdrücke* oder *absolute Ausdrücke* (siehe Abschnitt 4.2) anzugeben. Das Bild 5.19 zeigt die syntaktische Schreibweise der Konstanten.

Bild 5.19: Syntaktische Schreibweise von Konstanten

Konstante	Beispiele	Bemerkungen
binär	%10101010	% steht für binär
hexadezimal	$0AFF	$ steht für hexadezimal
dezimal	19D	D steht für dezimal und kann weggelassen werden
Zeichen	'A'	ASCII-Kode
Text	'Text'	

Solche Konstanten können mittels der Operatoren in Bild 5.20 zur Bildung von konstanten, numerischen Ausdrücken, kurz *numerischen Ausdrücken*, verwendet werden. Der Wert eines solchen Ausdrucks muss zur Assemblierzeit bestimmbar sein (denn er wird zur Assemblierzeit, nicht zur Ausführungszeit, bestimmt). Dabei können, wie bei arithmetischen Ausdrücken, runde Klammern verwendet werden, um eine andere Auswertungsreihenfolge festzulegen, als durch die Operatorpriorität nach Bild 5.20 definiert ist. Die Definition der Auswertungsreihenfolge ist also völlig analog zu dem, was wir bei höheren Programmiersprachen vorfinden.

Bild 5.20: Die Operatoren in numerischen Ausdrücken in der Rangfolge der Operatorpriorität, beginnend mit der höchsten Priorität

Operator	Bemerkung
-, +, NOT	nur unäre Operatoren, NOT führt bitweise Negation durch
*, /, MOD	/ ist die ganzzahlige Division MOD ist die Modulo-Funktion (Rest bei einer ganzzahligen Division)
+, -	
AND OR, XOR	Diese Operatoren arbeiten analog wie die entsprechenden Maschinenbefehle (werden die nicht in diese übersetzt!), also bitweise.

Adress-Ausdrücke

Neben den eben behandelten numerischen Ausdrücken gibt es beim MOTOROLA-Assembler (wie auch in anderen Assemblern üblich) sogenannte Adress-Ausdrücke. Deren Wert wird als Speicheradresse (genauer: effektive Adresse) interpretiert. *Adress-Ausdrücke* müssen darstellbar sein als Summe eines Datenbezeichners und einer absoluten Formel.

Zum Schluss sei in Bild 5.21 noch ein Beispiel für den Programmaufbau eines Assemblerprogramms sowie in Bild 5.22 das entsprechende Protokoll des Assemblierers angegeben.

Bild 5.21: Beispiel für den Programmaufbau beim Motorola-Assembler

```
*                          program Reihung;
n       EQU     4          const n = 4;
                           var
                               i: integer; { in d0 }
x       DS.W    n+1            x: array [0..n] of integer;
                           begin
Anfang  move.w  #0,d0          for i:=0 to n+1 do
        lea.l   x,a0
ml      move.w  d0,(a0)+          x[i]:=i;
        add.w   #1,d0
        cmp.w   #n,d0
        ble     ml
        rts                    end.
```

Bild 5.22: Protokoll eines Motorola-Assemblierers für das Programm in Bild 5.21 (Kommentare wurden weggelassen)

```
 1               00000004    n       EQU     4
 2
 3 00000000: 0000000A        x       DS.W    n+1
 4
 5 0000000A: 303C 0000        Anfang move,w  #0,d0
 6 0000000E: 41F8 0000               lea.l   x,a0
 7 00000012: 30C0             m1     move.w  d0,(a0)+
 8 00000014: D07C 0001               add.w   #1,d0
 9 00000018: B07C 0004               cmp.w   #n,d0
10 0000001C: 6FF4                    ble     m1
11 0000001E: 4E75                    rts
```

Arithmetischer Ausdruck

In diesem Kapitel werden wir uns mit der Umsetzung arithmetischer Ausdrücke in eine Reihenfolge von Assemblerbefehlen befassen. Dazu müssen wir arithmetische Ausdrücke in eine Abfolge von Maschinenbefehlen zerlegen, wobei jeder Maschinenbefehl eine einzelne arithmetische Operation, also z. B. eine Subtraktion oder Multiplikation durchführt. Da die Maschinenbefehle in der Regel einen Operanden in einem Register erwarten, müssen wir darüber hinaus gegebenenfalls Operanden durch einen Ladebefehl (MOV) zuvor in das geeignete Register laden. Betrachten wir den folgenden arithmetischen Ausdruck:

$$((a - b) * c + d) / e + f \ .$$

Bei der Umsetzung dieses arithmetischen Ausdruckes in Assembler stehen wir vor der folgenden Frage: Gibt es eine systematische Vorgehensweise zur Aufstellung einer Reihenfolge von einzelnen Maschinenbefehlen, so dass sie, nacheinander ausgeführt, den Wert des arithmetischen Ausdrucks liefern. Wir betrachten dazu die Darstellung des arithmetischen Ausdrucks als Baum in Bild 6.1.

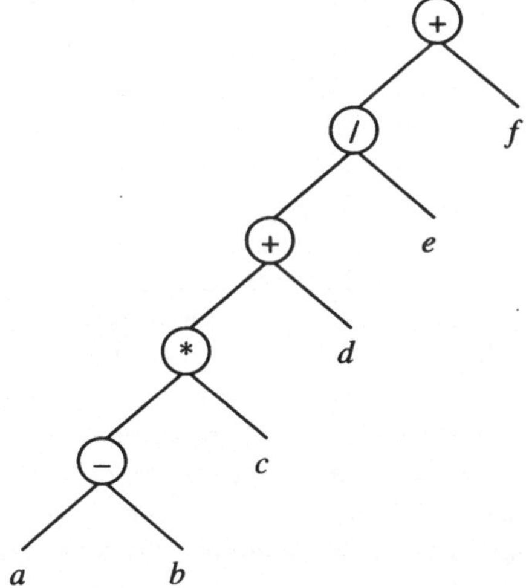

Bild 6.1: Baum des arithmetischen Ausdrucks

Wie wir sehen, wird der Aufbau dieses Baumes bestimmt durch die Priorität der Operatoren, sowie durch die Klammerung. Es handelt sich um einen binären Baum, bei dem die arithmetischen Operationen als Knoteninhalte auftreten und das Ergebnis eines Teilbaumes jeweils bestimmt wird, indem durch die Operation eines Knotens die Ergebnisse des linken und rechten Teilbaums verbunden werden. Um den Wert eines arithmetischen

Ausdruckes zu bestimmen, muss man also den Baum auswerten. Bei dieser Auswertung muss man offenbar unten beginnen und sich nacheinander nach oben durcharbeiten.

Die Maschinenbefehle sind üblicherweise Einoperandenbefehle, d. h. sie erwarten einen Operanden in einem Register, erlauben die Angabe des zweiten Operanden mit dem Maschinenbefehl und liefern das Ergebnis wiederum in einem Register ab. Wenn wir diese Struktur der Maschinenbefehle voraussetzen, dann lässt sich die obige Darstellung des Baumes von unten beginnend in eine Folge von Aktionen umsetzen:

Lade a in ein Register,

nimm b und subtrahiere,

nimm c und multipliziere,

nimm d und addiere,

nimm e und dividiere,

nimm f und addiere.

Diese Abarbeitungsfolge können wir wie folgt kurz darstellen, indem wir symbolisch einfach die Knoteninhalte hintereinander schreiben. Wir erhalten so für unser Beispiel die Abarbeitungsreihenfolge:

$$a \; b \; - \; c \; * \; d \; + \; e \; / \; f \; + \; .$$

Polnische Normalform Postorder-Darstellung Strukturbaum

Diese Abarbeitungsreihenfolge wird *polnische Normalform* oder *Postorder-Darstellung* des Baumes genannt. Es handelt sich um eine Linearisierung, d. h. lineare Darstellung des Baumes (der ja ein zweidimensionales Gebilde ist). Für unsere obige Frage nach der systematischen Vorgehensweise zur Aufstellung einer Reihenfolge von Maschinenbefehlen aus einem gegebenen arithmetischen Ausdruck sehen wir damit den folgenden Lösungsweg: Aufbau des Baumes und anschließende Linearisierung in Postorder-Darstellung. (Wie wir diese Postorder-Darstellung eines Baumes herleiten können, werden wir später sehen.) Genau diese Vorgehensweise wird in Übersetzern benutzt, wobei der Baum als *Strukturbaum* bezeichnet wird. Man unterscheidet beim Vorgang der Übersetzung nach dem Einlesen des Quelltextes die folgenden Arbeitsschrittes eines Übersetzers:

- **Lexikalische Analyse:** Prüfung der syntaktisch richtigen Schreibweise von Wortsymbolen der Programmiersprache, benutzerdefinierten Variablenbezeichnern usw.

- **Syntaktische Analyse:** Prüfung auf syntaktische Korrektheit des Programms bzw. des Programmaufbaus entsprechend der Regeln der Syntax, wie wir sie z. B. in Form der

Syntaxdiagramme kennen. Das Ergebnis der syntaktischen Analyse ist der Aufbau des Strukturbaums für das ganze Programm.

- **Semantische Analyse:** Prüfung, ob die Programmkonstrukte inhaltlich den Regeln der Sprachdefinition entsprechen, z. B. den Regeln über die Typkonventionen.

- **Kodeerzeugung:** Linearisierung des Strukturbaums, d. h. Abarbeitung oder Traversierung des Strukturbaums unter Erzeugung der Maschinenbefehle (entweder Assemblerbefehle oder Codierung der Maschinenbefehle direkt in Binärdarstellung als ausführbare Maschinenbefehle). Falls Assemblerbefehle erzeugt werden, schließt sich dann noch ein Schritt, die Assemblierung, an.

Wir wollen hier nicht weiter auf die Einzelheiten des Übersetzerbaus eingehen, sondern lediglich anhand eines einfachen Beispiels noch einen Eindruck vom Aufbau eines Strukturbaums vermitteln.

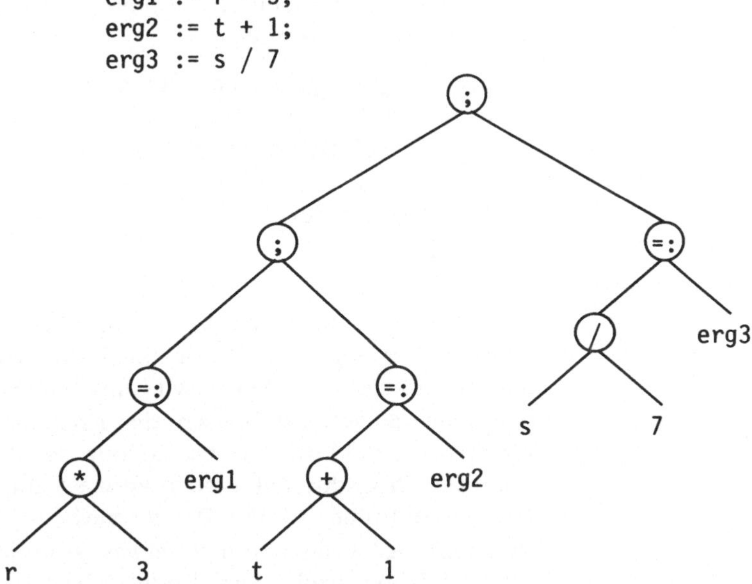

Bild 6.2: Strukturbaum für ein Programmfragment, bestehend aus 3 Anweisungen

```
erg1 := r * 3;
erg2 := t + 1;
erg3 := s / 7
```


Die Bild 6.2 gibt einen (Teil-)Strukturbaum für ein Programmfragment wieder. Die Linearisierung des Baumes in Postorder-Darstellung lautet für dieses Beispiel wie folgt:

```
r 3 * erg1 =: t 1 + erg2 =: ; s 7 / erg3 =: ;
```

Wie wir an diesem Beispiel sehen, können wir für die Knoteninhalte einfach Maschinenbefehle angeben. Beispielsweise setzen wir „=:" in einen `MOV`-Befehl um und für „;" erzeugen wir einfach keinen Befehl. Das Beispiel zeigt uns also, wie wir die Kodeerzeugung durch Linearisierung des Strukturbaumes durchführen können.

6.1 Linearisierung des Baumes

Wir wollen uns nun der Frage der Linearisierung des Baumes, also der Darstellung in Postorder-Reihenfolge, und damit der Kodeerzeugung zuwenden. Wir können die systematische Vorgehensweise zur Linearisierung des Baumes und somit den Algorithmus zur Kodeerzeugung für unser Beispiel der arithmetischen Ausdrücke einfach in Form einer rekursiven Prozedur in Pascal formulieren. Wir setzen für die Knoten unseres Baumes die folgenden Typdefinitionen in Pascal voraus:

```
typenode_ptr = ↑node;
  node = record
            node: nodetype;
            left, right: node_ptr
         end;
```

Damit können wir den Algorithmus zur Kodeerzeugung als rekursive Prozedur formulieren:

```
procedure LR_postorder (t: node_ptr);
begin if t <> nil then
    begin  LR_postorder (t↑.left);
           LR_postorder (t↑.right);
        gen_code(t)
    end
end
```

Die Prozedur enthält den Aufruf einer Prozedur gen_code. Diese Prozedur erzeugt den Kode in Form von Assembler- oder Maschinenbefehlen. Wenn wir annehmen, dass die Prozedur gen_code einfach symbolisch die Knoteninhalte ausgibt, dann erhalten wir die Postorder-Darstellung des Baumes, wenn wir die rekursive Prozedur mit einem Verweis auf die Wurzel unseres Baumes aufrufen. In der Praxis wird die Ausformulierung der Prozedur gen_code natürlich etwas komplizierter. Wir würden dann z. B. je nach dem Knoteninhalt einen entsprechenden Maschinenbefehl absetzen, also z. B. bei einem Knoteninhalt Multiplikation einen Befehl zur Multiplikation, oder bei den Blättern des Baumes gegebenenfalls einen Ladebefehl, um den Inhalt der entsprechenden Variablen aus dem Speicher in das Register zu laden.

Wir haben die Prozedur LR_postorder genannt, um darauf hinzuweisen, dass wir beim rekursiven Abstieg durch den Baum hier immer zuerst links und dann rechts absteigen (bevor wir bei der Rückkehr zu dem Knoten die Prozedur `gen_code` aufrufen). Diese Vorgehensweise ist natürlich nicht die einzig mögliche, wir hätten genauso gut auch zuerst rechts und dann links absteigen können. Die entsprechende Prozedur `RL_postorder` erhalten wir einfach, indem wir die zwei rekursiven Aufrufe ersetzen durch die Aufrufreihenfolge:

```
RL_postorder (t↑.right);
RL_postorder (t↑.left);
```

Wir bleiben im Folgenden zunächst bei der Version des links/rechts-Abstiegs und untersuchen die Möglichkeit des rechts/links-Abstiegs später.

6.2 Auswertung mittels Stapel

Unsere bisherigen Vorstellungen zum Algorithmus der Kodeerzeugung mittels der Prozedur `LR_postorder` sind noch zu einfach. Betrachten wir als Beispiel den Strukturbaum des arithmetischen Ausdrucks in Bild 6.3.

Bild 6.3: Strukturbaum für einen arithmetischen Ausdruck

$$(a + b) \, / \, ((c - d) \, * \, (e*f - (g \, / \, h + i)))$$

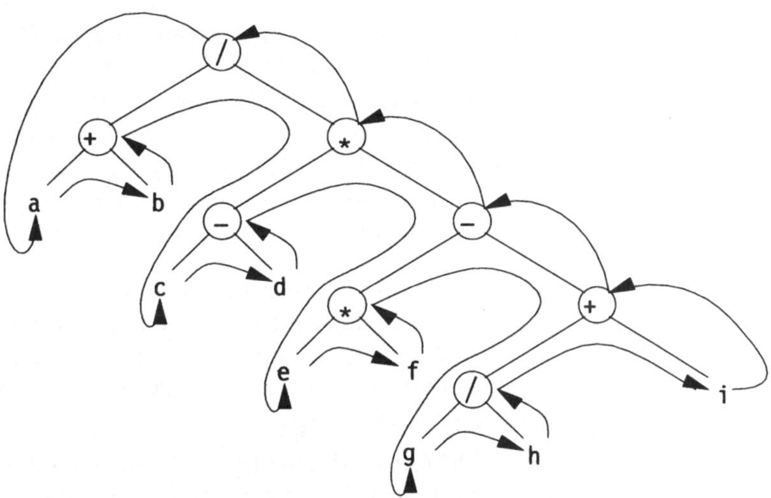

Wenden wir auf diesen Strukturbaum unsere Prozedur `LR_postorder` an, so liefert diese, wenn wir bei `gen_code` einfach symbolisch die Knoteninhalte ausgeben, die folgende LR-Postorder-Darstellung des Baumes:

$$a \; b \; + \; c \; d \; - \; e \; f \; * \; g \; h \; / \; i \; + \; - \; * \; /$$

Betrachten wir diese Linearisierung des Baumes, so sehen wir, dass sie, anders als im vorangegangenen Beispiel, nicht so einfach der Reihenfolge der abzusetzenden Maschinenbefehle entspricht. Beispielsweise fällt nach Abarbeitung des Teilbaumes **a b +** das Ergebnis wie üblich in einem Register an und sollte dann nach unserem Strukturbaum durch die Operation Division im Wurzelknoten mit dem rechten Operanden verbunden werden. Der Wert des rechten Operanden ergibt sich aber hier erst nach Auswertung des rechten Teilbaums der Wurzel. Wir können also das Ergebnis des linken Teilbaums der Wurzel so nicht unmittelbar weiterverarbeiten. Auch mit einer anderen Linearisierung des Baumes, etwa RL-Postorder stoßen wir auf gleiche Schwierigkeiten. Wie wir im folgenden sehen werden, lässt sich dieses Problem aber leicht dadurch lösen, dass wir die Zwischenergebnisse abgearbeiteter Teilbäume, die wir nicht unmittelbar durch Operationen weiterverarbeiten können, hilfsweise in einer Datenstruktur ablegen, die wir *Stapel* (Keller, oder englisch: stack) nennen.

Stapel
Stapeloperationen

Wir fassen einen *Stapel* als eine Datenstruktur auf, für die es zwei Operationen gibt, nämlich: PUSH, um ein Element oben auf den Stapel zu legen und POP, um ein Element oben vom Stapel wegzunehmen. Einen solchen Stapel benötigt man standardmäßig bei der Auswertung arithmetischer Ausdrücke und, wie wir noch sehen werden, werden die *Stapeloperationen* deshalb auch üblicherweise durch entsprechende Hardware-Operationen (z. B. Befehle) unterstützt. Setzen wir die Existenz eines solchen Stapels voraus und bezeichnen wir die Operationen PUSH mit $\downarrow$ und die Operation POP mit $\uparrow$, so müssen wir in unsere obige Postorder-Abarbeitungsreihenfolge nur noch an den betreffenden Stellen die Operationen PUSH und POP einstreuen. Wie man sich leicht überlegen kann, geschieht das nach der folgenden Regel:

- PUSH ($\downarrow$) wird eingefügt, wenn in der Postorder-Darstellung zwei Operanden folgen, weil dann offenbar das bisher im Register entstandene Ergebnis nicht unmittelbar weiter verarbeitet werden kann, sondern die Abarbeitung eines neuen Teilbaumes folgt.

- POP ($\uparrow$) wird eingefügt, falls nach einem Operator ein Operator folgt. Hier haben wir die Situation, dass nach einem Operator, also nach der Ausführung eines Maschinenbefehls, das Ergebnis wie üblich in einem Register anfällt, als rechter Operand des folgenden Operators. Der fehlende linke Operand ist dann ein zuvor abgelegtes Zwischenergebnis und muss mit der Operation POP aus dem Stapel beschafft werden.

Streuen wir nach den obigen Regeln in die LR-Postorder-Darstellung die Operationen PUSH und POP ein, so erhalten wir die folgende Darstellung:

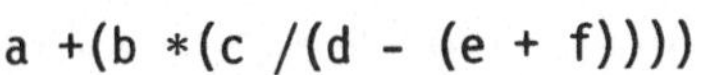

$$\underbrace{\text{li}\ \ \text{re}}\quad \underbrace{\text{li}\ \ \text{re}}\quad \underbrace{\text{li}\ \ \text{re}}\quad \underbrace{\text{li}\ \ \text{re}}\quad \text{re}\ \ \text{li}\quad \text{li}\quad \text{li}$$
$$a\ \ b\ +\ \downarrow\ c\ \ d\ -\ \downarrow\ e\ \ f\ *\ \downarrow\ g\ \ h\ /\ \ i\ +\ \uparrow\ -\ \uparrow\ *\ \uparrow\ /$$

Damit haben wir endlich unsere Abarbeitungsreihenfolge wie in Bild 6.3, wobei die Abkürzungen „li" und „re" den linken b.z.w. rechten Operanden kennzeichnen. Damit steht auch die Folge der zu erzeugenden Maschinenbefehle fest, wobei wir lediglich die Operationen PUSH und POP entsprechend den Hardwaregegebenheiten zu implementieren haben (z. B. durch einen Maschinenbefehl PUSH oder POP)

Bild 6.4: Strukturbaum für einen arithmetischen Ausdruck

$$a\ +(b\ *(c\ /(d\ -\ (e\ +\ f))))$$

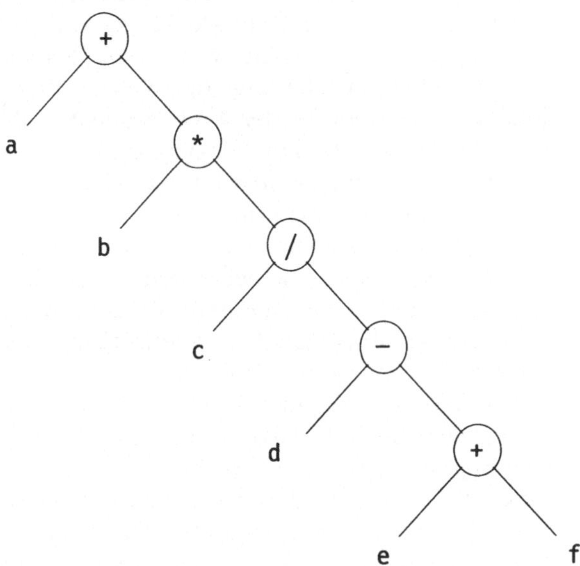

Betrachten wir als nächstes die Bild 6.4 und wenden auf diesem Strukturbaum unsere Prozedur LR_postorder an, um die Postorder-Darstellung zu gewinnen, so erhalten wir die folgende LR-Postorder-Darstellung:

$$a\ b\ c\ d\ e\ f\ +\ -\ /\ *\ +$$

Nach Einstreuen der PUSH- und POP-Operationen erhalten wir:

$$a\ \downarrow\ b\ \downarrow\ c\ \downarrow\ d\ \downarrow\ e\ \ f\ +\ \uparrow\ -\ \uparrow\ /\ \uparrow\ *\ \uparrow\ +$$

Untersuchen wir nun für unser Beispiel eines Strukturbaums in Bild 6.4, welche Auswirkung die Änderung der Abstiegsreihenfolge im Baum hat, d. h. wenn wir auf unseren Baum statt die Prozedur LR-Postorder die Alternative RL-Postorder anwenden. Wir erhalten dann die folgende Darstellung in RL-Postorder:

$$f\ e\ +\ d\ -\ c\ /\ b\ *\ a\ +$$

Wir beobachten zunächst, dass sich die Reihenfolge der Operanden geändert hat. Wir haben jetzt die Reihenfolge zuerst rechter Operand, dann linker Operand und dann die Operation bzw. rechter Operand als Ergebnis des zuletzt ausgewerteten Teilbaums im Register und dann der linke Operand, gefolgt von dem Operator. Diese Reihenfolge der Operanden stellt kein grundsätzliches Problem bei der Kodeerzeugung dar. Betrachten wir die obige Darstellung in RL-Postorder und prüfen, ob nach unseren Regeln PUSH- oder POP-Operationen eingestreut werden müssen, so fällt uns auf, dass diese hier überflüssig sind, weil kein Stapel zur Ablage von Zwischenergebnissen benötigt wird. Für unser Beispiel zeigt sich also, dass offenbar die Kodeerzeugung nach der Methode RL-Postorder günstiger ist, da sie zu kürzerem Kode führt, weil keine Stapelzugriffe nötig sind. Viel wichtiger ist allerdings der weitere Vorteil, dass wegen fehlenden Stapelzugriffe der Kode schneller abläuft. Damit erhebt sich die Frage, ob nun bei der Strategie zur Linearisierung des Baumes Links/Rechts-Auswertung oder Rechts/Links-Auswertung günstiger ist. Wie man aus dem Vergleich der Beispiele in Bild 6.4 und Bild 6.1 sieht, hängt das von der Struktur des Baumes ab. Wie wir sehen, ist bei einem Baum der rechts in die Tiefe geht, also rechts eine größere Tiefe aufweist, die Rechts/Links-Auswertung günstiger. Für einen Baum, der links die größere Tiefe aufweist, ist die Links-/Rechts-Auswertung günstiger, wie unser Beispiel in Bild 6.1 zeigt. Wie wir uns weiter überlegen, lassen sich bei der Auswertung eines Baumes auch beide Auswertungsstrategien kombinieren. Von dieser Optimierungsmöglichkeit können Übersetzer bei der Kodeerzeugung Gebrauch machen, indem sie die Tiefe der entsprechenden Teilbäume berücksichtigen. Darüberhinaus gibt es natürlich noch weitere Optimierungsmöglichkeiten, wie z. B. die Auswertung von *konstanten Teilausdrücken* (z. B. 6 ∗ 5 - 2), deren Wert ja bereits zur Übersetzungszeit bestimmt werden kann, sowie die Optimierung hinsichtlich gemeinsamer Teilausdrücke, die in arithmetischen Ausdrücken auftreten können und für die natürlich nur einmal Kode erzeugt werden sollte.

Wir haben bis jetzt bei der Auswertung arithmetischer Ausdrücke mittels Stapel jeweils nur die Register benutzt, die bei den arithmetischen Befehlen verlangt wurden und entstehende Zwischenergebnisse von Teilbäumen, die erst später gebraucht werden, auf dem Stapel zwischengespeichert. Dabei haben wir nicht berücksichtigt, dass Prozessoren in der Regel noch weitere freie Register besitzen, die wir heranziehen können, um Zwischenergebnisse zu speichern, statt sie auf den Stapel zu legen. Von dieser Optimierungsmöglichkeit sollten gute Übersetzer Gebrauch machen, indem sie, wenn z. B. n freie arithmetische Register vorhanden sind, die n letzten Zwischenergebnisse in den Registern behalten, statt sie auf den Stapel zu legen. Dazu benötigt man allerdings eine sogenannte Registerverwaltung, eine Maßnahme, die sich allerdings lohnt, da sie eine beträchtliche Laufzeiteffizienz des erzeugten Kodes bringt. Wir wollen hier aber auf diese und weitere Optimierungsmaßnahmen nicht mehr eingehen, da dieses den Rahmen unserer Darstellung sprengen würde und verweisen dazu auf die Übersetzerbau-Literatur [GoW85], [Kas90].

6.3   INTEL: Arithmetik-Befehle und Stapelzugriff

Eine Übersicht über die arithmetischen Befehle des INTEL-Prozessors wurde bereits in Kapitel 4.1 (s. Bild 4.6) angegeben. Wie wir bereits in Abschnitt 2.3.2 gesehen haben, benötigen wir - unabhängig von der Zahldarstellung - für die Addition, Subtraktion und damit auch für die Vergleichsbefehle nur jeweils einen Maschinenbefehl (der Unterschied tritt nur in der Interpretation der Kennzeichenbits zutage). Lediglich für die Multiplikation und Division finden wir jeweils zwei unterschiedliche Befehle, je nachdem, ob wir mit positiven ganzen Zahlen oder mit vozeichenbehafteten Zahlen arbeiten wollen. Allen arithmetischen Befehlen ist gemeinsam, dass sie die Kennzeichenbits setzen. Entsprechend der Bedeutung der Kennzeichenbits gelten folgende Einstellregeln für die arithmetischen Befehle:

- CF:=1, falls die Operation einen Übertrag aus dem höchstwertigen Bit erzeugt,

- OF:=1, falls ein Überlauf entsteht (siehe Kapitel 2, Abschnitt 2.4.2),

- ZF:=1, falls das Resultat der Operation gleich Null ist,

- SF:=1, falls das höchstwertige Bit des Resultats (Vorzeichen) gleich Eins ist,

- AF:=1, falls die Operation einen Übertrag zwischen niederwertigem und höherwertigem Byte erzeugt,

- PF:=1, falls das Resultat einer Operation eine gerade Anzahl von Einsen enthält.

Falls eine der obigen Bedingungen nicht erfüllt ist, wird das entsprechende Bit auf Null gesetzt. Die noch fehlenden Einstellregeln für die Multiplikations- bzw. Divisionsbefehle werden wir zusammmen mit diesen behandeln.

Bevor wir auf diese Befehle eingehen, sei noch an einen häufig auftretenden Sonderfall, nämlich die Multiplikation und Division mit 2 erinnert. Dafür sollte man nicht die folgenden Multiplikations- bzw. Divisionsbefehle einsetzen, sondern daran denken, dass man eine Division bzw. Multiplikation mit 2 viel einfacher und schneller durch die arithmetischen Schiebebefehle realisieren kann. Dabei ist zu beachten, dass man für die Division durch 2 eine arithmetische Rechtsverschiebung (SAR-Befehl) durchführen muss, um ein vorzeichenrichtiges Ergebnis zu erhalten. Natürlich setzen auch diese Schiebebefehle die Kennzeichenbits entsprechend.

6.3.1 Multiplikationsbefehle

Generell sind die Multiplikationsbefehle so angelegt, dass sie stets ein Produkt doppelter Länge liefern. Die Operandenbreite ist dabei wählbar, d. h. die Befehle können im Bytemodus und im Wortmodus arbeiten (was ein 16- bzw. 32-Bit Resultat liefert). Je nach der Zahldarstellung unterscheiden wir die zwei Multiplikationsbefehle für

- Vorzeichenlose Zahlen: MUL src

- Vorzeichenbehaftete Zahlen: IMUL src

Die beiden Befehle benutzen die Register wie folgt:

$$\langle AH\rangle:\langle AL\rangle \Leftarrow \langle AL\rangle*\langle src\rangle \qquad \text{Byte-Modus}$$

$$\langle DX\rangle:\langle AX\rangle \Leftarrow \langle AX\rangle*\langle src\rangle \qquad \text{Wort-Modus}$$

Diese Benutzung der Register ist bei dem 8086-Prozessor festgelegt, lediglich der Quelloperand src kann frei spezifiziert werden, d. h. mit Hilfe der üblichen Adressierungsmodi (er kann jedoch beim 8086 kein unmittelbarer Operand sein).

Wie wir sehen, steht bei den Multiplikationsbefehlen für die Darstellung des Ergebnisses die doppelte Bitbreite der Operanden zur Verfügung. Die Situation, dass das Resultat der Operation nicht mit der vorgesehenen Bitbreite dargestellt werden kann, tritt also hier nicht auf. Dennoch reden wir von einer Überlaufsituation, wenn das Resultat die Darstellung mit der Operandenbreite nicht mehr zulässt. Multiplikationsbefehle setzen deshalb die Kennzeichenbits für Übertrag (CF) und Überlauf (OF), um solche Überlaufsituationen anzuzeigen. Nur die Kennzeichenbits für Überlauf bzw. Übertrag werden gesetzt, die restlichen bleiben unverändert. Die Bedingungen dafür sind:

- Befehl MUL src : CF:=1 und OF:=1, falls das Resultat in AH (Bytemodus) bzw. DX (Wortmodus) ungleich 0 ist (sonst werden die Bits gleich 0 gesetzt).

- Befehl IMUL src: CF:=1 und OF:=1, falls das Ergebnis in AH (Bytemodus) bzw. DX (Wortmodus) ungleich der vorzeichenrichtigen Erweiterung von AL bzw. AX ist. Dabei bedeutet vorzeichenrichtige Erweiterung (VE), dass AH bzw. DX in allen Bitpositionen gleich dem Vorzeichenbit von AL bzw. AX gesetzt ist. Diese Bedingung bedeutet also, dass das Ergebnis nicht mehr mit der Bitbreite des Operanden darstellbar ist.

Die Bedeutung der letzten Bedingung lässt sich z. B. anhand des folgenden Beispiels zeigen:

Bild 6.5: Beispiel für Überlaufsituation beim INTEL-Befehl IMUL im Bytemodus

6.3.2 Divisionsbefehle

Wie bei der Multiplikation unterscheiden wir entsprechend der Zahldarstellung zwei Divisionsbefehle

1. Vorzeichenlose Zahlen: `DIV src`

2. Vorzeichenbehaftete Zahlen: `IDIV src`

Für den Quelloperanden `src` gelten die gleichen Aussagen wie bei den Multiplikationsbefehlen (er kann jedoch beim 8086 kein unmittelbarer Operand sein). Die implizite Verwendung der Register ist wie folgt:

```
Quotient  Dividend         Divisor

<AL>  ⇐  <AH>:<AL>   /   <src>      Byte-Modus

<AX>  ⇐  <DX>:<AX>   /   <src>      Wort-Modus
```

mit dem Rest

```
<AH>  ⇐  <AH>:<AL>   %   <src>      Byte-Modus

<DX>  ⇐  <DX>:<AX>   %   <src>      Wort-Modus
```

Dabei bedeutet x%y die Restbildung, also mod(x,y) und der Rest erhält dasselbe Vorzeichen wie der Dividend.

Wie bei den Multiplikationsbefehlen kann auch bei den Divisionsbefehlen eine Überlaufsituation eintreten. Anders als bei den Multiplikationsbefehlen wird die Überlaufsituation allerdings nicht durch Setzen von Kennzeichenbits angezeigt (die Divisionsbefehle setzen in diesem Fall überhaupt keine Kennzeichenbits), sondern es wird bei Überlauf eine Hardwareunterbrechung (vom Typ 0) erzeugt, die vom Betriebssystem abgefangen werden muss. Die Bedingungen für den Divisionsüberlauf lassen sich wie folgt formulieren:

- Bei vorzeichenlosen Zahlen, d. h. DIV-Befehl:

  Überlauf falls Quotient > FFh (Bytemodus) bzw. FFFFh (Wortmodus)

- Bei vorzeichenbehafteten Zahlen, d. h. IDIV-Befehl:

  Überlauf falls Quotient > 0 und Quotient > 7Fh bzw. 7FFFh ist oder falls Quotient < 0 und Quotient < 0-7Fh-1 bzw. 0-7FFFh-1

6.3.3 Stapelzugriff

Für den Zugriff zum Stapel (Keller) besitzt der INTEL-Prozessor zwei spezielle Befehle PUSH und POP, die implizit unter Verwendung des Zeigerregisters SP (und unter Verwendung des Segmentregisters SS) auf den Stapel zugreifen. Wir nennen deshalb das Zeigerregister SP auch den Stapelzeiger. Beide Befehle besitzen einen Operanden (mit src bezeichnet). Bei Spezifikation des Operanden können hier sämtliche Adressierungsmodi eingesetzt werden (allerdings fehlt beim 8086 die Möglichkeit einen unmittelbaren Operanden anzugeben. Das hat z. B. zur Folge, dass eine Konstante, die auf den Stapel abgelegt werden soll, zuvor in ein Register geladen werden muss).

PUSH src

Wirkung: `<sp> <= <sp>-2`

`<<sp>+1:<sp>> <= <src>`

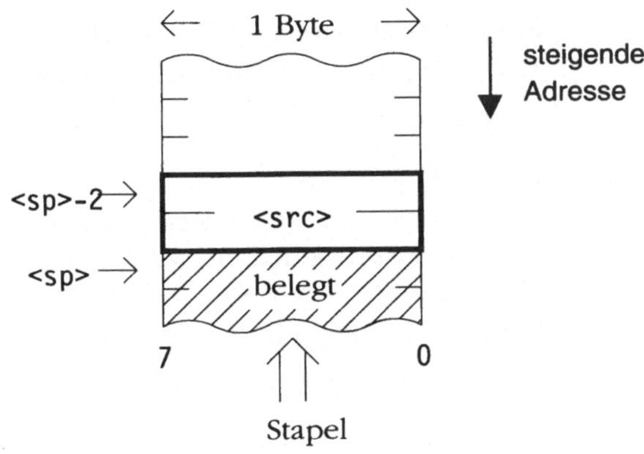

POP dst

Wirkung: `<dst> <= <<sp>+1:<sp>>`

`<sp>  <= <sp>+2`

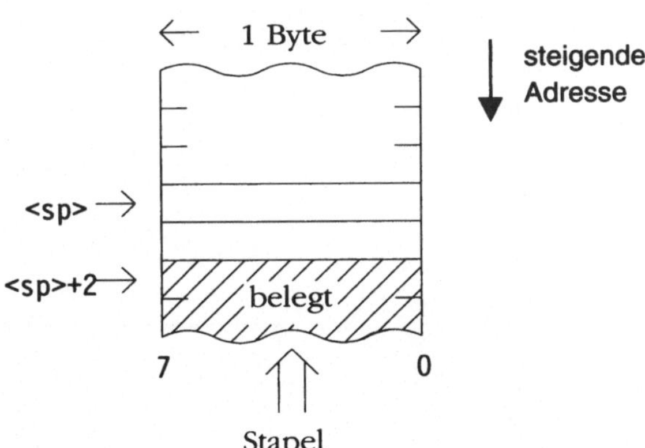

Aus dem Bild 6.6 entnehmen wir, dass die Wachstumsrichtung
des Stapels der Adressierungsrichtung genau entgegen läuft.
Diese hier durch die Maschinenbefehle festgelegte Implementierung des Stapels finden wir standardmäßig bei allen Mikroprozessoren. Eine Begründung für diese Festlegung werden wir erst
später sehen, wenn wir die Implementierung dynamischer Datenstrukturen (z. B. Listen) betrachtet haben.

In Bild 6.6 ist zu beachten, dass bei dem Stapelbefehl PUSH in Richtung aufsteigender Adressen zuerst das niederwertige Byte und dann das höherwertige Byte abgelegt wird. Dies liegt daran, dass die INTEL-Architektur dem „little endian" Prinzip folgt.

6.3.4   Programme zur Auswertung arithmetischer Ausdrücke

Wir betrachten die folgende Wertzuweisung:

$$\text{fm1} := (a + b) / ((c - d)*(e * f -(g / h + i)))$$

Die Variablen a bis i und fm1 seien vom Typ INTEGER deklariert und a bis i seien initialisiert. Den Strukturbaum für den arithmetischen Ausdruck haben wir bereits in Bild 6.3 untersucht und die folgenden Postorder-Darstellung mit den Stapeloperationen PUSH ($\downarrow$) und POP ($\uparrow$) abgeleitet:

$$a\ b + \downarrow\ c\ d - \downarrow\ e\ f * \downarrow\ g\ h\ /\ i + \uparrow - \uparrow * \uparrow\ /$$

Ersetzt man die angeführten symbolischen Knoteninhalte durch entsprechende Maschinenbefehle, so gelangt man zu dem in Bild 6.7 gezeigten Stück Assemblerprogramm für die obige Wertzuweisung.

Bild 6.7: Assemblerprogramm für eine Zuweisung: bei der Methode LR-Postorder (INTEL)

fm1 := (a + b)/((c - d)*(e * f - (g / h + i)))

```
mov    ax, a
add    ax, b     ; a b +
push   ax

mov    ax, c
sub    ax, d     ; c d -
push   ax

mov    ax, e
mov    cx, f
imul   cx        ; e f *
push   ax

mov    ax, g
mov    cx, h
cwd
idiv   cx        ; g h /
add    ax, i     ; i +

pop    cx        ; li Opnd
xchg   cx, ax
sub    ax, cx    ; -

pop    cx        ; li Opnd
imul   cx        ; *

pop    cx        ; li Opnd
xchg   cx, ax
cwd
```

```
idiv    cx          ; /
```
```
mov     fm1, ax
```

Als zweites Beispiel betrachten wir die Wertzuweisung

```
fm2  :=  a +(b *(c/(d - (e + f)))).
```

Die Variable a bis f und fm2 seien wiederum vom Typ INTEGER und entsprechend initialisiert. Den Strukturbaum des arithmetischen Ausdrucks haben wir bereits in Bild 6.4 gesehen. In Bild 6.8 und Bild 6.9 werden die resultierenden Assemblerprogrammstücke gegenübergestellt, die man für die beiden Methoden LR-Postorder und RL-Postorder erhält.

Bild 6.8: Assemblerprogramm für eine Zuweisung bei der Methode LR-Postorder (INTEL)

```
fm2  :=  a +(b *(c/(d - (e + f))))
```
L/R-Postorder:

```
   li   li   li   li   li re  li   li   li   li
   a ↓ b ↓ c ↓ d ↓ e  f +  ↑ -  ↑ /  ↑ *  ↑ +
```

```
mov     ax, a
push    ax
mov     ax, b
push    ax
mov     ax, c
push    ax
mov     ax, d
push    ax
mov     ax, e
add     ax, f
pop     cx
xchg    cx, ax
sub     ax,cx
pop     cx
xchg    cx, ax
cwd
idiv    cx
pop     cx
imul    cx
pop     cx
add     ax, cx
mov     fm2, ax
```

Bild 6.9: Assemblerprogramm für eine Zuweisung bei der Methode RL-Postorder (INTEL)

```
fm2  :=  a +(b *(c/(d - (e + f))))
```

Reihenfolge Operanden:

```
               re  li      li      li      li      li
```

R/L-Postorder:

```
           f   e   +   d   -   c   /   b   *   a   +
```

```
mov     ax, f
add     ax, e
```

```
mov     cx, d
sub     cx, ax
mov     ax, c
cwd
idiv    cx
imul    b
add     ax, a
mov     fm2, ax
```

6.4 MOTOROLA: Arithmetik-Befehle und Stapelzugriff

Eine Übersicht über die arithmetischen Befehle des MOTOROLA-Prozessors wurde bereits in Kapitel 4.2 in Abschnitt 4.2.2 angegeben. Wie wir bereits in Abschnitt 2.3.2 gesehen haben, benötigen wir (unabhängig von der Zahlendarstellung) für die Addition, Subtraktion und damit auch für den Vergleichsbefehl nur jeweils einen Maschinenbefehl (der Unterschied tritt nur in der Interpretation der Kennzeichenbits zutage). Lediglich für die Multiplikation und Division finden wir jeweils zwei unterschiedliche Befehle, je nachdem, ob wir mit positiven ganzen Zahlen oder mit vorzeichenbehafteten Zahlen arbeiten wollen. Allen arithmetischen Befehlen ist gemeinsam, dass sie die Kennzeichenbits setzen. An dieser Stelle sei daran erinnert, dass bei der MOTOROLA-Architektur sämtliche Datentransportbefehle die Kennzeichenbits setzen. Entsprechend der Bedeutung der Kennzeichenbits gelten folgende Einstellregeln für die arithmetischen Befehle:

- $C:=1$, falls die Operation einen Übertrag aus dem höchstwertigen Bit erzeugt,

- $V:=1$, falls ein Überlauf entsteht (siehe Kapitel 2, Abschnitt 2.4.2),

- $Z:=1$, falls das Resultat der Operation gleich Null ist,

- $N:=1$, falls das höchstwertige Bit des Resultats (Vorzeichen) gleich Eins ist,

- X wird wie C gesetzt, aber nicht von allen Befehlen.
  Dadurch kann ein C-Ergebnis eines früheren Befehls erhalten bleiben; wird für mehrfach genauere Arithmetik benutzt. falls die Operation einen Übertrag zwischen niederwertigem und höherwertigem Byte erzeugt,

Falls eine der obigen Bedingungen nicht erfüllt ist, wird das entsprechende Bit auf Null gesetzt. Die Einstellregeln für die Multiplikations- bzw. Divisionsbefehle haben wir bereits zusammen mit diesen in Kapitel 4, Abschnitt 4.2.2 behandelt.

Es sei noch an einen häufig auftretenden Sonderfall, nämlich die Multiplikation und Division mit 2 erinnert. Dafür sollte man nicht die Multiplikations- bzw. Divisionsbefehle einsetzen, sondern daran denken, dass man eine Division bzw. Multiplikation mit 2 viel einfacher und schneller durch die arithmetischen Schiebe-befehle realisieren kann. Dabei ist zu beachten, dass man für die Division durch 2 eine arithmetische (nicht logische) Rechtsver-schiebung (ASR-Befehl) durchführen muss, um ein vorzeichen-richtiges Ergebnis zu erhalten. Natürlich setzen auch diese Schiebebefehle die Kennzeichenbits entsprechend.

Wie bei den Multiplikationsbefehlen kann auch bei den Divisi-onsbefehlen eine Überlaufsituation eintreten. Anders als bei den Multiplikationsbefehlen wird die Überlaufsituation allerdings nicht durch Setzen von Kennzeichenbits angezeigt (die Divisi-onsbefehle setzen in diesem Fall überhaupt keine Kennzeichen-bits), sondern es wird bei Überlauf eine Hardwareunterbrechung „Divisionsfehler" erzeugt, die vom Betriebssystem abgefangen werden muss. Wir werden darauf in Kapitel 13 näher eingehen.

Stapelzugriff

Für den *Stapelzugriff* besitzt der MOTOROLA-Prozessor keine speziellen Befehle. Es werden dafür die Transportbefehle zusammen mit den Adressierungsmodi Prädekrement und Postinkrement eingesetzt, wie das folgende Bild 6.10 zeigt.

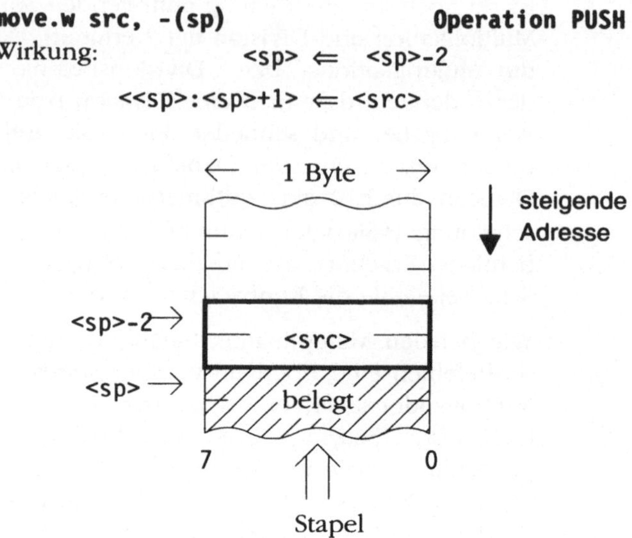

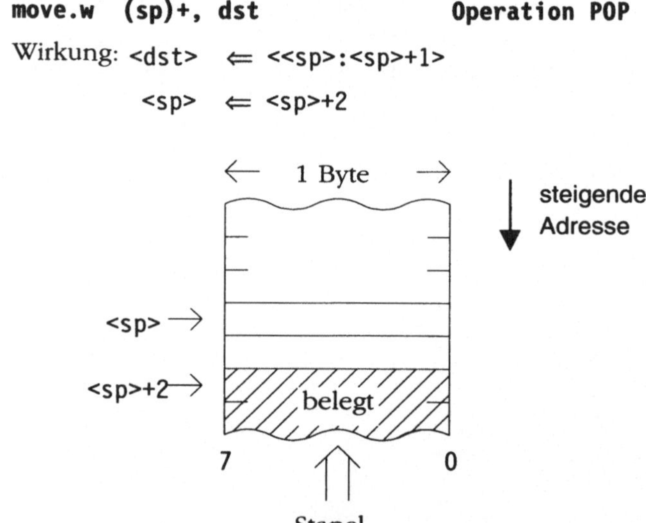

Aus dem Bild 6.10 entnehmen wir, dass die Wachstumsrichtung des Stapels der Adressierungsrichtung genau entgegen läuft. Diese Implementierung des Stapels finden wir standardmäßig bei allen Mikroprozessoren. Eine Begründung für diese Festlegung werden wir erst später sehen, wenn wir die Implementierung dynamischer Datenstrukturen (z. B. Listen) betrachtet haben.

Auch beim MOTOROLA-Prozessor ist diese Implementierung hardwaremäßig festgelegt und zwar nicht durch die oben verwendeten Befehle oder Adressierungsmodi, sondern durch die speziellen Befehle LINK und UNLK zur Unterstützung der Implementierung von Prozeduren.

In Bild 6.10 ist zu beachten, dass in Richtung aufsteigender Adressen zunächst das höherwertige Byte und dann das niederwertige Byte angelegt ist, entsprechend der Tatsache, dass die MOTOROLA-Architektur dem „big endian" Schema folgt.

6.5 MOTOROLA-Programme zur Auswertung arithmetischer Ausdrücke

Wir betrachten die folgende Wertzuweisung:

```
fm1 := (a + b) / ((c - d)*(e * f -(g / h + i)))
```

Die Variablen a bis i und fm1 seien vom Typ INTEGER deklariert und a bis i seien initialisiert. Den Strukturbaum für den arithmetischen Ausdruck haben wir bereits in Bild 6.3 untersucht und die folgenden Postorder-Darstellung mit den Stapeloperationen PUSH ($\downarrow$) und POP ($\uparrow$) abgeleitet:

$$a\ b + \downarrow c\ d - \downarrow e\ f * \downarrow g\ h / i + \uparrow - \uparrow * \uparrow /$$

Ersetzt man die angeführten symbolischen Knoteninhalte durch entsprechende Maschinenbefehle, so gelangt man zu dem in Bild 6.11 gezeigten Stück Assemblerprogramm für die obige Wertzuweisung.

<table>
<tr><td colspan="3">fm1 := (a + b)/((c - d)*(e * f - (g / h + i)))</td></tr>
<tr><td>move.w</td><td>a,d0</td><td></td></tr>
<tr><td>add.w</td><td>b,d0</td><td>a b +</td></tr>
<tr><td>move.w</td><td>d0,-(sp)</td><td></td></tr>
<tr><td>move.w</td><td>c,d0</td><td></td></tr>
<tr><td>sub.w</td><td>d,d0</td><td>c d -</td></tr>
<tr><td>move.w</td><td>d0,-(sp)</td><td></td></tr>
<tr><td>move.w</td><td>e,d0</td><td></td></tr>
<tr><td>muls.w</td><td>f,d0</td><td>e f *</td></tr>
<tr><td>move.w</td><td>d0,-(sp)</td><td></td></tr>
<tr><td>move.w</td><td>g,d0</td><td></td></tr>
<tr><td>ext.l</td><td>d0</td><td>d0:=signextention(d0)</td></tr>
<tr><td>divs.w</td><td>h,d0</td><td>g h /</td></tr>
<tr><td>add.w</td><td>i,d0</td><td>i +</td></tr>
<tr><td>move.w</td><td>(sp)+,d1</td><td>li Opnd</td></tr>
<tr><td>exg.l</td><td>d0,d1</td><td>vertausche d0 mit d1</td></tr>
<tr><td>sub.w</td><td>d1,d0</td><td>-</td></tr>
<tr><td>move.w</td><td>(sp)+,d1</td><td>li Opnd</td></tr>
<tr><td>muls.w</td><td>d1,d0</td><td>*</td></tr>
</table>

Bild 6.11: Assemblerprogramm für eine Zuweisung bei der Methode LR-Postorder (MOTOROLA)

```
move.w    (sp)+,d1    li Opnd
exg.l     d0,d1
ext.l     d0
divs.w    d1,d0        /

move.w    d0,fm1
```

Als zweites Beispiel betrachten wir die Wertzuweisung

```
fm2 := a +(b *(c/(d - (e + f)))).
```

Die Variablen **a** bis **f** und **fm2** seien wiederum vom Typ **INTEGER** und entsprechend initialisiert. Den Strukturbaum des arithmetischen Ausdrucks haben wir bereits in Bild 6.4 gesehen. In Bild 6.12 und Bild 6.13 werden die resultierenden Assemblerprogrammstücke gegenübergestellt, die man für die beiden Methoden LR-Postorder und RL-Postorder erhält.

Bild 6.12: Assemblerprogramm für eine Zuweisung bei der Methode LR-Postorder (MOTOROLA)

```
fm2 := a +(b *(c/(d - (e + f))))
```

L/R-Postorder:

```
li   li   li   li   li re   li   li   li   l
  a ↓ b ↓ c ↓ d ↓ e   f +  ↑  -  ↑ /  ↑ *  ↑ +
```

```
move.w    a,d0
move.w    d0,-(sp)
move.w    b,d0
move.w    d0,-(sp)
move.w    c,d0
move.w    d0,-(sp)
move.w    d,d0
move.w    d0,-(sp)
move.w    e,d0
add.w     f,d0
move.w    (sp)+,d1
exg.l     d0,d1
sub.w     d1,d0
move.w    (sp)+,d1
exg.l     d0,d1
ext.l     d0
divs.w    d1,d0
move.w    (sp)+,d1
muls.w    d1,d0
move.w    (sp)+,d1
add.w     d1,d0
move.w    d0,fm
```

oder optimiert

```
move.w    a,-(sp)
move.w    b,-(sp)
move.w    c,-(sp)
```

```
move.w    d,-(sp)
move.w    e,d0
add.w     f,d0
move.w    (sp)+,d1
exg.l     d0,d1
sub.w     d1,d0
move.w    (sp)+,d1
exg.l     d0,d1
ext.l     d0
divs.w    d1,d0
muls.w    (sp)+,d0
add.w     (sp)+,d0
move.w    d0,fm
```

Bild 6.13: Assembler-
programm für eine
Zuweisung bei der
Methode RL-Postorder
(MOTOROLA)

```
fm2 := a +(b *(c/(d - (e + f))))
```

Reihenfolge Operanden:	re	li	li	li	li	li

R/L-Postorder: f e + d - c / b * a +

```
move.w    f,d0
add.w     e,d0
move.w    d,d1
sub.w     d0,d1
move.w    c,d0
ext.l     d0
divs.w    d1,d0
muls.w    b,d0
move.w    a,d1
add.w     d1,d0
move.w    d0,fm
```

Bedingte Anweisungen

In diesem Kapitel befassen wir uns mit der Umsetzung von bedingten Anweisungen in eine lineare Abfolge von Assemblerbefehlen (Kode). Wir können für diese Umsetzung eine einfache Schablone (Kode-Schablone) entwickeln. Dazu betrachten wir die allgemeine Struktur einer bedingten Anweisung in Bild 7.1.

Bild 7.1: Struktur einer bedingten Anweisung

if Boolescher then   Anweisungen für den Ja-Teil
    Ausdruck

              else   Anweisungen für den Nein-Teil

Isolierender Sprung

Bei der Umsetzung entsteht Kode für den Ja-Teil und für den Nein-Teil. Beide Kodestücke müssen wir hintereinander im entstehenden Kode anlegen. Dabei muss allerdings vermieden werden, dass nach Ablauf des einen Kodestückes auch noch das andere ausgeführt wird. Dies wird erreicht, indem man nach dem ersten Kodestück einen *isolierenden Sprung* (mittels unbedingtem Sprungbefehl) um das zweite Kodestück einfügt. Wir gelangen damit zu einer Kode-Schablone für die Umsetzung bedingter Anweisungen, wie in Bild 7.2 dargestellt.

Bild 7.2: Kode-Schablone für die Umsetzung bedingter Anweisungen

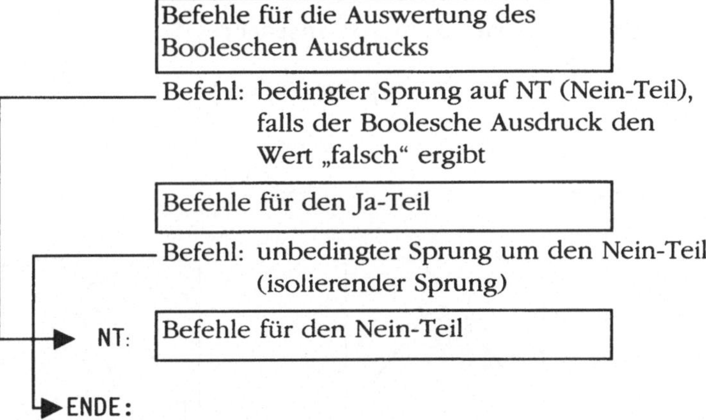

Die Kode-Schablone in Bild 7.2 stellt *eine* von zwei Möglichkeiten zur Umsetzung von bedingten Anweisungen dar. Die zweite Schablone erhalten wir, wenn wir die Reihenfolge von Ja- und Nein-Teil im Kode vertauschen (aber den isolierenden, unbedingten Sprung beibehalten). Wir müssen dann allerdings beachten, dass der bedingte Sprung dann ausgeführt wird, wenn der Wert des Booleschen Ausdrucks den Wert „wahr" hat.

Wir wollen uns im Folgenden mit der Frage befassen, wie wir die Befehle zur Auswertung der Booleschen Ausdrücke erhalten. Betrachten wir Boolesche Ausdrücke mit Booleschen Operatoren und Operanden, so sehen wir, dass sie analog wie arithmetische Ausdrücke aufgebaut sind. Wir können damit prinzipiell unsere Verfahren zur Auswertung von arithmetischen Ausdrücken (mittels Stapel) aus Kapitel 6 zur Auswertung von Booleschen Ausdrücken übertragen.

Dabei entstehen allerdings Probleme. Es ist zu beachten, dass wir am Ende der Auswertung des Booleschen Ausdrucks das Ergebnis (wie bei arithmetischen Ausdrücken) in einem Register erhalten, also z. B. als Wert 0 oder 1 (wenn wir „wahr" mit 1 und „falsch" mit 0 darstellen). Um den bedingten Sprung (z. B. auf den Nein-Teil) zu steuern, benötigen wir aber das Ergebnis als Merkerzustand (Kennzeichenbits). Das bedeutet: wir müssen gegebenenfalls zuerst das Ergebnis im Register in einen entsprechenden Merkerzustand umsetzen (z. B. durch einen Vergleichsbefehl).

Ein analoges Problem wie oben, wo es um die Umsetzung von Registerzustand in Merkerzustand ging, tritt auf, wenn wir beachten, dass als Bestandteil von Booleschen Ausdrücken Relationen auftreten können. Betrachten wir als Beispiel das Programmstück in Abbildung Bild 7.3.

Bild 7.3: Bedingte Anweisung mit Relationen

```
var a, b, c: integer;

if (a < b) and (b > c)    then    a := b
                          else    c := b;
```

Bild 7.4: Baum des Booleschen Ausdrucks $(a < b) \land (b > c)$

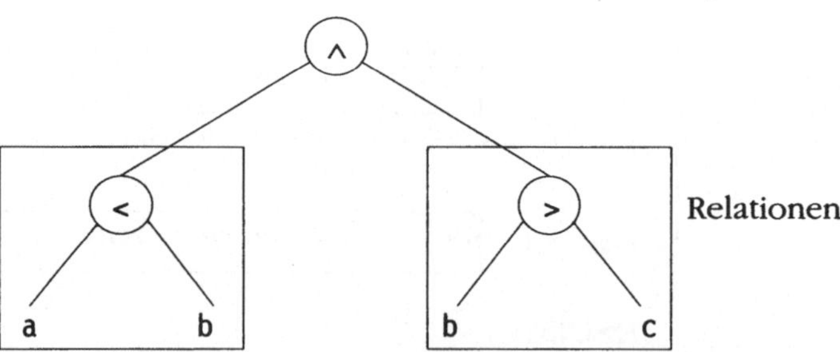

Wie wir sehen, können jetzt auf der Position von Operanden (Blättern) des Baumes eines Booleschen Ausdrucks Relationen auftreten. Relationen (als Operationen) verbinden zwei nicht-Boolesche Werte und liefern einen Booleschen Wert. Übertragen wir unsere Verfahren zur Auswertung von arithmetischen Ausdrücken wieder auf solch einen Baum, so sehen wir, dass jetzt zuerst die Relation auszuwerten ist. Das bedeutet, dass wir zunächst die Operanden der Relation beschaffen müssen (z. B. in ein Register laden), um dann den Vergleichsoperator (in Form eines Vergleichsbefehls) auszuführen. Beim Vergleichsbefehl fällt allerdings das Ergebnis immer als Merkerzustand (d. h. in Form bestimmter Kennzeichenbits) an. Für die Weiterverarbeitung (entsprechend der Methoden für arithmetische Ausdrücke) benötigen wir aber das Ergebnis der Relation in einem Register. Wir haben damit ein analoges Problem wie oben, nur dass wir jetzt einen Merkerzustand in einen Registerzustand umsetzen müssen, was wiederum zusätzliche Befehle erfordert.

Zusammenfassend kann man feststellen, dass man zwar zur Auswertung (Kodeerzeugung) Boolescher Ausdrücke prinzipiell die Methoden zur Auswertung arithmetischer Ausdrücke übertragen kann. Allerdings sind dann bei der Umsetzung von bedingten Anweisungen in Maschinenbefehle drei Punkte zu beachten:

- Am Ende der Befehle zur Auswertung des Booleschen Ausdrucks benötigen wir das Ergebnis zur Steuerung des bedingten Sprungbefehls als Merkerzustand (Umsetzung Register → Merkerzustand).

- Treten im Booleschen Ausdruck Relationen auf, benötigen wir das Ergebnis der Relation im Register (Umsetzung Merkerzustand → Register).

- Bei der Auswertung des Booleschen Ausdrucks entstehen Stapelzugriffe, d. h. Speicherzugriffe.

Die entsprechenden Assemblerprogramme für unser obiges Programmstück für INTEL- bzw. MOTOROLA-Assembler finden sich in den später folgenden Abschnitten 7.2.1 bzw. 7.2.2, wobei insbesondere auf die Länge des Kodes und die notwendigen Stapelzugriffe hinzuweisen ist. Dass es allerdings auch einfacher (kürzerer Kode) und vor allem hinsichtlich der Laufzeit auch optimaler (keine Stapelzugriffe) geht, zeigt die im folgenden Abschnitt eingeführte Methode zur optimalen Auswertung Boolescher Ausdrücke.

7.1   Optimale Auswertung Boolescher Ausdrücke

Wir nehmen als Beispiel den Booleschen Ausdruck

$$(a \lor b \lor c) \land d \land e \lor f \lor g$$

dessen Baumdarstellung in Bild 7.5 angegeben ist.

Bild 7.5: Baum eines Booleschen Ausdrucks

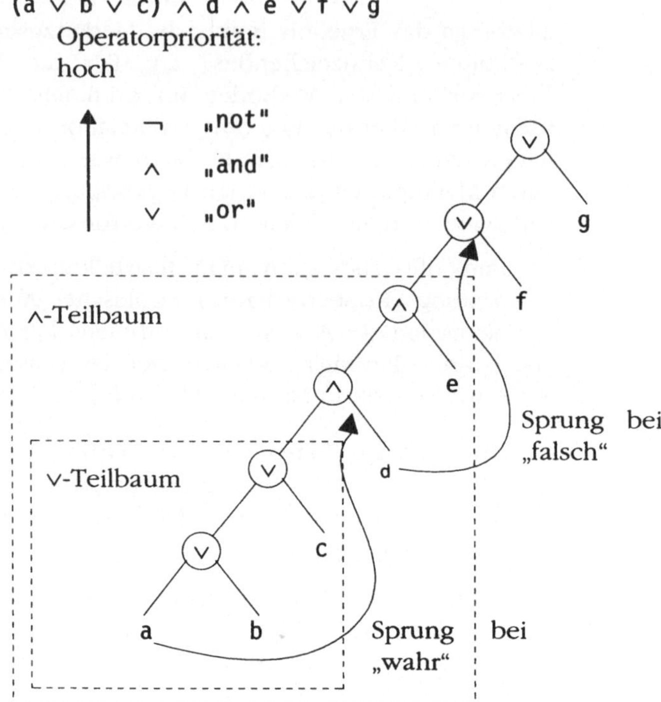

Betrachten wir diesen Baum ausgehend von der Wurzel, so können wir ihn als einen ∨-Baum auffassen, der als Teilbaum (d. h. anstelle eines Operanden) einen ∧-Teilbaum enthält, wobei letzterer wiederum einen ∨-Teilbaum enthält.

Untersuchen wir den letzten ∨-Teilbaum (der dem ∨-Ausdruck in der Klammer entspricht) alleine, so lässt sich feststellen, dass sein Wert bereits als „wahr" feststeht, wenn auch nur einer seiner Operanden den Wert „wahr" aufweist. Die anderen Operanden müssen dann nicht mehr betrachtet, d. h. ausgewertet, werden. Wir reden deshalb von der *optimalen Auswertung Boolescher Ausdrücke*, weil in solchen Fällen ein Teil der Operanden nicht mehr beschafft und ausgewertet werden muss, was Speicherzugriffe und Befehlsausführungen spart. In Bild 7.5 ist das am Beispiel des Operanden a als bedingter Sprung (bei a=„wahr") an das Ende der Auswertung des ∨-Teilbaums dargestellt.

Optimierende Sprünge

In analoger Weise könnten wir in der Bild 7.5 bedingte Sprünge (d. h. Sprung, falls Operand=„wahr") bei den Operanden b und c einzeichnen. Wir nennen im folgenden solche bedingten Sprünge *optimierende Sprünge*. Damit ergibt sich für die Programmierung in Maschinenbefehlen, dass wir die Auswertung unseres ∨-Teilbaums durch die folgenden Befehlsfolge durchführen können:

```
Opnd  a
```
optimierender Sprung, falls „wahr"

```
Opnd  b
```
optimierender Sprung, falls „wahr"

```
Opnd  c
```
optimierender Sprung, falls „wahr"

wobei wir „Opnd" als Abkürzung für die Befehlsfolge *„Beschaffe den angegebenen Operanden in Register und setze Kennzeichenbits"* eingeführt haben. Diese Befehlsfolge bezeichnen wir als Auswertung des Operanden.

Reiner Teilbaum

In der obigen Befehlsfolge ist zu beachten, dass die Reihenfolge der Teilbefehlsfolgen für a, b und c beliebig ist. Wir haben sie hier in der Reihenfolge der Aufschreibung in unserem gegebenen Booleschen Ausdruck angegeben (hätten aber genauso gut eine Pre- oder Postorder-Reihenfolge wählen können). Wir stellen fest, dass in einem *reinen Teilbaum*, d. h. in einem Teilbaum, in dem nur gleiche Operatoren vorkommen, die Reihenfolge der Teilbefehlsfolgen, d. h. die Reihenfolge der Auswertung der Operanden, stets beliebig ist.

Schließlich bleibt noch festzustellen, dass nach Auswertung unseres betrachteten $\vee$-Teilbaums durch die obige Befehlsfolge das Ergebnis „falsch" in den Kennzeichenbits enthalten ist, falls keiner der Operanden den Wert „wahr" hatte (und damit auch kein optimierender Sprung an das Ende des $\vee$-Teilbaums stattfindet). Diese Feststellung ist wichtig. Sie besagt, dass ein reiner Teilbaum stets ein Ergebnis hat, auch wenn kein optimierender Sprung stattgefunden hat. Wir müssen dies beachten, wenn ein reiner Teilbaum in einem übergeordneten reinen Teilbaum auftritt. An dieser Stelle ist dann ein optimierender Sprung einzusetzen, der das Ergebnis des untergeordneten reinen Teilbaums berücksichtigt.

Untersuchen wir einen reinen $\wedge$-Teilbaum, so sehen wir, dass die Verhältnisse analog sind. Wir können ihn durch eine Befehlsfolge wie oben auswerten, nur dass die optimierenden Sprünge stattfinden, falls der Operand den Wert „falsch" ergibt und der $\wedge$-Teilbaum den Wert „wahr" hat, falls kein optimierender Sprung stattfindet. Wiederum ist die Reihenfolge der Teilbefehlsfolge, d. h. die Reihenfolge der Auswertung der Operanden, beliebig.

Betrachten wir den Baum in Bild 7.5 und fügen die noch nicht eingezeichneten optimierenden Sprünge hinzu, so ergibt sich der Baum mit der vollständigen Sprungstruktur in Bild 7.7. Dementsprechend erhalten wir für die Auswertung des Booleschen Ausdrucks die Befehlsfolge in Bild 7.6. Dabei ist zu beachten, dass wir in der Auswertung von „unten nach oben" vorgehen und die Strukturierung in Teilbäume berücksichtigen müssen. Das bedeutet zum Beispiel, dass der ∨-Teilbaum als Operand des übergeordneten (umgebenden) ∧-Teilbaum auftritt. Wie bei allen Operanden des ∧-Teilbaums muss geprüft werden, ob der Wert hier des untergeordneten Teilbaums, „falsch" ist. Man beachte, dass dazu kein erneutes Setzen der Kennzeichenbits notwendig ist, da diese bereits im untergeordneten Teilbaum gesetzt wurden.

Bild 7.6: Befehlsfolge zur optimalen Auswertung des Booleschen Ausdrucks aus Bild 7.4 in einer bedingten Anweisung

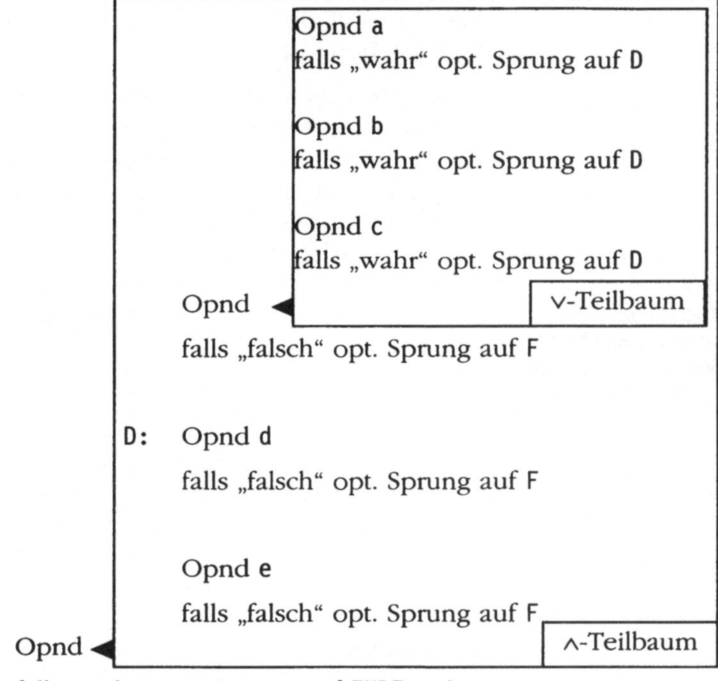

falls „wahr" opt. Sprung auf ENDE_wahr

F: Opnd f

falls „wahr" opt. Sprung auf ENDE_wahr

Opnd g

falls „wahr" opt. Sprung auf ENDE_wahr

ENDE_falsch: NEIN-Teil

isolierender Sprung nur um den Ja-Teil herum

ENDE_wahr: JA-Teil

Wir haben bisher noch nicht genau untersucht, wie wir jeweils das Sprungziel der optimierenden Sprünge bestimmen. Bei einem reinem Teilbaum hatten wir gesehen, dass der optimierende Sprung an das „Ende der Auswertung" des Teilbaums geht. Betrachten wir den untergeordneten v-Teilbaum in Bild 7.5, so sehen wir, dass das Sprungziel jeweils der nächste Operand (oder Teilbaum) in der Auswertungsreihenfolge des umgebenden, reinen Teilbaums ist. Übertragen in Bild 7.6 bedeutet dies, dass das Sprungziel jeweils der nächste Operand (Opnd) in der Umgebung ist.

In Bild 7.6 sehen wir am Ende der Auswertung des Booleschen Ausdrucks zwei Marken ENDE_falsch und ENDE_wahr, die zeigen, wie die Methoden der optimalen Auswertung von Booleschen Ausdrücken in die Kode-Schablone für bedingte Anweisungen eingebettet werden kann.

Bild 7.7: Vollständige Sprungstruktur für den Booleschen Ausdruck aus Bild 7.5 (w=„wahr", f=„falsch")

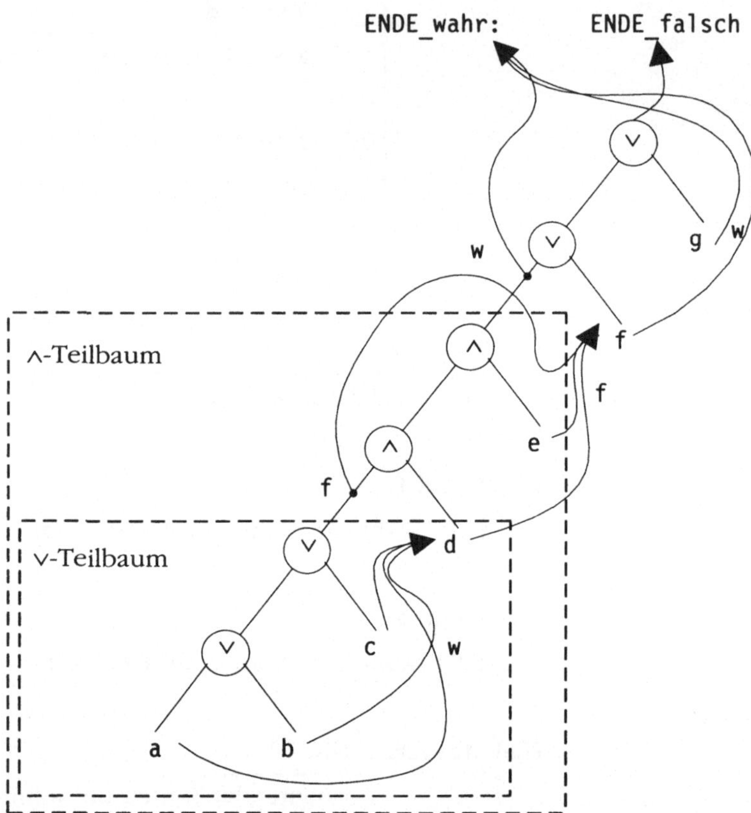

Sprungsequenzen

Wir können die in der Bild 7.7 gezeigten Sprünge auch direkt in den gegebenen Booleschen Ausdruck eintragen und erhalten so die Darstellung in Bild 7.8. Die dabei auftretenden Sprung-Ketten werden *Sprungsequenzen* genannt. Daher wird die gezeigte Methode auch als „Auswertung Boolescher Ausdrücke mittels Sprungsequenzen" bezeichnet.

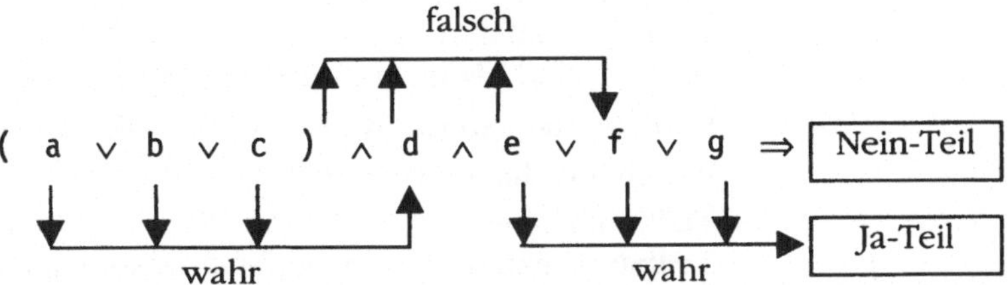

Bild 7.8: Sprungstruktur des Booleschen Ausdrucks bei optimaler Auswertung

Wir haben bisher noch nicht untersucht, welche Auswirkungen das Auftreten des Operators ¬ (Negation) für die optimale Auswertung von Booleschen Ausdrücken hat. Wir betrachten dazu das Beispiel

$$\neg(a \lor b \lor c) \land d \land e$$

mit dem in Bild 7.9 dargestellten Baum.

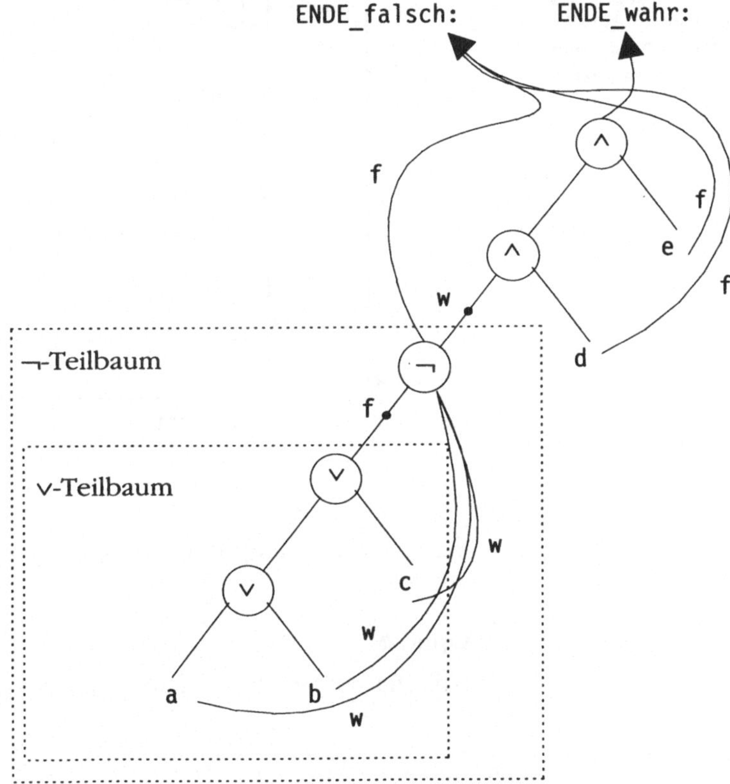

Bild 7.9: Baum des Booleschen Ausdrucks ¬(a∨b∨c)∧d∧e mit Sprungstruktur (f=„falsch", w=„wahr")

Zunächst ist zu bemerken, dass der Operator ¬ ein unärer Operator ist, also nur einen Operanden (oder Teilbaum) besitzt. Der Operator hat die Wirkung der Negation, was bedeutet: hat sein Operand (oder Teilbaum) den Wert „falsch", so ist der Wert des ¬-Teilbaums gleich „wahr" (und umgekehrt). Das bedeutet in unserem Beispiel in Bild 7.9, dass ein optimierender Sprung aus dem ∨-Teilbaum nach dem ¬-Teilbaum mit der Bedeutung „falsch" und damit auf das Sprungziel „`ENDE_falsch`" durchgeführt werden muss, weil das Ergebnis des ¬-Teilbaums „falsch" ist. (Wäre der dem ¬-Teilbaum übergeordnete Teilbaum ein ∨-Teilbaum gewesen, so hätten die optimierenden Sprünge im ∨-Teilbaum entfallen müssen, statt dessen muss nach Abarbeitung des ¬-Teilbaumes ein optimierender Sprung eingesetzt werden, falls das Ergebnis des ¬-Teilbaums den Wert „falsch" hat, d.h. die Kennzeichenbits den Wert „falsch" enthalten).

Für unser Beispiel in Bild 7.9 ergibt sich damit (analog wie in Bild 7.6) zur optimierten Auswertung des Booleschen Ausdrucks die Befehlsfolge in Bild 7.10.

Bild 7.10: Befehlsfolge zur Auswertung des Booleschen Ausdrucks aus Bild 7.9 in einer bedingten Anweisung

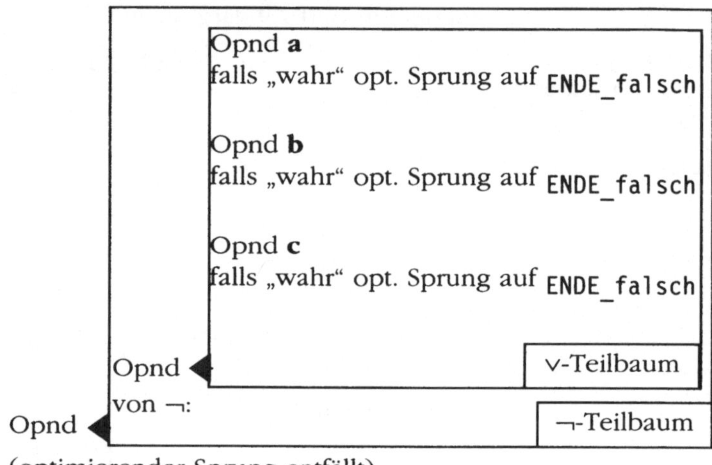

(optimierender Sprung entfällt)

Opnd **d**

falls „falsch" opt. Sprung auf `ENDE_falsch`

Opnd **e**

falls „falsch" opt. Sprung auf `ENDE_falsch`

`ENDE_wahr:` | JA-Teil

isolierender Sprung um den Nein-Teil

`ENDE_falsch:` | NEIN-Teil

Im folgenden wollen wir noch betrachten, was passiert, falls Relationen in Booleschen Ausdrücken auftreten. Wie wir bereits sahen, können Relationen nur auf der Position von Blättern im Booleschen Ausdruck vorkommen. Wenn wir unter der oben eingeführten Abkürzung „Opnd" nicht nur die dort angeführte Befehlsfolge („Beschaffe den angegebenen Operanden und setze Kennzeichenbits"), sondern die Befehlsfolge zur Auswertung von Relationen verstehen, dann können wir so Relationen in Boolesche Ausdrücke einbetten. Hier erweist es sich als günstig, dass bei der Auswertung von Relationen das Ergebnis nach den Vergleichbefehlen in den Kennzeichenbits anfällt.

Zum Schluss wollen noch auf eine Problematik eingehen, die dann entsteht, wenn als Operanden Funktionsprozeduren auftreten. Bei der optimalen Auswertung von Booleschen ist nicht gewährleistet, dass diese Prozeduren auch aufgerufen werden. Wenn solche Funktionsprozeduren Seiteneffekte haben, dann ist der Zustand nach Programmablauf nicht definiert. Manchmal wird in höheren Programmiersprachen (wie z.B. in der Sprache C) das Problem ignoriert, oder es werden Funktionsprozeduren mit Seiteneffekten verboten.

7.2 Programmbeispiele zu bedingten Anweisungen

Als Beispiel nehmen wir unser Programmstück aus Bild 7.3 mit dem Baum des Booleschen Ausdrucks in Bild 7.4. Als erstes wollen wir dieses Programmstück in Maschinenbefehle umsetzen, wobei wir zur Auswertung des Booleschen Ausdrucks die gleiche Methode wie bei arithmetischen Ausdrücken anwenden. Wir erhalten aus dem Bild 7.4 die Darstellung des Baumes in LR-Postorder in Bild 7.11:

Bild 7.11: Darstellung des Baumes aus Bild 7.4 in LR-Postorder mit Stapelbefehlen ($\downarrow$: PUSH, $\uparrow$: POP)

$$a \ b < \downarrow b \ c > \uparrow \wedge$$

Als zweite Methode zur Umsetzung in Maschinenbefehle setzen wir zur Auswertung des Booleschen Ausdrucks die in Abschnitt 7.1 eingeführte Methode zur Optimalen Auswertung ein. Wir erhalten die in der folgenden Bild 7.12 angegebene Sprungstruktur.

Bild 7.12: Sprungstruktur für die optimale Auswertung des Baumes aus Bild 7.4

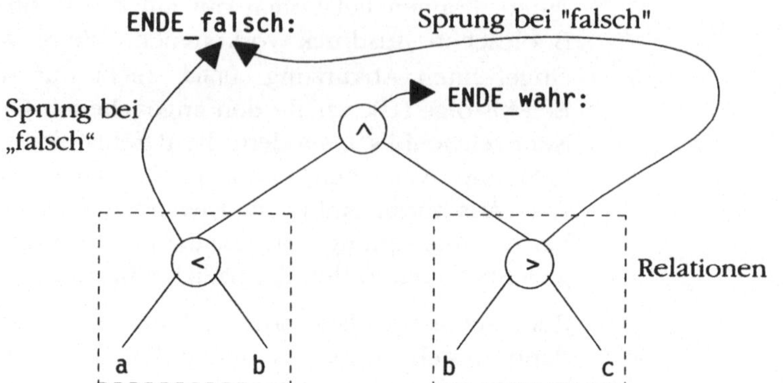

Entsprechend der Vorgehensweise in Bild 7.6 erhalten wir für den ∧-Baum die Befehlsfolge in Bild 7.13.

Bild 7.13: Befehlsfolge zur optimalen Auswertung des Booleschen Ausdrucks aus Bild 7.12

Opnd: Beschaffe **a** in Register

Befehl: Vergleich mit **b** (setzen der Kennzeichenbits)

Befehl: falls „falsch" opt. Sprung auf `ENDE_falsch`

Opnd: Beschaffe **b** in Register

Befehl: Vergleich mit **c** (setzen der Kennzeichenbits)

Befehl: falls „falsch" opt. Sprung auf `ENDE_falsch`

`ENDE_wahr:`

Ja-Teil

isolierender Sprung um den Nein-Teil

`ENDE_falsch:`

Nein-Teil

7.2.1 INTEL-Programme zu bedingten Anweisungen

Als erstes Programmbeispiel zeigt Bild 7.14 das Assemblerprogramm, das entsteht, wenn man die Auswertung des Booleschen Ausdrucks analog der Methode zur Auswertung von arithmetischen Ausdrücken ausführt, d. h. entsprechend der Darstellung des Baumes aus Bild 7.4 in LR-Postorder (siehe Bild 7.11).

Bild 7.14: Programm mit Auswertung des Booleschen Ausdrucks wie bei arithmetischen Ausdrücken (INTEL)

```
.MODEL SMALL              ; program BA;

.DATA                     ; var
  a DW 22                 ;     a : integer == 22;
```

```
 b DW 7                     ;    b : integer ==  7;
 c DW 13                    ;    c : integer == 13;


.CODE
Anfang: mov     ax, @DATA; begin
        mov     ds, ax  ;
                        ; if (a<b) and (b>c)
        mov     ax, a   ; { a     }
        cmp     ax, b   ; { b<    }
        mov     ax, 1   ; \
        jl      m1      ; |-Umsetzung Merker→Register
        dec     ax      ; /
    m1: push    ax      ; { push }
        mov     ax, b   ; { b     }
        cmp     ax, c   ; { c >   }
        mov     ax, 1   ; \
        jg      m2      ; |-Umsetzung Merker→Register
        dec     ax      ; /
    m2: pop     cx      ; { pop  }
        and     ax, cx  ; { and  }
        or      ax, ax  ; - Umsetzung Register→Merker
        jnz     JT      ;
        jmp     NT      ;
                        ; then
JT:     mov     ax, b   ;   a := b       { Ja-Teil   }
        mov     a , ax  ;
        jmp     Ende    ; else
NT:     mov     ax, b   ;   c := b       { Nein-Teil }
        mov     c , ax  ;


Ende:   mov     ax, 4C00H; end.
        int     21H
END Anfang
```

Das folgende Programmbeispiel in Bild 7.15 zeigt das Assemblerprogramm, welches entsteht, wenn man zur Auswertung des Booleschen Ausdrucks die Methode zur optimalen Auswertung mit der in Bild 7.12 gezeigten Sprungstruktur einsetzt.

Bild 7.15: Programm mit optimaler Auswertung des Booleschen Ausdrucks (INTEL)

```
.MODEL SMALL                ; program optBA;


.DATA                       ; var
 a DW 22                    ;    a : integer == 22;
 b DW 7                     ;    b : integer ==  7;
 c DW 13                    ;    c : integer == 13;


.CODE
Anfang: mov     ax, @DATA;  begin
```

```
              mov     ds, ax ;
                             ;    if
              mov     ax, b  ;     ( a < b )
              cmp     ax, a  ;                        {(b-a) > 0 ?}
              jle     NT     ;
                             ;         and
              cmp     ax, c  ;     ( b > c )          {(b-c) > 0 ?}
              jle     NT     ;
                             ;    then
JT:           mov     a, ax  ;      a := b            { Ja-Teil  }
              jmp     Ende   ;    else
NT:           mov     c, ax  ;      c := b            { Nein-Teil }

Ende:         mov     ax, 4C00H;  end.
              int     21H
END Anfang
```

Bei dem Programmbeispiel in Bild 7.15 ist, ausgehend von der Befehlsfolge in Bild 7.13, noch eine weitere optimierende Maßnahme eingesetzt worden: Beim ersten Operanden wird zunächst b (statt a) geladen und im Register ax gehalten, weil b in der nächsten Relation wieder gebraucht wird.

7.2.2 MOTOROLA-Programme zu bedingten Anweisungen

Als erstes Programmbeispiel zeigt Bild 7.16 das Assemblerprogramm, das entsteht, wenn man die Auswertung des Booleschen Ausdrucks analog der Methode zur Auswertung von arithmetischen Ausdrücken ausführt, d. h. entsprechend der Darstellung des Baumes aus Bild 7.4 in LR-Postorder (siehe Bild 7.11).

Bild 7.16: Programm mit Auswertung des Booleschen Ausdrucks wie bei arithmetischen Ausdrücken (MOTOROLA)

```
*                                    program BA;
a         dc.w    22                 var a: integer == 22;
b         dc.w    7                       b: integer == 7;
c         dc.w    13                      c: integer == 13;
*                                    begin
Anfang    move.w  a,d0                   if a<b and b>c then
          cmp.w   b,d0
          bge.w   false1
          move.w  #1,-(sp)           {a<b=true}
          bra.w   A2
false1    move.w  #0,-(sp)           {a<b=false}
A2        move.w  b,d0
          cmp.w   c,d0
          ble.w   false2
          move.w  #1,-(sp)           {b>c=true}
          bra.w   A1uA2
false2    move.w  #0,-(sp)           {b>c=false}
A1uA2     move.w  (sp)+,d0
```

```
                move.w   (sp)+,d1
                and.w    d1,d0
                beq.w    NT
                move.w   b,a                    a:=b
                bra.w    ENDE                   else
NT              move.w   b,c                    c:=b
ENDE    end     Anfang                  end.
```

Das folgende Programmbeispiel in Bild 7.17 zeigt das Assemblerprogramm, das entsteht, wenn man zur Auswertung des Booleschen Ausdrucks die Methode zur optimalen Auswertung mit der in Bild 7.12 gezeigten Sprungstruktur einsetzt.

Bild 7.17: Programm mit optimaler Auswertung des Booleschen Ausdrucks (MOTOROLA)

```
*                                      program optBA;
a         dc.w     22                  var a: integer == 22;
b         dc.w     7                        b: integer == 7;
c         dc.w     13                       c: integer == 13;
*                                      begin
Anfang    move.w   b,d0                   if a<b and b>c then
          cmp.w    a,d0
          ble.w    NT                   {a<b=false}
          cmp.w    c,d0
          ble.w    NT                   {b>c=false}
          move.w   d0,a                     a:=b
          bra.w    ENDE                     else
NT        move.w   d0,c                     c:=b
ENDE      end      Anfang              end.
```

Bei dem Programmbeispiel in Bild 7.17 ist, ausgehend von der Befehlsfolge in Bild 7.13, noch eine weitere optimierende Maßnahme eingesetzt worden: Beim ersten Operanden wird zunächst b (statt a) geladen und im Register d0 gehalten, weil b in der nächsten Relation wieder gebraucht wird.

Fallanweisungen

Betrachten wir als Beispiel für eine Fallanweisung (case-Anweisung) das Programmstück im folgenden Bild 8.1.

Bild 8.1: Programm-stück mit Fallanweisung

```
var i,c: integer
begin
  case i of
    1: c:=7;
    2: c:=3;
    3: c:=8;
  end
end.
```

Wir können eine Fallanweisung einfach in Assemblerbefehle umsetzen, indem wir sie in geschachtelte bedingte Anweisungen (if-Anweisungen) auflösen, wie in Bild 8.2.

Bild 8.2: Auflösung einer Fallanweisung in geschachtelte bedingte Anweisungen

```
     if i=1 then c:=7
else if i=2 then c:=3
else if i=3 then c:=8
```

Diese Vorgehensweise ist allerdings nicht besonders günstig hinsichtlich der Laufzeit. Beispielsweise müssen bei Anwahl der letzten Fallmarke alle davor liegenden Fallmarken überprüft werden. Eine effizientere Methode zur Umsetzung von Fallanweisungen arbeitet mit einer Sprungtabelle (Bild 8.3) und einem Befehl für indirekten Sprung über Speicher.

Bild 8.3: Sprungtabelle

stab:		entsprechend der Fallkennung i:
	m1	1
	m2	2
	m3	3

Sprungtabelle

Die *Sprungtabelle* ist eine Hilfs-Datenstruktur im Speicher, die ähnlich wie eine Reihung (array) verwendet wird. Sie enthält als Elemente die Werte der Anfangsadressen (Marken m1,m2,m3 ...) der einzelnen Fallanweisungen. Man beachte dabei, dass z. B. bei 16-Bit-Adressen die Elemente der Sprungtabelle 2 Bytes umfassen. Die Anwahl des Sprungziels entsprechend der Fallkennung i erfolgt dann durch indirekten Sprung über die Sprungtabelle. Beim Sprungbefehl wird für den Operanden die indirekte Adressierung über Register eingesetzt. Dieses Register wird zuvor entsprechend der Fallkennung geladen. Die Einzelheiten zeigen die folgende Programmbeispiele. Sie zeigen auch klar die Vorteile der Methode gegenüber der Auflösung in geschachtelte bedingte Anweisungen:

- geringere Anzahl von Befehlen,

- geringerer Laufzeitaufwand,

- die Laufzeit hängt nicht von der Anzahl der Fälle ab.

8.1 INTEL-Programmbeispiele für Fallanweisung

Bild 8.4: Fallanweisung, aufgelöst in geschachtelte bedingte Anweisungen (INTEL)

```
.MODEL SMALL                     ; PROGRAM case_as_ifs;

.DATA     i DW 1                 ; i : integer;
          c DW ?                 ; c : integer;


.CODE
Anfang:    mov  ax, @DATA        ; begin
           mov  ds, ax
           mov  ax, i            ; if i=1
           cmp  ax, 1            ;
           jz   m1               ; then
           jmp  m2               ;
      m1:  mov  ax, 7            ;        c:=7
           mov  c ,ax            ;
           jmp  Ende             ;
      m2:  cmp  ax, 2            ; else if i=2
           jz   m3               ;        then
           jmp  m4               ;
      m3:  mov  ax, 3            ;            c:=3
           mov  c ,ax            ;
           jmp  Ende             ;
      m4:  cmp  ax, 3            ;        else if i=3
           jz   m5               ;            then
           jmp  Ende             ;
      m5:  mov  ax, 8            ;                c:=8;
           mov  c ,ax            ;
                                 ; end.
Ende:      mov  ax, 4C00H
           int  21H
END Anfang
```

Bild 8.5: Fallanweisung mittels Sprungtabelle (INTEL)

```
;Fallauswahl durch Sprungtabelle
;
;Die Marken m1 bis m3 stellen die Adressen der Fallan-
;weisungen dar. Sie werden in der Tabelle stab
```

```
;entsprechend der Fallauswertung aufgefuehrt.
;Die Berechnung des Ausdrucks [stab + bx - Konstante]
;ergibt die Adresse eines Elementes der Tabelle stab.
;Dieses Element der Tabelle enthaelt die Adresse des
;Sprungziels. Die Konstante 2 dient zur Korrektur, da
;z.B. fuer i=1, bx=2 ist, aber das 0-te Element von
;stab gemeint ist.

.MODEL SMALL              ; program Sprungtabelle;


.DATA                    ; var
   i       DW 1          ;   i: integer;      { in bx }
   c       DW ?          ;   c: integer;


.CODE
Anfang:   mov   ax, @DATA; begin
          mov   ds, ax   ;

          mov   bx, i    ;   case i of
          cmp   bx, 1    ;                   { i in [1..3]? }
          jl    ende     ;
          cmp   bx, 3    ;
          jg    ende     ;
          shl   bx, 1    ;        { bx*2 weil Elemente von}
                         ;        { stab 2 Bytes          }
          jmp   CS:[stab + bx - 2] ;{Sprung ueber stab }
          align
   stab   DW m1,m2,m3    ;                { sprungtabelle     }
                         ;                { fuer i in [1..3] }
m1:       mov   c, 7     ;        1: c:= 7;
          jmp   ende     ;
m2:       mov   c, 3     ;        2: c:= 3;
          jmp   ende     ;
m3:       mov   c, 8     ;        3: c:= 8;
          jmp   ende     ;
                         ;        end

ende:     mov   ax, 4C00H; end.
          int   21H      ;
End Anfang
```

Man beachte in Bild 8.5 die Zeilen:

```
          jmp   CS:[stab + bx - 2] ;{Sprung ueber stab }
          align
   stab   DW m1,m2,m3    ;                { sprungtabelle     }
```

Ausgerichtet

Wir sehen hier die Verwendung des indirekten Sprungs über den Speicher. d. h. über die Sprungtabelle `stab`, die als (initialisierter) Datenbereich im Kode vereinbart ist. Da die Sprungtabelle im Kode liegt (wo sie auch hingehört), ist bei dem Operanden das Segmenregisterpräfix `CS` für das Kodesegment voranzustellen (standardmäßig würde sonst das Segmentregister für das Datensegment angenommen). Die Assemblerdirektive `align` (siehe Abschnitte 3.2 und 5.2) sorgt dafür, dass der Datenbereich für die Sprungtabelle *ausgerichtet* angelegt wird, d. h. auf Wortgrenze beginnend.

8.2 MOTOROLA-Programmbeispiele für Fallanweisung

Bild 8.6: Fallanweisung, aufgelöst in geschachtelte bedingte Anweisungen (MOTOROLA)

```
*                               ; program case_as_if;
i          dc.w 1               ; i: integer == 1;
c          ds.w 1               ; c: integer;
Anfang     move.w i,d0          ; begin
           cmp.w  #1,d0         ;    if i=1
           beq    m1            ;    then
           bra    m2            ;
m1         move.w #7,c          ;       c:=7
           bra    Ende          ;
m2         cmp.w  #2,d0         ;    else if i=2
           beq    m3            ;    then
           bra    m4            ;
m3         move.w #3,c          ;       c:=3
           bra    Ende          ;
m4         cmp.w  #3,d0         ;    else if i=3
           beq    m5            ;    then
           bra    Ende          ;
m5         move.w #8,c          ;       c:=8
Ende       end    Anfang ; end.
```

Bild 8.7: Fallanweisung mittels Sprungtabelle (MOTOROLA)

```
*                               program Sprungtabelle;
i          dc.w   2             var i: integer == 2;
c          dc.w   0                 c: integer == 0;
*                               begin
Anfang     move.w i,d0          case i of
           cmp.w  #1,d0            { Bereichsprüfung }
           blt    ow
           cmp.w  #5,d0
           bgt    ow
           lsl    #2,d0
           move.l stab-4(pc,d0),a0
           jmp    (a0)
stab       dc.l   c1,c2,c3,ow,c5
c1         move.w &1,c                      1: c:=1;
```

```
             bra      ende
c2           move.w   &2,c              2: c:=2;
             bra      ende
c3           move.w   &3,c              3: c:=3;
             bra      ende
c5           move.w   &5,c              5: c:=5;
             bra      ende
ow           move.w   &0,c              otherwise: c:=0;
ende         end      Anfang           end.
```

Man beachte in Bild 8.7 die Zeilen:

```
             move.l   stab-4(pc,d0),a0
             jmp      (a0)
stab         dc.l     c1,c2,c3,ow,c5
```

Ausgerichtet
Positionsinvarianter
Kode

Der Bereich `stab` liegt im Kode, wo er auch hingehört. Er wird automatisch *ausgerichtet* angelegt (siehe Abschnitte 3.2 und 5.3). Bei dem Sprungbefehl handelt es sich um einen Sprung mit dem Adressierungsmodus „indirekt über Register". Dabei enthält das Register `a0` das Sprungziel, d. h. die Adresse der Fallmarke. Durch den `move`-Befehl mit PC-relativer Adressierung (relativ mit Index und Distanz, siehe Abschnitt 4.2) wird das Adressregister `a0` zuvor mit dem entsprechenden Inhalt aus der Sprungtabelle geladen. Man beachte bei diesem Programm, dass die Verwendung der PC-relativen Adressierung *positionsinvarianten Kode* unterstützt.

9 Speicherabbildung von Datentypen

Wir betrachten im folgenden Datentypen (in Pascal: `array`, `record`), die aus Elementen eines einfachen Datentyps (z. B. `integer`, `boolean`, `char`) zusammengesetzt sind, sogenannte *zusammengesetzte Datentypen*. Im allgemeinen Fall können die Elemente nicht nur von einem einfachen Datentyp, sondern auch wiederum zusammengesetzte Datentypen sein (z. B. Pascal: `array ... of record_typ`). Wir befassen uns hier mit der Frage der *Speicherabbildung*, d. h. mit der Frage, wie solche Objekte eines zusammengesetzten Datentyps in den linearen Speicher eines Rechners abgebildet werden können, und wie wir die Elemente adressieren können.

9.1 Reihungen (array)

Betrachten wir als Beispiel den speziellen Fall einer (eindimensionalen) Reihung, deren Indexlaufbereich bei Null beginnt (siehe Bild 9.1) mit der Vereinbarung

```
var A: array[0..b] of T,
```

wobei der Elementtyp T je c Bytes im Speicher belege.

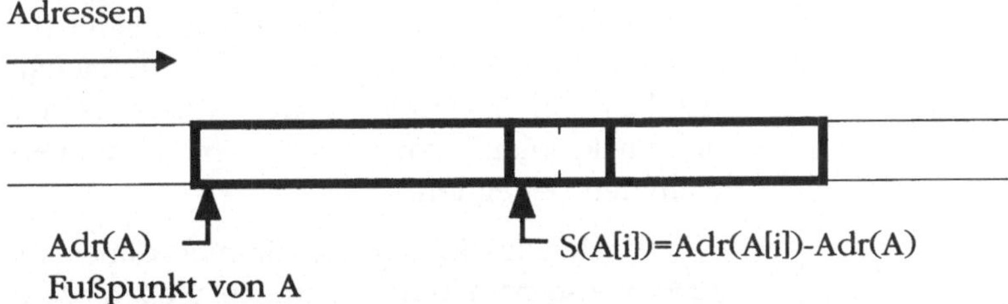

Bild 9.1: Speicherabbildung der Reihung `var A: array [0..b] of T`

Wir bezeichnen die Anfangsadresse eines Objekts (hier der Reihung) im Speicher als *Fußpunkt* (hier `Adr(A)=Adr(A[0])`). Um die Adresse eines Objektes, das Element der zusammengesetzten Datentyps ist, zu spezifizieren, führen wir eine *Speicherabbildungsfunktion* S ein, die die Adresse eines solchen Komponentenobjektes *relativ zum Fußpunkt* angibt.

In unserem Beispiel lautet die Speicherabbildungsfunktion, die die Adresse des Komponentenobjekts `A[i]` (relativ zum Fußpunkt) angibt:

$$S(A[i])=i*c.$$

Im allgemeinen Fall müssen wir noch berücksichtigen, dass der Indexlaufbereich nicht bei Null, sondern wie im folgenden Beispiel

```
var A': array[a'..b'] of T    mit b'=a'+b
```

bei a' beginnen kann (bei gleicher Anzahl von Reihungselementen). Wir können diesen Fall leicht auf den Fall unseres ersten Beispiels reduzieren, indem wir eine *Indexkorrektur* $i=i'-a'$ einführen. Für unsere Reihung A' erhalten wir dann die Speicherabbildungsfunktion im allgemeineren Fall

$$S(A'[i'])=S(A[i'-a'])=(i'-a')*c.$$

Betrachten wir mehrdimensionale Reihungen, so können wir feststellen, dass wir Indexlaufbereiche, die nicht bei Null beginnen, stets durch eine Indexkorrektur auf den Fall „Index ab Null" reduzieren können. Wir untersuchen deshalb im folgenden die Speicherabbildung mehrdimensionaler Reihungen mit „Index ab Null".

Nehmen wir als Beispiel eine zweidimensionale Reihung, so müssen wir uns entscheiden, ob wir die Abbildung in den (linearen) Speicher *zeilenweise* oder *spaltenweise* durchführen. Prinzipiell sind wir frei in der Wahl der Reihenfolge der Ablage der Elemente. Allerdings müssen wir bedenken, dass, wenn wir die Adresse des ganzen Objektes (der ganzen Datenstruktur) an ein anderes Programm übergeben (damit dieses das Objekt bearbeiten kann), dieses Programm dergleichen Auffassung hinsichtlich der Reihenfolge der Ablage sein muss. (Wir werden diesem Problem später wieder im Zusammenhang mit Unterprogrammen begegnen.)

Wir wählen im folgenden für mehrdimensionale Reihungen die zeilenweise Abbildung, d. h. die Zeilen werden in aufsteigender Reihenfolge in den Speicher abgelegt. Für eine zweidimensionale Reihung

```
B: array[0..d₁, 0..d₂] of T
```

ergibt sich somit die Speicherabbildungsfunktion

$$S(B[i,j]) = [i(d_2+1)+j]c$$

und damit die Adresse des Elementes $B[i,j]$ zu

$$Adr(B[i,j]) = Adr(B)+[i(d_2+1)+j]c$$

(wobei $Adr(B)$ der Fußpunkt von B ist).

Induktiv lässt sich die Speicherabbildung auf k Dimensionen verallgemeinern. Für

$$X:\ \texttt{array}[0..d_1,\ ...,\ 0..d_k]\ \texttt{of}\ T$$

erhalten wir

$$\texttt{Adr}(X[i_1,\ i_2,\ i_3,\ ...,\ i_k])\ =\ \texttt{Adr}(X)+\sum_{r=1}^{k}\ a_r\ i_r$$

$$\text{mit } a_r\ =\ c\ \prod_{s=r+1}^{k}\ (d_s\ +\ 1)\ .$$

Bei dieser Speicherabbildung werden die Elemente lexikographisch aufsteigend nach dem Indizes i_1, i_2, ..., i_k im Speicher angeordnet. Neben dieser *zeilenweisen Speicherung* ist auch die *spaltenweise Speicherung* weit verbreitet (z. B. werden Fortran-Übersetzer spaltenweise Speicherung an), bei der die Indizes in der Reihenfolge i_k, ..., i_1 lexikographisch geordnet sind. Für diese Speicherabbildung gilt:

$$\texttt{Adr}(X[i_1,\ i_2,\ i_3,\ ...,\ i_k])=\texttt{Adr}(X)+\sum_{r=1}^{k}\ a_r\ i_r$$

$$\text{mit } a_r=c\ \prod_{s=1}^{r-1}\ (d_s\ +\ 1)\ .$$

Wenn wir die Größe c der Komponente vom Typ T als *Speicheraufwand* $\texttt{size}(T)$ bezeichnen, so ergibt sich für mehrdimensionale Reihungen (unabhängig von der Reihenfolge der Speicherung) für den Speicheraufwand des gesamten Objekts:

$$\texttt{size}(X)=\texttt{size}(T)\ \prod_{s=1}^{k}\ (d_s\ +\ 1)\ .$$

9.2   Verbunde (record)

Seien $T1$, ..., Tk Datentypen, die $\texttt{size}(T1)$, ..., $\texttt{size}(Tk)$ Speicheraufwand beanspruchen, dann gilt für

$$\texttt{var R: record } s_1:\ T_1;\ s_2:\ T_2;\ ...\ s_k:\ T_k\ \texttt{end};$$

$$\texttt{Adr}(R.s_i)=\texttt{Adr}(R)+\sum_{j=1}^{i-1}\ \texttt{size}(T_j)\ .$$

Das bedeutet: die Elemente von Verbunden werden entsprechend der Reihenfolge ihrer Vereinbarung im Speicher abgelegt. Die Elemente werden demnach mit einer konstanten Distanz relativ zum Fußpunkt des Verbundes ($\texttt{Adr}(R)$) adressiert (wobei die Distanz dem Wert der obigen Summe entspricht). Es empfiehlt sich bei der Programmierung auf Maschinenebene für diese Distanzen Konstantenvereinbarungen einzuführen – mit dem Bezeichnern der Elemente als Konstantenbezeichnern. Die Verständlichkeit und Lesbarkeit von Assemblerprogrammen wird dadurch wesentlich erhöht.

<table>
<tr><td>

**Schleifenkörper
Schleifenvariable**

</td><td>

Bei Schleifen geht es darum, dass ein Programmstück mehrfach zyklisch durchlaufen werden soll. Wir nennen dieses Programmstück *Schleifenkörper.* Alle Variablen auf die im Schleifenkörper lesend, beziehungsweise erst lesend und dann schreibend, zugegriffen wird, nennen wir die *Schleifenvariablen.* Vor dem Eintritt in den ersten Durchlauf des Schleifenkörpers müssen die Schleifenvariablen initialisiert sein (vergessene Initialisierung bei Schleifen ist einer der häufigsten Programmierfehler!). Die Realisierung von Schleifen erfolgt mittels bedingter Sprungbefehle. Die Zahl der Schleifendurchläufe wird durch die Auswertung von Booleschen Ausdrücken gesteuert (Ende- oder Terminierungsbedingung), in denen die Schleifenvariablen auftreten (durch Setzen der Kennzeichenbits für die bedingten Sprünge). Bei der maschinennahen Programmierung von Schleifenkörpern ist besonders darauf zu achten, dass die Variablen, auf die zugegriffen wird, möglichst alle in Registern gehalten werden. Die Laufzeit eines Programmes mit Schleifen hängt, insbesondere bei einer hohen Zahl von Schleifendurchläufen, entscheidend von der Beachtung dieser Optimierungsmaßnahme ab. Denkt man an mehrere geschachtelte Schleifen, so wird deutlich, dass schnell die Anzahl der verfügbaren Register knapp werden kann (was bei moderneren Hardwarearchitekturen auch dazu geführt hat, dass die Anzahl der Register zunahm). Selbstverständlich sind bei geschachtelten Schleifen die Optimierungsmaßnahmen auf die inneren Schleifen zu konzentrieren.

</td></tr>
</table>

Da Schleifen mit Zählung (Zählschleifen, FOR-Schleifen) in den praktischen Anwendungen häufig auftreten, verfügen Prozessoren über Hardwareunterstützung in Form spezieller *Schleifenbefehle.* Diese Befehle arbeiten mit einem Register zusammen, dem sogenannten *Schleifenregister.* Typischerweise werden bei solchen Befehlen die folgenden Operationen in einen Maschinenbefehl zusammengefasst:

Bild 10.1:
Schleifenbefehl

- dekrementiere Schleifenregister um eins
- bedingter Sprung (z. B. Rücksprung), falls das Register nicht einen speziellen Wert annimmt. (Bei INTEL: CX-Register = 0 und bei MOTOROLA: Daten-Register = – 1)

Typisch für Schleifenbefehle ist ferner, dass sie die Kennzeichenbits nicht verändern (trotz eingebauter Dekrementierung). Dadurch kann ein Stand der Kennzeichenbits von einem Durchlauf an den nächsten übergeben werden, was für manche Anwendung nützlich ist.

Wird der Schleifenbefehl, wie üblich, am Ende des Schleifenkörpers zum (bedingten) Rücksprung auf den Anfang des Schleifenkörpers verwendet, so ist zu beachten:

- dass das Schleifenregister dekrementiert wird, d. h. wenn man es zur Zählung der Schleifendurchläufe verwendet, die Zählung „rückwärts" erfolgt und der letzte Schleifendurchgang mit einem bestimmten Wert erfolgt (bei INTEL mit dem Wert 1 und bei MOTOROLA mit dem Wert 0);

- dass eine Fehlersituation entstehen kann, falls das Schleifenregister bei Eintritt in den Schleifenkörper einen negativen Wert hat (bei INTEL: `CX ≤ 0`). Dieses Problem der „falschen Zählung" lässt sich dadurch vermeiden, dass man einen bedingten Sprungbefehl vor dem Eintritt in den Schleifenkörper einfügt, durch den in diesem Fall ein Sprung um den Schleifenkörper herum erfolgt (INTEL bietet dafür den speziellen Befehl `JCXZ Marke`).

Wir werden in den folgenden Programmbeispielen die aus Pascal bekannten Schleifenformen (siehe Bild 10.2) behandeln. Man beachte, dass bei der **REPEAT**-Schleife der Schleifenkörper (Anweisungsteil) stets mindestens einmal durchlaufen wird.

Bild 10.2: Pascal-Schleifenformen (mit `INIT`: Initialisierung, `Anw-Teil`: Schleifenrumpf und BA: Boolescher Ausdruck für Endebedingung)

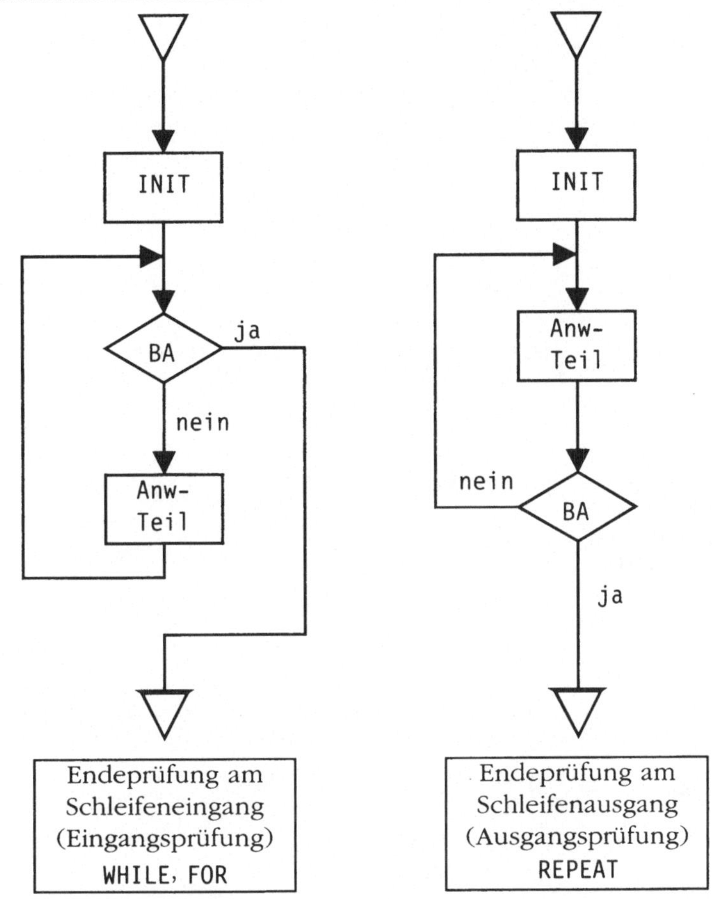

Bei den folgenden Programmbeispielen mit Zählschleifen (FOR- oder WHILE-Schleifen) zeigt sich, dass der Einsatz des speziellen Schleifenbefehls nicht immer zu einer effizienten (und registersparenden) Lösung führt, sondern dass unter Umständen die Verwendung bedingter Sprungbefehle günstiger sein kann.

10.1 INTEL: Programmbeispiele zu Schleifen

Bild 10.3: Programm zur Berechnung des Logarithmus zur Basis 2 (INTEL)

```
.MODEL SMALL                    ; program log_dualis;

.DATA                           ; var
    p DW 56                     ;   p: integer == 56;
    q DW  ?                     ;   q: integer;

.CODE
Anfang: mov   ax, @DATA         ; begin
        mov   ds, ax

        sub   ax, ax            ;   q:= 0; { q in ax }
```

```
              mov    bx, p         ;    while p >= 2 do
                                   ;    { p in bx }
      m1: cmp    bx, 2
          jl     m2
                                   ;    begin
              sar    bx, 1         ;      p:= p div 2;
              inc    ax            ;      q:= q + 1;
              jmp    m1
      m2: mov    q, ax             ;    end { q:= ax }


Ende:     mov    ax, 4C00H        ; end.
          int    21H
          END Anfang
```

Bild 10.4: Programm
zur Berechnung der
Summe der Komponen-
tenwerte eines Vektors
(INTEL)

```
.MODEL SMALL                      ; program vecsum_1;

 n EQU 10                         ; const n = 10;

.DATA                             ; var
 s DW ?                           ;   s : integer;
                                  ;   i : integer; { i in bx }
 x DW n DUP (?)                   ;   x : array [0..n-1] of
                                  ;                   integer;


.CODE
Anfang:   mov    ax, @DATA        ; begin
          mov    ds, ax           ;

          sub    ax, ax           ;   s:= 0; { s in ax }
          mov    bx, ax           ;   i:= 0;
          mov    cx, n            ;   while i < n do
          sal    cx, 1            ;   {cx:= 2*n }
   m1: cmp    bx, cx              ;
          jge    m2               ;     begin
          add    ax, x[bx]        ;       s:= s + x[i];
          add    bx, 2            ;       i:= i + 1;
          jmp    m1               ;
   m2: mov    s,  ax              ;       end
                                  ;     { s:= result in ax }


Ende:     mov    ax, 4C00H        ; end.
          int    21H              ;
END Anfang
```

Bild 10.5: Programm zur Berechnung der Summe der Komponentenwerte eines Vektors mit Schleifenbefehl loop (INTEL)

```
.MODEL SMALL              ; program vecsum_2;

n EQU 10                 ; const n = 10;

.DATA                    ; var
  s DW 1                 ;   s: integer;
  x DW n DUP (1)         ;   x: array[0..n-1] of
integer;


.CODE
Anfang:  mov  ax, @DATA   ; begin
         mov  ds, ax

         sub  ax, ax      ;    s:=0; { s in ax }
                          ;    i:=0; { i in cx }
         mov  cx, n       ;    while i<n do
         jcxz m2          ;      begin
         mov  bx,OFFSET x ;
  m1:    add  ax, [bx]    ;        s:=s + x[i];
         inc  bx          ;        i:=i + 1;
         inc  bx          ;
         loop m1          ;
  m2:    mov  s, ax       ;      end
                          ;      { s:= result in ax }

Ende:    mov  ax, 4C00H   ; end.
         int  21H
END Anfang
```

Um das oben erwähnte Problem der „falschen Zählung" abzufangen, gibt es beim INTEL-Prozessor den speziellen Befehl jcxz <Marke> (siehe Bild 10.5). Diesem Befehl äquivalent ist die Befehlsfolge

```
cmp cx, 0
jz  <Marke>
```

allerdings mit dem kleinen Unterschied, dass der Befehl jcxz die Kennzeichenbits unverändert läßt. Es ist zu beachten, dass dieser Befehl jcxz das Problem der „falschen Zählung" nicht immer abfängt. Er versagt, falls der Wert des cx-Registers kleiner Null ist.

Bild 10.6: Programm zur Berechnung von Polynomwerten nach dem Hornerschema (INTEL)

```
.MODEL SMALL              ; program polynom;

n EQU 2                  ; const n = 2;

.DATA                    ; var
  h DW  3                ; h: integer ==  3;
```

```
 x0 DW  0                 ; x0: integer ==  0;
 x1 DW 12                 ; x1: integer == 12;
                          ;  j: integer; { j in di }
                          ;  k: integer; { k in bx }
                          ;  p: integer; { p in ax }
                          ;  x: integer; { x in cx }
 a DW  4, 3, 2            ;  a: array[0..n] of integer
                          ;     == (4,3,2);
 y DW 10 DUP (?)          ;  y: array[1..10] of integer;


.CODE
Anfang:  mov   ax, @DATA       ; begin
         mov   ds, ax

         sub   di, di          ;  j:= 0;
         mov   cx, x0          ;  x:= x0;
    m1:  cmp   cx, x1          ;  while x <= x1 do
         jg    ende            ;    begin
         mov   bx, n           ;      p:= a[n];
         sal   bx, 1           ;
         mov   ax, a[bx]       ;
    m2:  dec   bx              ;      for k:=n-1 downto 0 do
         dec   bx              ;
         jl    m3              ;
         imul  cx              ;          p:= p * x + a[k];
         add   ax, a[bx]       ;
         jmp   m2              ;
    m3:  inc   di              ;      j:= j + 1;
         inc   di              ;
         mov   y-2[di], ax     ;      y[j]:= p;
         add   cx, h           ;      x:= x + h;
         jmp   m1              ;    end
Ende:    mov   ax, 4C00H       ; end.
         int   21H
END Anfang
```

10.2 MOTOROLA: Programmbeispiele zu Schleifen

Bild 10.7: Programm zur Berechnung des Logarithmus zur Basis 2 (MOTOROLA)

```
*                                      program log_dualis;
p         dc.w     56                  var p: integer == 56;
q         dc.w      0                      q: integer;
*                                      begin
Anfang    clr.w     d0                     q:=0;
          move.w    p,d1                   while p>=2 do
loop      cmp.w     #2,d1                   begin
          blt       ende
```

```
                asr.w    #1,d1            p:=p div 2;
                addq.w   #1,d0            q:=q+1;
                bra      loop          end;
ende            move.w   d0,q             { q:=ld(p); }
                end      Anfang        end.
```

Bild 10.8: Programm zur Berechnung der Summe der Komponentenwerte eines Vektors (MOTOROLA)

```
*                                program vecsum1;
n               EQU      10       const n = 10;
s               ds.w     1        var s: integer;
i               ds.w     1            i: integer;
x               ds.w     n            x: array [0..n-1] of
                                          integer;
*                                begin
Anfang          move.w   #0,d0      s:=0;   { s in d0 }
                move.w   &0,i       i:=0;
                move.l   #x,a0      { adr x[0] in a0 }
sum             move.w   i,d1       while i<n do begin
                cmp.w    #n,d1
                bge      nt
                lsl.w    #1,d1          s:=s+x[i];
                add.w    (a0,d1),d0
                addq.w   #1,i           i:=i+1;
                bra      sum          end
nt              move.w   d0,
                end      Anfang     end.
```

Bild 10.9: Programm zur Berechnung der Summe der Komponentenwerte eines Vekrtors mit Schleifenbefehl dbf (MOTOROLA)

```
*                                program vecsum2;
n               EQU      10       const n = 10;
s               ds.w     1        var s: integer;
*                                    i: integer; {in d1}
x               ds.w     n            x: array [0..n-1] of
*                                          integer;
*                                begin
Anfang          eor.w    d0,d0      s:=0;   { s in d0 }
                eor.w    d1,d1      i:=0;   { 2*i in d1 }
                move.w   #n-1,d2    { Zählindex }
                move.l   #x,a0      { Adr x[0] in a0 }
                cmp.w    #0,d2
                blt      endsum   {wg falscher Zählung}
                                   while i<n do begin
sum             add      (a0,d1),d0   s:=s+x[i];
                addq     #2,d1        i:=i+1;
                dbf      d2,sum       end
endsum          move.w   d0,s
                end      Anfang     end.
```

Um das oben erwähnte Problem der „falschen Zählung" abzufangen wurde in Bild 10.9 vor dem Schleifenkörper noch ein bedingter Sprung `blt endsum` um den Schleifenkörper herum eingefügt.

Bild 10.10: Programm zur Berechnung von Polynomwerten nach dem Hornerschema (MOTOROLA)

```
*                              program polynom;
n        EQU     2             const n = 2;
h        dc.w    3             var h: integer == 3;
x0       dc.w    0                 x0: integer == 0;
x1       dc.w    12                x1: integer == 12;
*                                  x: integer; {in d1}
*                                  k: integer; {in d2}
*                                  p: integer; {in d3}
*                                  j: integer; {in d0}
a        dc.w    4,3,2             a: array [0..2] of
*                                     integer
*                                     == (4,3,2);
y        ds.w    10                y: array [1..10] of
*                                     integer;
*                              begin
Anfang   move.l  #a,a0             { Adr a[0] in a0 }
         move.l  #y,a1             { Adr y[1] in a1 }
         sub.w   d0,d0             j:=0;
         move.w  x0,d1             x:=x0;
loopx    cmp.w   x1,d1             while x<=x1 do
         bgt     ende              begin
         move.w  #n,d2                { k:=n; }
         lsl.w   #1,d2                p:=a[n];
         move.w  (a0,d2),d3
loopk    subq.w  #2,d2             for k:=n-1 downto 0
         bmi     nexth             do
         muls.w  d1,d3                p:=p*x+a[k];
         add.w   (a0,d2),d3
         bra     loopk
nexth    addq    #2,d0             j:=j+1;
         move.w  d3,(a1,d0)        y[j]:=p;
         add.w   h,d1              x:=x+h;
         bra.w   loopx             end
ende     end     Anfang         end.
```

Unterprogramme

Betrachten wir ein Programm (Hauptprogramm), indem ein und dasselbe Teilprogramm an verschiedenen Stellen ausgeführt werden soll, dann haben wir zwei Möglichkeiten, dies zu realisieren:

Bild 11.1: Makrotechnik und Unterprogrammtechnik

a) Makrotechnik

b) Unterprogrammtechnik

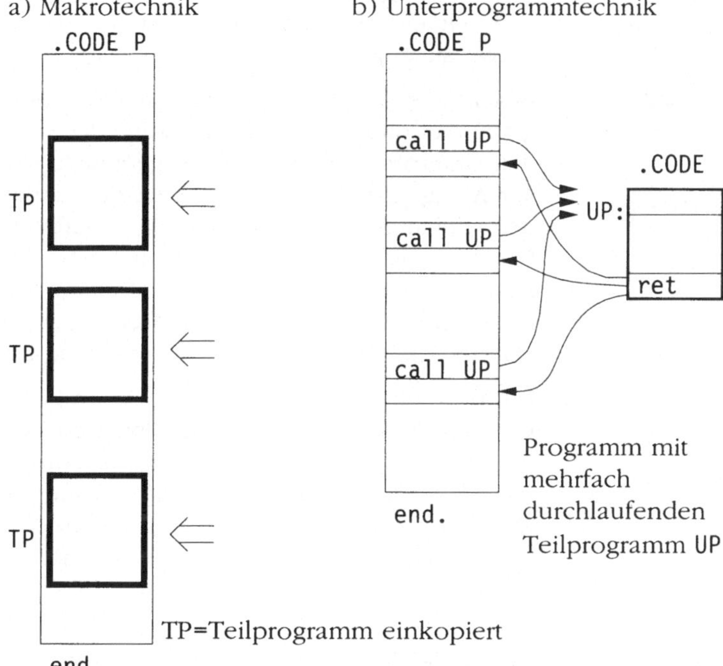

Makro
Makroaufruf

a) Makrotechnik: Hier wird das Teilprogramm an den Stellen, wo es gebraucht wird, einkopiert (siehe Bild 11.1a). Dazu wird dem Teilprogramm, dem sogenannten *Makro*, ein Name zugeordnet (Makroname). Dies geschieht durch die sogenannte *Makrodefinition* (ähnlich der aus Programmiersprachen bekannten Prozedurdefinition). An den Stellen, an denen das Makro einkopiert werden soll, wird dann lediglich der Makroname genannt, was auch als *Makroaufruf* bezeichnet wird. Ähnlich wie bei Prozeduren kann ein Makro Parameter haben, mit der Wirkung, dass bei Makroaufruf anstelle der formalen Parameter im Makrorumpf die aktuellen Parameter einkopiert werden.

b) Unterprogrammtechnik: Hier ist das Teilprogramm, das *Unterprogramm* (UP), nur einmal im Kode vorhanden (siehe Bild 11.1b) und wird durch eine Marke (Unterprogrammname) gekennzeichnet. An den Stellen, an denen das Unterprogramm ausgeführt werden soll (den Aufrufstellen), erfolgt der Aufruf durch einen speziellen Sprungbefehl (in Bild 11.1b `call` mit dem Unterprogrammbezeichner als Operand, d. h. Sprungziel). Am Ende des Unterprogramms erfolgt die Rückkehr in das aufrufende Programm wiederum durch einen speziellen Sprungbefehl (in Bild 11.1b: `ret`) auf die *Rückkehradresse*, d. h. die Adresse des Befehls, der im aufrufenden Programm nach den Befehl zum Aufruf folgt. Diese Rückkehradresse ist nicht fest und es erhebt sich die Frage, wo sie abgelegt wird.

Laufzeitstapel

Beachtet man, dass bei mehrfachen, geschachtelten Unterprogrammaufrufen stets die Rückkehradresse des zuletzt ablaufenden Unterprogramms als erstes gebraucht wird, so empfiehlt sich, zur Ablage der Rückkehradressen der Stapel (den wir schon bei der Behandlung arithmetischer Ausdrücke benutzt haben). Diesen Stapel nennen auch wir *Laufzeitstapel* (oder Laufzeitkeller). Wir legen bei Aufruf eines Unterprogramms die Rückkehr-Adresse auf den Laufzeitstapel, um sie am Ende des Unterprogramms wieder zum Rücksprung zu entnehmen.

Da dies eine Standardtechnik ist und in den Anwendungen Unterprogramme häufig vorkommen, bieten die Prozessoren hier besondere Hardwareunterstützung in Form von *speziellen Befehlen* für Unterprogrammaufruf bzw. Unterprogrammrückkehr an. Der Befehl für den Aufruf legt die Rückkehradresse auf dem Laufzeitstapel ab, und der Befehl für die Rückkehr entnimmt sie von dort.

11.1 Prozeduren

Das Prozedurkonzept (`procedure`) und das Konzept der Funktionen (`function`) aus höheren Programmiersprachen (z. B. Pascal) können wir in Unterprogramme auf Maschinenebene umsetzen. Dabei müssen wir noch zwei Fragen untersuchen:

- die Mechanismen zur *Parameterübergabe*, d. h. wie Parameter und Ergebnisse zwischen dem aufrufenden Programm und dem Unterprogramm ausgetauscht werden (dabei werden Funktionsergebnisse genauso wie Ergebnisparameter behandelt);

- die Implementierung von *lokalen Variablen* der Prozedur (bzw. Funktion).

Wir verzichten hier auf die Behandlung der Implementierung von globalen Variablen und betrachten nur Prozeduren (bzw. Funktionen) ohne globale Variablen. Dieses komplizierte Thema sprengt den Rahmen unserer Darstellung, so dass wir dazu auf die Übersetzerbauliteratur verweisen müssen [GoW85], [Kas90].

Bei den Mechanismen zur Parameterübergabe gibt es mehrere Möglichkeiten. Gebräuchlich sind die folgenden Techniken:

1. *Übergabe in Registern:* Bei Aufruf enthalten bestimmte Register die Werte der Eingabeparameter und der Ein-/Ausgabeparameter (transiente Parameter) und bei Rückkehr enthalten dieselben oder andere Register die dann vorhandenen Werte der transienten Parameter oder der Ergebnisparameter. Dieses Verfahren ist das effizienteste mit dem geringsten organisatorischen Aufwand, hat allerdings den Nachteil, dass die verwendeten Register dann vergeben sind und für die Programmierung des Unterprogrammes fehlen. Ferner ist die Methode natürlich nur brauchbar, solange der Umfang der Parameter nicht den (bei Aufruf) freien Vorrat an Registern übersteigt.

2. *Versorgungsblocktechnik:* Hier wird in einem Register die Anfangsadresse eines zusammenhängenden Speicherbereiches (Versorgungsblock) übergeben, der die Parameter enthält. Gegebenenfalls können mehrere Versorgungsblöcke (und Register) verwendet werden. Das Unterprogramm greift dann mittels indirekter Adressierung auf den Versorgungsblock zu. Die Technik ist aber nur verwendbar, wenn man Parameter in *zusammenhängenden Speicherbereichen* hat. Dies ist üblicherweise bei Systemaufrufen der Fall, so dass dies die bevorzugte Technik bei Betriebssystemaufrufen ist. Diese Technik lässt sich auch auf Parameter in nicht-zusammenhängenden Speicherbereichen erweitern, indem man in den Versorgungsblock nicht die Werte, sondern die Adressen der Parameter aufnimmt und dann doppelt indirekt adressiert. Für die Implementierung der Parameterübergabe bei Prozeduren ist diese Technik allerdings zu kompliziert. Wir verwenden daher die folgende einfachere Methode.

3. *Übergabe im Stapel:* Hier werden die Werte der Eingabe- und transienten Parameter vor Aufruf der Prozedur auf dem Laufzeitstapel abgelegt, für Ergebnisparameter wird entsprechender Platz reserviert. Nach Rückkehr aus der Prozedur entnimmt man dem Laufzeitstapel die Werte der transienten- und Ergebnisparameter. Bei Parametern, die wie bei Reihungen (`array`) oder Verbunden (`record`) sehr umfangreich sein können und daher nicht kopiert werden sollten, legt man statt dessen besser die Adresse des Parameters auf den Laufzeitstapel. Diese Technik der Parameterübergabe ist eine Standardtechnik, die bei höheren Programmiersprachen

als Parameterübergabeverfahren *Referenzaufruf* bekannt ist. Wir werden sie daher auch im folgenden bei unseren Programmbeispielen zugrunde legen. Zu bemerken ist noch, dass die Technik „Übergabe in Registern" von (guten) Übersetzern auch als Optimierungsmaßnahme eingesetzt wird.

Generell ist natürlich zu beachten, dass die Technik der Parameterübergabe zwischen dem aufrufenden und dem aufgerufenen Programm verabredet sein muss.

Parameterübergabeverfahren

Wir haben oben die Technik der Parameterübergabe kennengelernt und wollen nun die gebräuchlichsten *Parameterübergabeverfahren* in höheren Programmiersprachen zusammenfassen. Unter Parameterübergabeverfahren verstehen wir dabei die Konzepte (oder die Semantik) der Parameterübergabe, die in höheren Programmiersprachen definiert sind. Wir unterscheiden die Konzepte:

Wertaufruf

1. *Wertaufruf* (call by value): Dabei wird bei Aufruf der Wert eines Eingabeparameters (aktuellen Parameters) an die Prozedur übergeben.

2. *Wert- und Ergebnisaufruf* (call by value and result): Hier handelt es sich um einen transienten Parameter. Bei Aufruf wird der Wert des aktuellen Parameters an die Prozedur übergeben und bei Rückkehr das Ergebnis geliefert, d. .h. der aktuelle Parameter hat dann den Wert des Ergebnisses.

Referenzaufruf

3. *Referenzaufruf* (call by reference): An die Prozedur wird nicht der Wert des aktuellen Parameters, sondern seine Adresse übergeben. Innerhalb der Prozedur verwendet man zum Zugriff auf den (formalen) Parameter die Adresse und bearbeitet mittels indirekter Adressierung den Speicherbereich des aktuellen Parameters (in der Umgebung der aufrufenden Prozedur).

In der Programmiersprache Pascal gibt es nur die beiden Parameterübergabeverfahren Wertaufruf und Referenzaufruf, wobei die Unterscheidung syntaktisch dadurch gekennzeichnet wird, dass bei Referenzaufruf dem Bezeichner des (formalen) Parameters ein „var" vorangestellt wird (formale Parameter ohne „var" sind dann also Wertaufruf-Parameter).

Schachtel

Wie wir gesehen haben, wird bei Prozeduraufruf der Laufzeitstapel benutzt, um die aktuellen Parameter und die Rückkehradresse abzulegen. Aus jedem Prozeduraufruf resultiert also ein Teil des Laufzeitstapels. Diesen Teil, der (wie wir aus Bild 11.2 sehen) im allgemeinen Fall noch mehr enthalten kann, nennen wir *Schachtel* (activation record). Man beachte, dass die

Schachtel nach Ablauf der Prozedur wieder von Laufzeitstapel herunter genommen werden muss.

Bild 11.2: Schachtel eines Prozedurablaufs

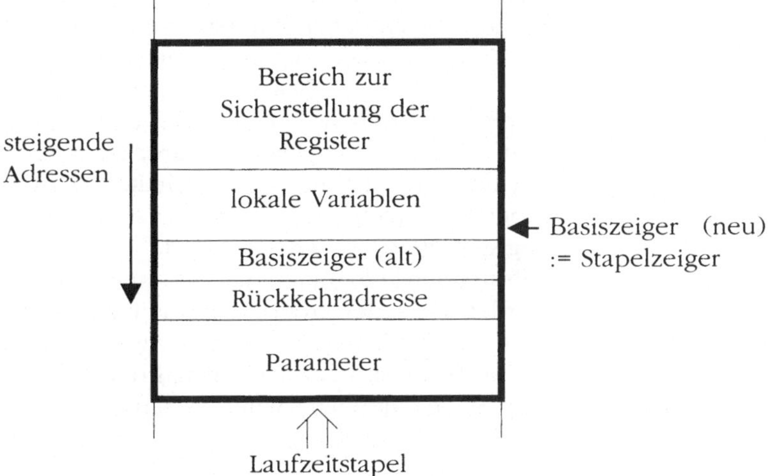

Bei der Organisation des Laufzeitstapels ist zu beachten, dass der **Stapel stets umgekehrt zur Richtung der aufsteigenden Adresse wächst** (aus einem Grund, den wir erst später erläutern können).

Wir wollen nun den Aufbau einer Schachtel genauer betrachten. Zunächst folgt nach dem Bereich zur Ablage der Parameter die Rückkehradresse, die von dem speziellen Hardware-Befehl zum Aufruf dort automatisch abgelegt wird (die Parameter müssen abgelegt sein, bevor der Befehl zum Aufruf durchgeführt wird). Die Reihenfolge der Ablage der aktuellen Parameter ist grundsätzlich beliebig, muss aber zwischen aufrufendem und aufgerufenen Programm abgesprochen sein. Wir werden sie in unseren Programmbeispielen in der textuellen Reihenfolge des umzusetzenden Pascal-Programms auf den Stapel legen (eine Reihenfolge, die auch von Pascal-Übersetzern meist benutzt wird. Die Übersetzer für die Sprache C benutzten gerade die umgekehrte Reihenfolge).

Basiszeiger
Basisregister

Um innerhalb der Prozedur (des Unterprogramms) auf die auf den Stapel liegenden Parameter zugreifen zu können, benötigen wir eine geeignete Methode. Als Standardtechnik verwendet man hier einen sogenannten *Basiszeiger* (Schachtelzeiger), dessen Wert in einem (speziell dafür benutzten) Register gehalten wird, dem sogenannten *Basisregister*. Durch indirekte Adressierung über dieses Register wird auf die Parameter (und, wie wir später sehen werden, auch auf die lokalen Variablen der Prozedur) zugegriffen.

Der Bereich zur Sicherstellung der Register wird benötigt, wenn wir bei der Programmierung des Prozedurrumpfes Prozessorregister benötigen, die ja noch Werte des aufrufenden Programms enthalten können. Wir müssen daher beim Eintritt in die Prozedur (das Unterprogramm) zuerst die Registerinhalte (die dem aufrufenden Programm gehören) „retten", d. h. auf den Stapel sicherstellen, um sie natürlich am Ende der Prozedur von dort wieder in die Register zurückzuladen. Da der Basiszeiger ebenfalls in einem Register gehalten wird und das aufrufende Programm auch eine Prozedur sein kann, muss auch dieses Register gerettet werden, d. h. der Registerinhalt, der dem aufrufenden Programm gehört, muss auf den Stapel abgelegt werden (Basiszeiger(alt)). Erst danach kann dieses Register den Wert des Basiszeigers für die aufgerufene Prozedur aufnehmen. Dieser Wert wird auf den, gemäß der Reihenfolge der Ablage auf dem Stapel, aktuellen Wert des Stapelzeigers eingestellt durch:

$$\text{Basiszeiger(neu)} := \text{Stapelzeiger.}$$

Schließlich haben wir den Bereich der lokalen Variablen der aufgerufenen Prozedur. Da sich die Lebensdauer dieser Variablen nur über die Zeitspanne der Ausführung der Prozedur erstreckt, werden sie auf dem Stapel untergebracht. Da nach Ablauf der Prozedur die Schachtel wieder vom Stapel genommen wird, ist damit auch der Speicherbereich, der für die lokalen Variablen angelegt wurde, wieder frei. Das ist die einfachste Speicherverwaltung für lokale Variablen einer Prozedur. Wie wir aus dem Programmbeispielen später sehen, erfolgt analog wie bei den Parametern der Zugriff auf die lokalen Variablen über den Basiszeiger (mittels indirekter Adressierung über das spezielle Register).

Für die Programmierung eines Aufrufs und Ablaufs einer Prozedur (Unterprogramms) können wir folgenden Phasen identifizieren (die wir entsprechend in Befehle umsetzen müssen):

Bild 11.3: Phasen einer Prozedur

1. Ablage der Parameter auf den Stapel;
2. Aufruf der Prozedur mit speziellem Hardware-Befehl unter Ablage der Rückkehradresse auf den Stapel;
3. Sicherstellung des Basiszeigers (alt);
4. Neueinstellung des Basiszeigers (zur Adressierung der Parameter und lokalen Variablen);
5. Reservierung von Platz auf dem Stapel für die lokalen Variablen durch „Hochsetzen" des Stapelzeigers (wegen Adressierungsrichtung durch Dekrementieren des Stapelzeigers);
6. Sicherstellung des Inhalts der übrigen Register;

7. Ausführen des Rumpfes der Prozedur;

8. Freigabe des Stapelplatzes für die lokalen Variablen durch Absenken des Stapelzeigers (Inkrementieren des Stapelzeigers);

9. Rückstellen der geretteten Registerinhalte;

10. Rückkehr zum aufrufenden Programm mittels speziellem Hardwarebefehl unter Entnahme der Rückkehradresse vom Stapel;

11. Freigabe des Stapelplatzes für die Parameter.

Aufrufsequenz

Die Phasen 1 und 2 sind in dem aufrufenden Programm zu programmieren. Die entsprechende Befehlsfolge wird als *Aufrufsequenz* (calling sequence) bezeichnet.

11.2 Programmbeispiele zu Prozeduren

Wir behandeln als erstes Beispiel zur Umsetzung des Prozedurkonzeptes aus Pascal auf Maschinenebene das Beispiel in Bild 11.4.

Bild 11.4: Pascal-Programm mit Prozedur

```
program proc_beispiel_1;

var a, b, c, d, i: integer;
    r: array [1..5] of integer;

procedure p(x: integer; var y, z: integer);
var loc: integer;
begin   y := z+1;
        loc := x;
        loc := loc+1;
          z := loc;
end {proc p};

begin a := 1;
      b := 2;
      c := 3;
      i := 4;
      r[i]:= 13;
      p(a+b+c, d, r[i]);
end.
```

Wie wir sehen, hat die Prozedur p drei (formale) Parameter, wobei x per Wertaufruf und die Parameter y und z per Referenzaufruf übergeben werden. Als Technik der Parameterübergabe verwenden wir stets (also auch in den folgenden Beispielen) die Übergabe auf dem Stapel. Die Parameter legen wir in der Reihenfolge der textuellen Aufschreibung auf dem Stapel ab. Beim Aufruf der Prozedur p (im Hauptprogramm) tritt für den formalen Parameter x als aktueller Parameter der arithmetische Ausdruck a+b+c auf. Da x per Wertaufruf übergeben wird, bedeutet dies, dass vor Aufruf der Wert des arithmetischen Ausdrucks ermittelt und als erstes auf den Stapel gelegt werden muss.

Als nächster Parameter tritt für den formalen Parameter y der aktuelle Parameter d auf. Da der Parameter y als Referenzparameter spezifiziert ist, muss also die Adresse von d ermittelt und auf den Stapel gelegt werden.

Aufrufsequenz

Schließlich haben wir für den formalen Referenzparameter z den aktuellen Parameter r[i]. Das bedeutet, daß wir die Adresse des Reihungselementes r[i] mit i=4 ermitteln müssen (das vom Typ integer ist). Diese Adresse wird dann als letzter Parameter auf den Stapel gelegt. Diese Aktionen zur Ermittlung und Ablage der Parameter resultieren in einer Reihe von Befehlen, die vor dem Befehl zum Prozeduraufruf liegen müssen. Diese Befehlsfolge, zusammen mit den Befehl zum Prozeduraufruf ist die *Aufrufsequenz* (calling sequence) für unser Beispiel und entspricht den Phasen 1 und 2 aus Bild 11.2. Das Bild 11.5 zeigt für unser Beispiel den Aufbau des Stapels nach Ausführung des Prozeduraufruf-Befehls.

Bild 11.5: Aufbau des Stapels nach Ausführung des Prozeduraufrufbefehls

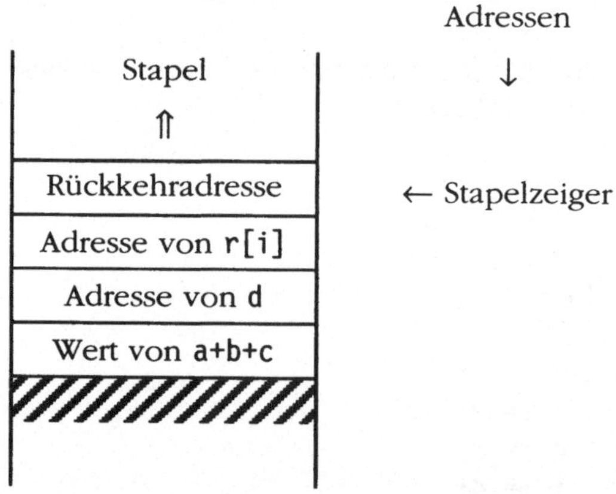

Betrachten wir unser Pascal-Programm in Bild 11.4, so sehen wir, dass die Prozedur p eine lokale Variable loc enthält. Bei der Umsetzung auf Maschinenebene wäre der einfachste (und effizienteste) Weg, diese Variable in einem freien Prozessorregister zu halten. Um aber die Implementierung lokaler Variablen auf dem Stapel zu zeigen, werden wir bei unserem Beispiel die lokale Variable loc auf dem Stapel realisieren.

Zum Verständnis der später folgenden Assemblerprogramme ist es stets zweckmäßig, sich zunächst über den Aufbau der

Schachtel des Prozedurablaufes (vergleiche Bild 11.2) klar zu werden.

Das Bild 11.6 zeigt den Aufbau der Schachtel für unser erstes Beispielprogramm (Das Bild 11.5 zeigt nur den Teil der Schachtel, der nach der Ausführung des Prozeduraufrufbefehls existiert).

Bild 11.6: Aufbau der Schachtel der Prozedur p

Stapel ⇑		Distanzen:	
		INTEL:	**MOTOROLA:**
gerettete Register			
lokale Variable loc	←	-2	-2
Basiszeiger (alt)	←	Basiszeiger (neu)	
Rückkehradresse			
Adresse von r[i]	←	+4	+8
Adresse von d	←	+6	+12
Wert von a+b+c	←	+8	+16

Indirekte Adressierung

Wir wenden uns nun der Frage zu, wie wir aus der Prozedur heraus, d. h. aus dem Assemblerprogramm des Prozedurrumpfes, auf die Parameter bzw. auf die lokalen Variablen in der Schachtel zugreifen. Die Standardtechnik hierfür ist *indirekte Adressierung* über das Basiszeiger-Register.

Auf der rechten Seite von Bild 11.6 ist angegeben, wie wir die Parameter der Prozedur- bzw. die lokale Variable unter indirekter Adressierung über das Basisregister erreichen. Dazu muss dem Inhalt des Basisregisters jeweils noch eine konstante Distanz (in Bytes gezählt) hinzugerechnet werden, die die Lage der Parameter bzw. der lokalen Variablen relativ zum Basiszeiger (neu) angibt. Diese Distanzen sind auf der rechten Seite von Bild 11.6 mit angegeben. Sie hängen ab von dem Speicherbedarf, den die einzelnen Elemente auf dem Stapel benötigen. Dabei werden wir Variable vom Typ `integer` stets mit 2 Bytes implementieren. Wir werden dies später bei der Behandlung der Assemblerprogramme noch im einzelnen sehen.

Als Beispiel für den Zugriff auf Parameter betrachten wir die Umsetzung der ersten Anweisung im Prozedurrumpf des Pascal-Progamms

```
y := z + 1;
```

Zweckmäßigerweise beginnen wir stets mit der rechten Seite der Zuweisung. Der Parameter z (aktueller Parameter r[i]) ist Referenzparameter, d. h. seine Adresse liegt auf der Position Basiszeiger+Distanz im Stapel. Um an den Wert von z zu kommen, laden wir mittels indirekter Adressierung über den Basiszeiger (+Distanz) zunächst die Adresse vom Stapel in ein freies Register und dann per indirekter Adressierung über dieses Register den Wert in ein (weiteres) Register.

Wir können dieses Verfahren der zweimaligen, indirekten Adressierung wie folgt darstellen:

1.   <Register> ⇐ <<Basiszeiger >+Distanz>

2.   <Register> ⇐ <<Register>>

In gleicher Weise verwenden wir zweimalige, indirekte Adressierung, um die Zuweisung an den Referenzparameter y zu realisieren. Zunächst laden wir per indirekter Adressierung über Basiszeiger (+Distanz) wieder die Adresse von y vom Stapel in ein Register. Dann verwenden wir indirekte Adressierung über dieses Register, um an y den Wert zuzuweisen. Wir können dies wie folgt zusammenfassen:

1.   <Register>   ⇐ <<Basiszeiger >+Distanz>

2.   <<Register>>   ⇐ Wert für y

Der Zugriff zu dem Wertparameter und zu der lokalen Variable loc (auf dem Stapel) erfolgt mit einmaliger, indirekter Adressierung über den Basiszeiger (+Distanz).

Bei der Implementierung von lokalen Variablen gibt es zwei Möglichkeiten zur Reservierung von Speicherplatz auf dem Stapel.

- Zum einen lässt sich dies durch Hochsetzen des Stapelzeigers (d. h. durch Dekrementierung des Stapelzeiger-Registers) um *n* Bytes erreichen, wobei *n* der Speicherbedarf der Variable in Bytes ist.

- Zum anderen kann auch die Stapel-Operation zur Ablage auf dem Stapel (z. B. PUSH) verwendet werden, was insbesondere dann zweckmäßig ist, wenn lokale Variablen mit Initialisierung implementiert werden sollen.

Man beachte, dass der für lokale Variable reservierte Stapelplatz nach dem Ende des Prozedurrumpfes, also nach dem Rückstellen der geretteten Register – aber *vor* dem Rückstellen des Basiszeigers – freigegeben werden muss.

Als nächstes Beispiel betrachten wir das Programm in Bild 11.7. Hier geht es um die Umsetzung einer gegebenen Pascal-Prozedur (vecsum), die die Summe (Referenzparameter sum) der Komponenten eines Vektors x bildet. Dabei wird der Vektor x als Referenzparameter übergeben.

Bild 11.7: Prozedur zur Berechnung der Komponenten eines Vektors

```
procedure vecsum(m: integer; var sum: integer;
                     var x: array [1..8] of integer)
var i: integer;
begin
  sum := 0;
  for i := 1 to m do
    begin
      sum := sum + x[i];
    end;
end;
```

Den Aufbau der Schachtel der Prozedur vecsum sehen wir in Bild 11.8.

Bild 11.8: Aufbau der Schachtel der Prozedur vecsum mit x als Referenzparameter

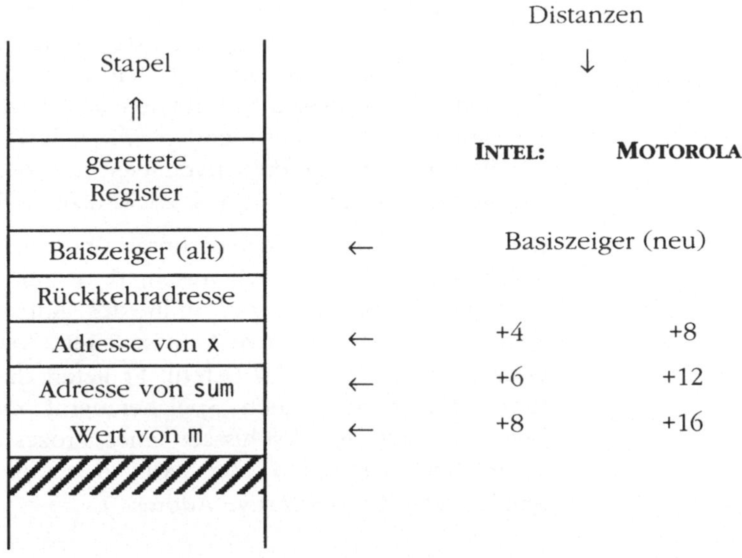

Als nächstes betrachten wir die obige Prozedur vecsum, allerdings mit dem Unterschied, dass jetzt der Vektor x nicht Referenzparameter (var-Parameter) ist, sondern per Wertaufruf übergeben wird.

Die Konsequenz ist, dass nun der Wert des Parameters, also die ganze Reihung, auf dem Stapel übergeben werden muss, wie wir in Bild 11.9 sehen. Diese Vorgehensweise ist sehr ineffizient, nicht nur, weil Speicherplatz auf dem Stapel benötigt wird, sondern vor allem deswegen, weil eine viel höhere Anzahl von Stapelzugriffen, d. h. Speicherzugriffen, entsteht.

Man beachte in Bild 11.9, dass die Reihung x in Richtung aufsteigender Adressen im Stapel abgelegt ist. Man muss zusammengesetzte Datenstrukturen im Stapel stets in aufsteigender Adressierungsrichtung ablegen. Dies gilt auch für lokale Variablen, die zusammengesetzte Datenstrukturen sind. Die Begründung dafür wird klar, wenn wir daran denken, dass wir die Komponenten stets mittels einer positiven Speicherabbildungsfunktion adressieren (siehe Kapitel 9).

Schliesslich betrachten wir noch zwei besonders interessante Fälle.

- Es wird aus einer Prozedur eine weitere Prozedur aufgerufen, die als aktuellen Parameter eine lokale Variable (der aufrufenden Prozedur) per Referenzaufruf übergeben bekommt. In diesem Fall müssen wir die Adresse der lokalen Variable auf dem Stapel ablegen. Die Frage ist nur woher bekommen wir diese Adresse, die ja erst zur Laufzeit bekannt ist.

- Ein analoges Problem haben wir, wenn ein Wertparameter der aufrufenden Prozedur als aktueller Parameter einer aufgerufenen Prozedur per Referenzaufruf übergeben werden soll. In diesem Fall müssen wir die Adresse des Wertparameters (der aufrufenden Prozedur) der aufgerufenen Prozedur als Referenzparameter auf dem Stapel ablegen. Auch diese Adresse ist erst zur Laufzeit bekannt.

Beide Fälle werden effizient unterstützt durch einen speziellen Maschinenbefehl, der dynamisch, d. h. zur Laufzeit, zu einem Operanden, der auch per indirekter Adressierung spezifiziert werden kann, die effektive Adresse liefert. Solch ein Befehl ist im Grunde ein „halber" MOV-Befehl. Er liefert die effektive Adresse, führt aber dann keinen Speicherzugriff mehr durch. Dieser Befehl ist stets im Befehlssatz eines Prozessors zu finden und lautet bei INTEL- und MOTOROLA-Prozessoren zufällig gleich, nämlich LEA (Load Effective Address).

Bild 11.9: Aufbau der Schachtel der Prozedur vecsum mit Reihung x als Wertparameter

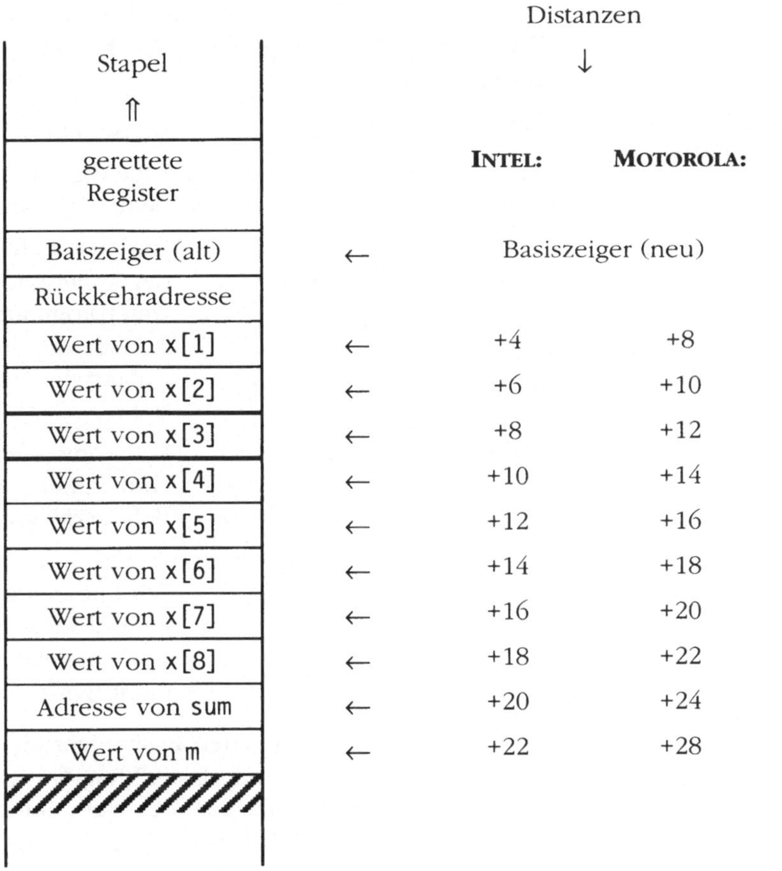

Distanzen

Stapel ⇑		INTEL:	MOTOROLA:
gerettete Register			
Baiszeiger (alt)	←	Basiszeiger (neu)	
Rückkehradresse			
Wert von x[1]	←	+4	+8
Wert von x[2]	←	+6	+10
Wert von x[3]	←	+8	+12
Wert von x[4]	←	+10	+14
Wert von x[5]	←	+12	+16
Wert von x[6]	←	+14	+18
Wert von x[7]	←	+16	+20
Wert von x[8]	←	+18	+22
Adresse von sum	←	+20	+24
Wert von m	←	+22	+28

11.2.1   INTEL: Unterprogrammbefehle

Für die Unterprogrammtechnik bieten die INTEL-Prozessoren Hardwareunterstützung in Form verschiedener, spezieller Maschinenbefehle. Wie bei den Sprungbefehlen (Kapitel 5.2.2) sind die unterschiedlichen Maschinenbefehle für den Assemblerprogrammierer nicht sichtbar, da in der Assemblersprache nur ein Befehl CALL für den Unterprogrammaufruf (und ein Befehl RET für die Unterprogrammrückkehr) existieren (siehe Bild 4.10).

Der CALL-Befehl hat einen Operand, durch den die Anfangsadresse des Unterprogramms, d. h. die Zieladresse für den Sprung, spezifiziert wird. Wie bei den Sprungbefehlen, erzeugt der Assemblierer dann den geeigneten Maschinenbefehl, je nachdem, wie der Operand spezifiziert ist. Die Spezifikationsmöglichkeiten sind die gleichen wie bei den Sprungbefehlen.

Wir werden in unserem Programmbeispielen allerdings von den vielfältigen Möglichkeiten keinen Gebrauch machen und uns auf eine einfache Form (direkter Intrasegment-Sprung) beschränken.

In dieser Form haben die Befehle für Unterprogrammaufruf (CALL) bzw. Unterprogrammrückkehr (RET) die in Bild 11.10 gezeigte Wirkung.

Bild 11.10: INTEL-Unterprogrammbefehle

Befehl	Wirkung	Bemerkung
call *up*	push <ip>	Lege die Rückkehradresse auf dem Stapel ab.
	<ip> $\Leftarrow$ *#up*	Lade das Befehlszählregister mit der Anfangsadresse *#up* des Unterprogrammes, d. h. mit der Adresse der Marke *up*, die am Anfang des Unterprogramms steht.
ret *n*	pop <ip>	Entnehme die Rückkehradresse vom Stapel und lade sie in das Befehlszählerregister.
	<sp> $\Leftarrow$ <sp> + *n*	Der Parameter *n* ist optional. Wird er angegeben, führt das zum Absenken des Stapelzeigers (inkrementieren des sp-Registers) um *n* Bytes.

Als spezielles Register für den Basiszeiger (Schachtelzeiger) dient bei den Intel-Prozessoren das BP-Register (*Base Pointer*). Das Register für den Stapelzeiger, der stets auf das oberste Stapelelement zeigt, ist das SP-Register (*Stack Pointer*).

Beide Register enthalten effektive Adressen, die standardmäßig noch mit der Segmentadresse des SS-Registers (*Stack Segment*) verknüpft werden, um die physikalische Adresse zum Speicherzugriff zu bilden (siehe Kapitel 3.7, Bild 3.8).

Verwendet man zur Übergabe der Parameter bei Prozeduren den Mechanismus *Übergabe im Stapel*, dann muss bei Rückkehr aus der Prozedur der für die Parameter benötigte Platz auf dem Stapel freigegeben werden. Dazu muss der Stapelzeiger abgesenkt werden. Weil Wachstumsrichtung des Stapels und Adressierungsrichtung gegenläufig sind, bedeutet das, dass das SP-Register um *n* Bytes inkrementiert werden muss. Wie wir aus Bild 11.10 sehen, kann das beim Befehl für die Prozedurrückkehr (RET) gleich miterledigt werden, wenn wir einen Operanden *n* angeben.

11.2.2 INTEL: Prozeduren

Im folgenden Abschnitt zeigen wir für die in Abschnitt 11.2 betrachteten Pascal-Programmbeispiele die entsprechenden

Assemblerprogramme. Wir betrachten zunächst grob die Struktur des ersten Assemblerprogrammes in Bild 11.11. Es ist das Assemblerprogramm zu dem Pascal-Programm in Bild 11.4.

Bild 11.11: Assembler-programm zum Pascal-programm proc_beispiel aus Bild 11.4 (INTEL)

```
.MODEL SMALL                    ; program proc_beispiel;

.DATA                           ; var
  a DW 1                        ;   a : integer == 1;
  b DW 2                        ;   b : integer == 2;
  c DW 3                        ;   c : integer == 3;
  d DW ?                        ;   d : integer;
  i DW 4                        ;   i : integer == 4;
  r DW 0,0,0,13,0               ;   r : array[1..5] of
                                ;       integer ==(0,0,0,13,0);

.CODE
p       PROC    ; procedure p
                ; (          x: integer;    { in [bp+8] }
                ;          var y: integer;    { in [bp+6] }
                ;          var z: integer );  { in [bp+4] }

        push bp     ; { Retten des BP-Registers        }
        mov  bp, sp ; { Einstellen des Basiszeigers    }
        dec  sp     ;   var loc:integer;{ in [bp-2]    }
        dec  sp     ; { reserviere Stapelplatz für loc}
        push di     ; { Retten der Register            }
        push ax
        push si
                    ; begin
        mov  di, [bp+4] ;   y:= z + 1;
                        ;       {Adresse von z nach di}
        mov  ax, [di]   ;
        inc  ax         ;
        mov  si, [bp+6] ;       {Adresse von y nach si}
        mov  [si], ax   ;
        mov  ax, [bp+8] ;       loc:= x;
                        ;       {   Wert von x nach ax}
        mov  [bp-2], ax ;
        inc  WORD PTR [bp-2]; loc:= loc + 1;
        mov  ax, [bp-2] ;       z := loc;
        mov  [di], ax   ;

        pop  si     ; { Rückstellen der Register }
        pop  ax
        pop  di
        inc  sp     ; { gebe Stapelplatz für loc frei}
        inc  sp
```

```
              pop   bp     ; { Rückstellen des BP-Registers }

              ret   6      ; end;
        p     ENDP

        Anfang: mov   ax, @DATA  ; begin { main programm }
                mov   ds, ax
                mov   ax, a  ;          p (a + b + c, d , r[i]);
                add   ax, b  ;
                add   ax, c  ;
                push  ax        ; { 1. Parameter:  a + b + c    }

                mov   ax, offset d;
                push  ax        ; { 2. Parameter: Adresse von d }

                mov   ax, i  ;
                shl   ax, 1  ; { *2 da Elemente 2 Bytes groß }
                add   ax, offset r; { Adresse von r }
                sub   ax, 2  ; { -2 da r:array[1.. statt [0..}
                push  ax     ; { 3. Parameter: Adresse von r[i] }

                call  p  ;

        Ende:   mov   ax, 4C00H  ; end.
                int   21H
        END Anfang
```

Wie wir in Bild 11.11 sehen, ist für das Assemblerprogramm eine Programmstruktur gewählt, bei der der Kode der Prozedur p vor dem eigentlichen Hauptprogramm angeordnet ist. Da der Kode der Prozedur p durch den Prozeduraufruf-Befehl angesprungen wird, hätten wir den Kode auch genauso gut hinter den Kode des Hauptprogramms legen können. Wir werden in unseren Beispielen allerdings stets die in Bild 11.11 gewählte Programmstruktur beibehalten, da sie der textuellen Struktur des gegebenen Pascal-Programms entspricht, das wir als Kommentar verwenden.

Wie wir ferner in Bild 11.11 sehen, beginnt und endet der Assembler-Kode eines Unterprogramms (Prozedur) stets mit den Assemblerdirektiven **PROC** und **ENDP** (siehe Abschnitt 5.2), denen die Anfangsmarke (Prozedurbezeichnung) vorangestellt wird (ohne :). Der Assembler-Kode beginnt dann mit Befehlen, die der Phase 3 aus den Phasen einer Prozedur in Kapitel 11 entsprechen. Auch der weitere Aufbau des Kodes folgt dann den dort angegebenen Phasen. Grundlage für das Assemblerprogramm ist der Aufbau der Schachtel in Bild 11.6. Da jeder Eintrag im Stapel 2 Bytes umfasst, ergeben sich die dort (für INTEL) angegebenen Distanzen.

Betrachten wir die Implementierung der lokalen Variable `loc` in Bild 11.11, so sehen wir, dass sie gemäß unserem in Bild 11.6 gezeigten Aufbau der Schachtel der Prozedur p auf dem Stapel implementiert ist. Die Reservierung des Stapelplatzes erfolgt durch die Befehlsfolge

```
dec sp
dec sp
```

Wie wir sehen, wird die lokale Variable `loc` also auf dem Stapel ohne Initialisierung implementiert. Man beachte, dass man nicht vergessen darf, am Ende der Prozedur den Stapelplatz für die lokale(n) Variable(n) wieder freizugeben (und zwar genau an der richtigen Stelle im Assemblerprogramm). In unserem Beispiel in Bild 11.11 erfolgt dies durch die Befehlsfolge

```
inc sp
inc sp
```

Betrachten wir in Bild 11.11 die Zeile

```
inc WORD PTR [bp-2]; loc := loc +1
```

so sehen wir, dass hier der Assembler-Operator `WORD PTR` (siehe Abschnitt 5.2) auftritt. Ein Operand „`[bp+8]`" des `inc`-Befehls ist vom Typ `PTR`, d. h. Adresse, und enthält damit keine Information darüber, ob nun durch den `inc`-Befehl das Byte oder das Wort ab der angegebenen Adresse inkrementiert werden soll. Damit kann der Assemblierer auch nicht ableiten, ob er für `inc` einen Maschinenbefehl im Byte- oder Wort-Modus generieren soll. Erst durch den vorangestellten Assembleroperator `WORD PTR` wird der Operand des `inc`-Befehls vom Typ `PTR` zum Typ `WORD PTR` gewandelt (konvertiert) und damit ist klar, dass der Assemblierer einen Maschinenbefehl im `WORD`-Modus erzeugen muss.

Das nächste Programm in Bild 11.12 ist das Assemblerprogramm zum Pascal-Programm in Bild 11.7. Hier geht es um die Prozedur `vecsum`, bei der der Vektor x als Referenzparameter übergeben wird. Den Aufbau der Schachtel der Prozedur sahen wir in Bild 11.8.

Bild 11.12: Assembler-programm zur Pascal-Prozedur vecsum aus Bild 11.7 (INTEL)

```
.MODEL SMALL            ; program proc_vecsum_ref_par;
                        ; type intar =
                        ;    array[1..8] of integer;

.DATA                   ; var
  s DW ?                ;    s: integer;
```

```
  n DW 8                      ;   n: integer == 8;
  a DW 1,2,3,4,5,6,7,8        ;   a: intar;


.CODE
vecsum    PROC      ; procedure vecsum
                    ; (     m  :integer;    { in [bp+8] }
                    ;   var sum:integer;    { in [bp+6] }
                    ;   var x  :intar  );   { in [bp+4] }
          push   bp
          mov    bp, sp
          push   ax
          push   cx
          push   si

                              ; var i: integer;
                              ;                  { in cx }
          sub    ax, ax       ; begin sum:= 0;
                              ;                 { sum in ax }
                              ;
          mov    cx, [bp+8] ;    for i:= 1 to m do
          cmp    cx, 0      ;
          jle    m2         ;
          mov    si, [bp+4] ;      begin
   m1: add    ax, [si]      ;        sum:= sum + x[i];
          inc    si         ;
          inc    si         ;
          loop   m1         ;        end;
   m2: mov    si, [bp+6]    ;
          mov    [si], ax   ;  { sum := result in ax }


          pop    si         ;
          pop    cx         ;
          pop    ax         ;
          pop    bp         ;
          ret    6          ; end;
vecsum    ENDP


Anfang:   mov    ax, @DATA   ; begin
          mov    ds, ax
                             ;     vecsum (n , s, a);
          push   n          ;
          mov    ax, OFFSET s
          push   ax         ;
          mov    ax, OFFSET a
          push   ax         ;
          call   vecsum     ;

Ende:    mov ax, 4C00H      ; end.
```

```
        int 21H
END Anfang
```

In Bild 11.13 sehen wir das Assemblerprogramm zur Prozedur
vecsum, wobei nun der Vektor x nicht als Referenzparameter,
sondern als Wertparameter übergeben wird. Die dann entstehende Schachtel der Prozedur sahen wir in Bild 11.9.

Bild 11.13: Assembler-programm zur Pascal-Prozedur vecsum aus Bild 11.7, jedoch mit x als Wertparameter (INTEL)

```
.MODEL SMALL            ; program proc_vecsum_var_par;
                        ; type intar = array[1..8] of
                        ;                         integer;
.DATA                   ; var
  s DW ?                ;   s: integer;
  n DW 8                ;   n: integer == 8;
  a DW 1,2,3,4,5,6,7,8  ;   a: intar;

.CODE
vecsum    PROC    ; procedure vecsum(
                  ;           m  : integer;  { in [bp+22] }
                  ;     var sum: integer;  { in [bp+20] }
                  ;           x  : intar);{ in [bp+4..18] }
          push   bp        ;
          mov    bp, sp    ;
          push   ax        ;  { push registers }
          push   cx        ;
          push   si        ;
                           ;  var i : integer;
                           ;              { i in cx }
          sub    ax, ax    ;  begin sum := 0;
                           ;              { sum in ax }
                           ;
          mov    cx,[bp+22] ;    for i:= 1 to m do
          cmp    cx, 0     ;
          jle    m2        ;
          mov    si, bp    ;
          add    si, 4     ;              { si:= bp+4 }
                           ;        begin
m1: add   ax, ss:[si];          sum:= sum + x[i];
          inc    si        ;
          inc    si        ;
          loop   m1        ;        end;
m2: mov   si,[bp+20] ;
          mov    [si], ax  ;  { sum:= result in ax }
          pop    si        ;        { pop registers }
          pop    cx        ;
          pop    ax        ;
          pop    bp        ;
          ret    2*8+2+2   ;  end;
```

```
vecsum    ENDP

Anfang:   mov    ax, @DATA    ; begin
          mov    ds, ax       ;
                              ;     vecsum (n, s, a);
          push   n            ; { 1. Parameter:
                              ;            n -> stack }
          mov    ax, OFFSET s
          push   ax           ; { 2. Parameter:
                              ; Adresse von s -> stack }
          mov    cx, 8        ; { 3. Parameter:
                              ; push array a -> stack  }
          mov    si, OFFSET a + 14
pushloop:push   [si]         ;
          dec    si           ;
          dec    si           ;
          loop   pushloop     ;

          call   vecsum       ;

Ende:     mov    ax, 4C00H    ; end.
          int    21H          ;
END Anfang
```

Betrachten wir die folgende Zeile des Assemblerprogramm in
Bild 11.13

```
ml: add ax, ss:[si] ; begin sum:=sum+x[i];
```

so sehen wir, dass hier ein Segmentpräfix **ss:** für das Stapelseg-
ment (Stack Segment) auftritt. Dies ist deshalb notwendig, weil
bei indirekten Adressierung über si standardmäßig das Datensegmentregister (DS) benutzt wird (siehe die Standardzuordnung
der Segmentregister in Abschnitt 5.2). In unserem Fall wollen wir
aber auf den Stapel zugreifen.

11.2.3   MOTOROLA: Unterprogrammbefehle

Für die Unterprogrammtechnik bieten die MOTOROLA-Prozessoren
Hardwareunterstützung in Form der Maschinenbefehle BSR, JSR,
RTS, LINK und UNLK.

Die Wirkung der Befehle zum Unterprogrammsprung
beziehungsweise Rücksprung zeigen in informeller Beschreibung
die folgenden Bilder.

Bild 11.14: Unterprogrammsprünge des MC68000

Befehl	Bedeutung	Bemerkung
BSR Marke	$-(SP) \Leftarrow PC;$ $PC \Leftarrow PC + dist$	$-(SP)$ entspricht Stapeloperation PUSH, selbstrelativer Sprung
JSR ea	$-(SP) \Leftarrow PC;$ $PC \Leftarrow ea$	$-(SP)$ entspricht Stapeloperation PUSH, kein selbstrelativer Sprung

Bild 11.15: Rücksprungbefehle des MC68000

Befehl	Bedeutung	Bemerkung
RTS	$PC \Leftarrow (SP)+$	$+(SP)$ entspricht Stapeloperation POP

Neben diesen Sprungbefehlen gibt es noch weitere Befehle, die den Aufbau (LINK) und den Abbau (UNLK) einer Schachtel unterstützen. Der Befehl LINK hat zwei Operanden, ein Adressregister An (wobei n = 0..6 sein kann) und einen unmittelbaren Operanden Da. Die Registerangabe legt fest welches Adressregister als Basisregister benutzt wird. Wie wir in sehen wird durch den Befehl LINK zunächst der Basiszeiger (alt) auf dem Stapel abgelegt und dann der Basiszeiger neu auf den aktuellen Wert des Stapelzeigers A7 eingestellt. Schließlich wird noch der Stapelzeiger um Da Bytes hochgesetzt, was zur Reservierung von Speicherplatz für lokale Variablen dient. Insgesamt unterstützt der Befehl LINK also den Aufbau der Schachtel dadurch, dass er den in Bild 11.16 schraffierten Bereich auf dem Stapel anlegt und den Basiszeiger neu einstellt.

Bild 11.16: Wirkung des LINK Befehls

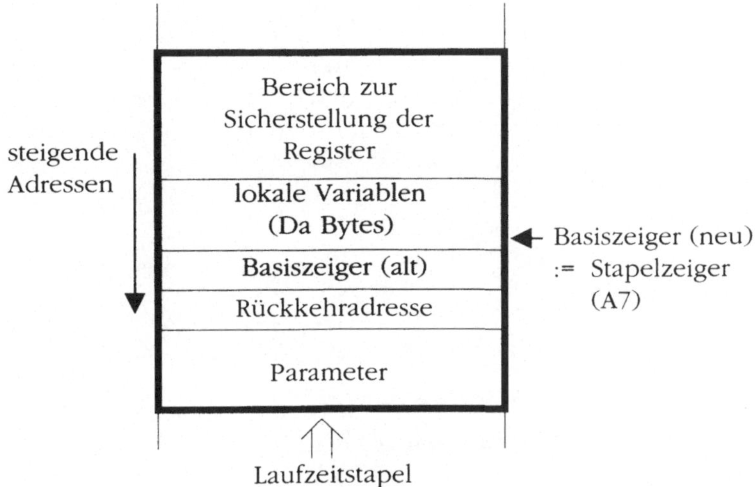

Am Ende der Prozedur muss der Stapelbereich für die lokalen Variablen wieder freigegeben werden durch Absenken des Stapelzeigers. Diese Aktion unterstützt der Befehl **UNLK** gerade nicht. Er entnimmt lediglich den Basiszeiger (alt) dem Stapel und stellt den Basiszeiger damit neu ein.

11.2.4   MOTOROLA: Prozeduren

Im folgenden Abschnitt zeigen wir für die in Abschnitt 11.2 betrachteten Pascal-Programmbeispiele die entsprechenden Assemblerprogramme. Wir betrachten zunächst grob die Struktur des ersten Assemblerprogrammes in Bild 11.17. Es ist das Assemblerprogramm zu dem Pascal-Programm in Bild 11.4.

Bild 11.17: Assemblerprogramm zum Pascal-Programm Beispiel aus Bild 11.4 (MOTOROLA)

```
*                                      program proc_beispiel_1;
a        dc.w    1                     var a: integer == 1;
b        dc.w    2                         b: integer == 2;
c        dc.w    3                         c: integer == 3;
d        dc.w    1                         d: integer == 1;
i        dc.w    4                         i: integer == 4;
r        dc.w    0,0,0,13,0                r: array [1..5] of
*                                             integer ==
*                                             (0,0,0,13,0);
*
*                 procedure p(     x: integer;{in 16(a6)}
*                             var y: integer;{in 12(a6)}
*                             var z: integer);{in 8(a6)}
p        link    a6,#2         var loc:integer;{in -2(a6)}
         movem.l a0-a1/d0,-(sp) begin
         move.l  8(a6),a0                 y:=z+1; {Adr z in a0}
         move.w  (a0),d0
         addq.w  #1,d0
         move.l  12(a6),a1               {Adr y in a1}
         move.w  d0,(a1)
         move.w  16(a6),d0                loc:=x;
         move.w  d0,-2(a6)
         addq.w  #1,d0                    loc:=loc+1;
         move.w  d0,-2(a6)
         move.w  8(a6),d0                 z:=loc;
         move.w  d0,(a0)
         movem.l (sp)+,a0-a1/d0
         unlk    a6
         rts                             end;
*
Anfang   move.w  a,d1                    begin
         add.w   b,d1                    { a+b+c ⇔ Keller }
         add.w   c,d1
         move.w  d1,-(sp)
```

```
        move.l  #d,a1              { Adr d ⟷ Keller }
        move.l  a1,-(sp)

        move.l  #r,a0              { Adr r[i] ⟷ Keller }
        move.w  i,d0
        subq.w  #1,d0
        lsl.w   #1,d0
        add.w   d0,a0
        move.l  a0,-(sp)

        bsr     p                  p(a+b+c, d, r[i]);
        add.l   #10,sp             { Keller aufräumen }
        end     Anfang          end.
```

Bild 11.18: Assemblerprogramm zur PascalProzedur vecsum aus Bild 11.7 mit x als Referenzparameter (MOTOROLA)

```
*                               program proc_vecsum_ref_par;
*                                 type intar=array [1..8]
*                                          of integer;
n       dc.w    8               var n: integer == 8;
a       dc.w    1,2,3,4,5,6,7,8
*                                   a: intar ==
*                                     (1,2,3,4,5,6,7,8);
s       ds.w    1                   s: integer;
*
*                                 procedure vs(
*                                   m: integer;
*                                       {in 16(a6)}
*                                   var s: integer;
*                                       {in 12(a6)}
*                                   var x: integer);
*                                       {in  8(a6)}
*                                   var i: integer;
vs      link    a6,#-2          begin     {in -2(a6)}
        movem.l a0/d0-d1,-(sp)
        sub.l   d0,d0               s:=0;  {in d0}
        move.l  8(a6),a0            {Adr x in a0}
        move.w  #1,-2(a6)           {1 → i}
for     move.w  -2(a6),d1           for i:=1 to m do
        cmp.w   16(a6),d1
        bgt     vend
        subq.w  #1,d1               s:=s+x[i];
        lsl.w   #1,d1
        add.w   (a0,d1),d0
        addq.w  #1,-2(a6)           {i+1 → i}
        bra for
vend    move.l  12(a6),a0           {d0 → s}
```

```
          move.w  d0,(a0)
          movem.l (sp)+,a0/d0-d1
          unlk    a6
          rts                        end;
*                                    begin
Anfang    move.w  n,-(sp)            {n → Keller}
          move.l  #s,-(sp)           {Adr s → Keller}
          move.l  #a,-(sp)           {Adr a → Keller}
          bsr     vs                 vs(n, s, a);
          add.l   #10,sp             { Keller aufräumen }
          end     Anfang             end.
```

Bild 11.19: Assembler-programm zur Pascal-Prozedur vecsum aus Bild 11.7 mit x als Wertparameter (MOTOROLA)

```
*                            program proc_vecsum_var_par;
*                               type intar=array [1..8]
*                                      of integer;
n    dc.w   8                  var n: integer == 8;
a    dc.w   1,2,3,4,5,6,7,8
*                               a: intar ==
*                                  (1,2,3,4,5,6,7,8);
s    dc.w   0                   s: integer == 0;
*
*                               procedure vs(
*                                  m: integer;
*                                     {in 28(a6)}
*                                  var s: integer;
*                                     {in 14(a6)}
*                                  x: integer;
*                               );      {in  8(a6)}
*                               var i: integer; {in d1}
vs   link    a6,#0             begin
     movem.l a0/d0-d2,-(sp)
     sub.l   d0,d0             s:=0;  {in d0}
     move.w  #1,d1            {1 → i}
for  cmp.w   28(a6),d1         for i:=1 to m do
     bgt     vend
     move.w  d1,d2             s:=s+x[i];
     subq.w  #1,d2
     lsl.w   #1,d2
     add.w   8(a6,d2),d0
     addq.w  #1,d1            {i+1 → i}
     bra     for
vend move.l  24(a6),a0        {d0 → s}
     move.w  d0,(a0)
     movem.l (sp)+,a0/d0-d2
     unlk    a6
     rts                       end;
```

```
*                                begin
Anfang  move.w  n,-(sp)          {n → Keller}
        move.l  #s,-(sp)         {Adr s → Keller}
        move.w  n,d0
        subq.w  #1,d0
        lsl.w   #1,d0
        move.l  #a,a0
nexta   move.w  (a0,d0),-(sp)    {a[1..8]→ Keller}
        subq.w  #2,d0
        bpl.w   nexta
        bsr     vs               vs(n, s, a);
        add.l   #22,sp           { Keller aufräumen }
        end     Anfang           end.
```

11.3   Rekursive Prozeduren

Rekursive Prozeduren (oder Funktionen) sind insofern ein Sonderfall der Prozeduren, weil wir hier im Rumpf der Prozedur einen Aufruf derselben Prozedur finden. In der Umsetzung auf Maschinenebene unterscheiden sie sich nicht von den in den vorigen Kapiteln behandelten Prozeduren. Alle Techniken, die wir benötigen, haben wir bereits kennengelernt. Als Beispiel betrachten wir das Pascal-Programm in Bild 11.20.

Bild 11.20: Funktionsprozedur zur Berechnung von n!

```
program fakultaet;
var   n: integer;
      res: integer;

function fak(n: integer): integer;
begin
  if n=0 then fak:=1
         else fak:=fak(n-1)*n
end {fak};

begin
  n   := 3;
  res := fak(n)
end.
```

Wie wir sehen, ist die Prozedur fak eine Funktionsprozedur (function). Das bedeutet, dass mit dem Bezeichner der Funktionsprozedur ein Speicherplatz (hier vom Typ integer) verknüpft ist, auf dem das Ergebnis an das aufrufende Programm zurückgegeben wird. Da der Aufruf einer Funktionsprozedur in Pascal syntaktisch stets auf der Position eines Operanden im arithmetischen Ausdruck oder (wie in unserem Beispiel) auf der rechten Seite einer Zuweisung erfolgt, ist es zweckmäßig, den Speicherplatz für das Funktionsergebnis einfach durch ein

Prozessorregister zu implementieren. Die Wahl der Übergabe des Funktionsergebnisses (hier die Verwendung des Registers) muss, wie die Reihenfolge der Ablage der Parameter auf dem Stapel, zwischen aufrufendem und aufgerufenem Programm abgesprochen sein und gehört damit zur Schnittstellendefinition. Wir nehmen die Wahl des Registers deshalb bei unserem Assemblerprogrammen mit in den Kommentar auf.

Inkarnation

Vor der Umsetzung auf Maschinenebene ist es zweckmäßig, sich über den Aufbau der Schachtel der Prozedur (hier der Funktionsprozedur) klar zu werden. Da es sich um eine rekursive Prozedur handelt, haben wir mehrere Prozedurabläufe und damit mehrere Schachteln. Wir nennen den Ablauf einer Prozedur eine *Inkarnation*. Jeder Inkarnation ist dann eine Schachtel zugeordnet. Für unser Beispiel sehen wir die Inkarnationen in Bild 11.21. Die für die Inkarnationen entstehenden Schachteln zeigt Bild 11.22 und Bild 11.23.

Bild 11.21: Die Inkarnationen der Funktionsprozedur fak (für n=3)

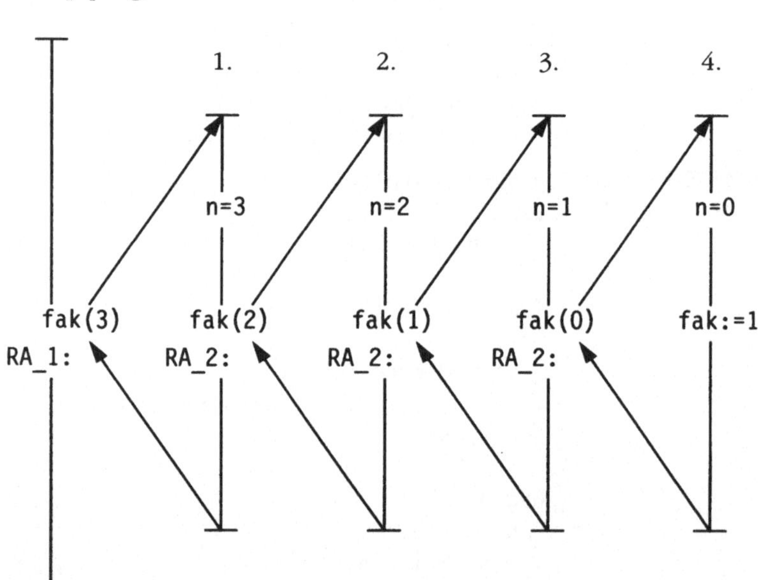

Wie wir aus Bild 11.21 sehen, haben wir zwei verschiedene Rückkehradressen. Die Adresse RA_1 ist die Adresse im Hauptprogramm. Die Adresse RA_2 ist die Adresse im Unterprogramm. Für alle Inkarnationen der Prozedur fak ist die Rückkehradresse RA_2 dieselbe Adresse, da alle Inkarnationen Abläufe desselben Kodes sind.

Bild 11.22: Rekursiver Aufruf: Stapelzustände während der Inkarnationen

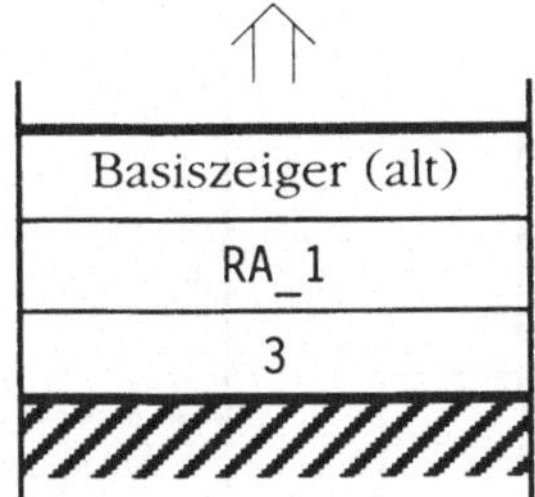

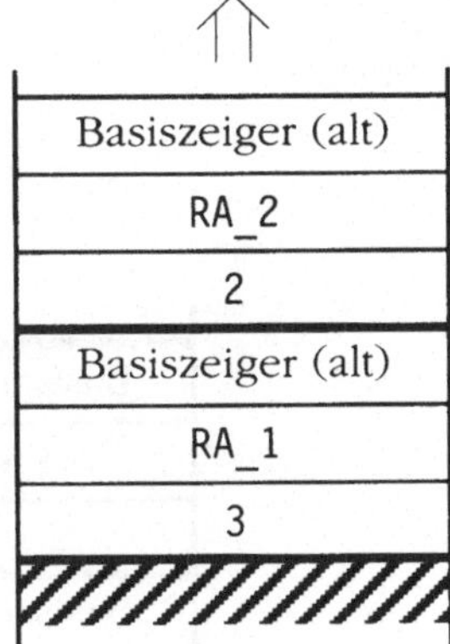

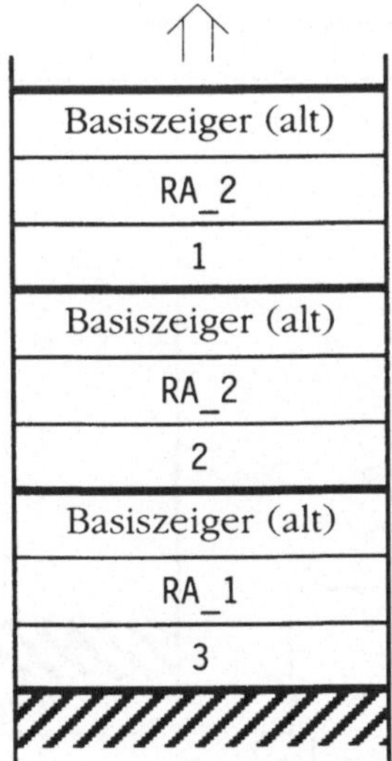

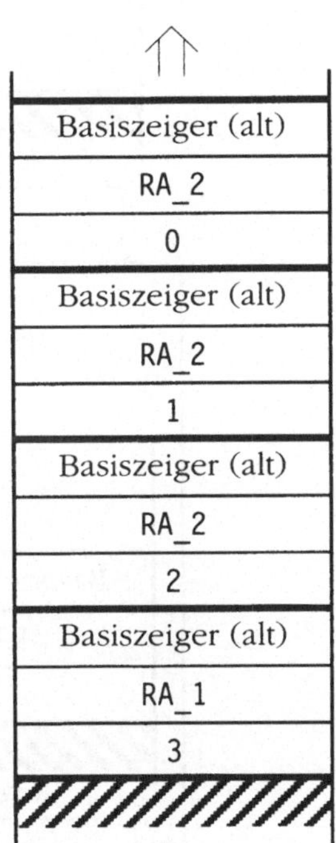

Bild 11.23: Rekursive Rückkehr: Stapelzustände während der Inkarnationen und Inhalte des Registers für das Funktionsergebnis

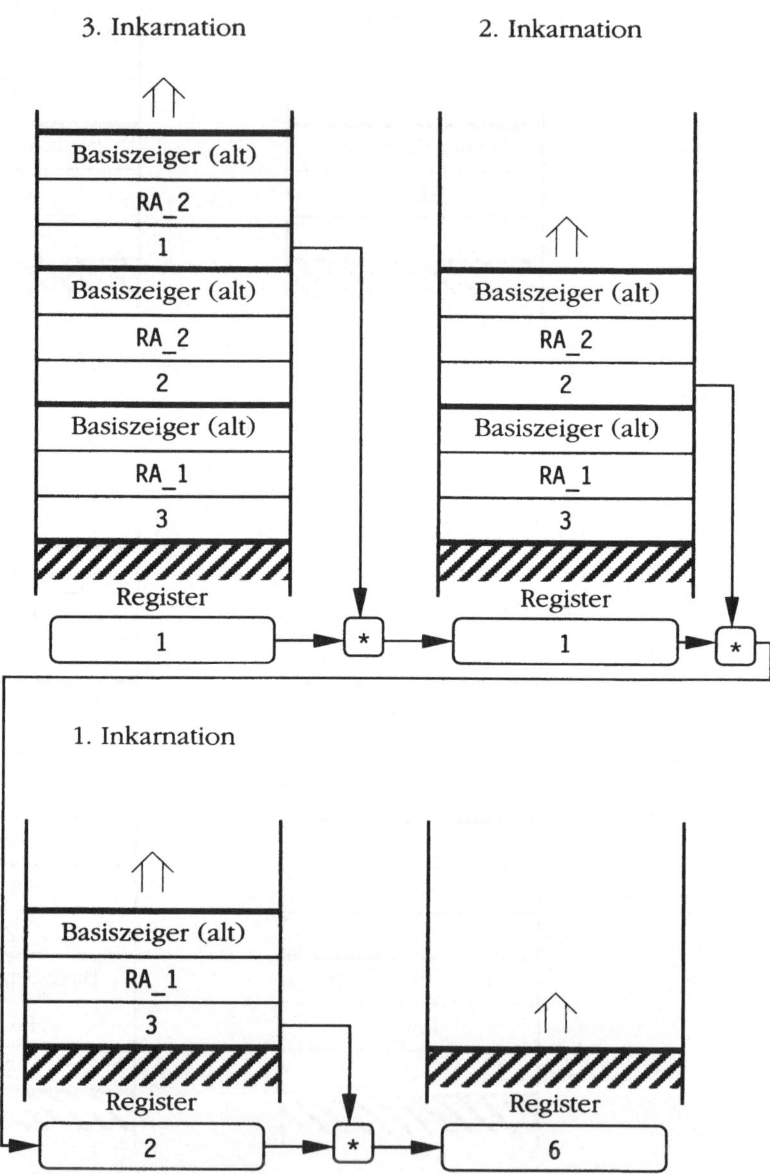

Abschließend ist zu bemerken, dass unser Programmbeispiel zur Berechnung von n! ein einfaches Beispiel für eine rekursive Prozedur ist. Es wurde gewählt, weil es ein kurzes Programm ist, an dem sich einfach und übersichtlich die Umsetzung auf Maschinenebene zeigen lässt. Wir sollten aber bedenken, dass es für die Praxis keine gute Lösung ist, um die Berechnung von n! durchzuführen. Abgesehen davon, dass wir die Berechnung von n! auch iterativ, d. h. mittels Schleife, programmieren können, lässt sich eine noch effizientere Lösung angeben, bei der wir einfach mit einer Tabelle (`array`) für die Funktionswerte für n! arbeiten (d. h. Index n: Inhalt des Eintrages n!). Bedenkt man, dass die Werte von n! sehr schnell wachsen, so ergibt sich bald das Problem, dass die Darstellung der Funktionswerte die Wortbreite übersteigt. Das bedeutet: Die Menge der darstellbaren Funktionswerte und damit die Größe der Tabelle liegt in einer Größenordnung, die die Realisierung von n! mittels Tabelle zweckmäßig macht.

11.3.1   INTEL: Rekursive Prozedur

In dem folgenden Bild 11.24 finden wir die Umsetzung des Pascal-Programmes aus Bild 11.20 in ein Assemblerprogramm.

Bild 11.24: Rekursive Funktionsprozedur zur Berechnung von n! (INTEL)

```
.MODEL SMALL              ; program fakultaet;

.DATA                     ; var
  n   DW 6                ;   n  : integer == 6;
  res DW ?                ;   res: integer;


.CODE
fak         PROC           ; function fak
                           ; (i: integer { i in [bp+4] }
                           ; ): integer; { in ax }

            push    bp     ; begin
            mov     bp, sp ;
            mov     ax, [bp+4]; if i = 0
            cmp     ax, 0  ;
            jnz     _else  ;

            mov     ax, 1  ;     then fak:= 1
            jmp     fin    ;
_else:      dec     ax     ;     else
                           ;        fak:= fak (i - 1) * i;
            push    ax     ;
            call    fak    ;
RA_2:       imul    WORD PTR [bp+4];{ fak: result in ax }
 fin:       pop     bp     ;
            ret     2      ; end;
fak         ENDP

Anfang:     mov     ax, @DATA ; begin
            mov     ds, ax    ;
```

```
                 push    n         ;     res:= fak (n);
                 call    fak       ;     { function fak,
                                   ;        result in ax }
        RA_1:    mov     res, ax   ;

        Ende:    mov     ax, 4C00H ;     end.
                 int     21H
        END Anfang
```

Man beachte, dass in der Zeile

```
   RA_2:  imul WORD PTR [bp+4]
```

wieder ein Operator des ASM-86-Assemblers zur Typkonvertierung (siehe Bild 5.6) auftritt. Dieser bewirkt hier, dass der Assembler für `imul` einen Maschinenbefehl im Wort-Modus erzeugt.

11.3.2 MOTOROLA: Rekursive Prozedur

In dem folgenden Bild 11.25 finden wir die Umsetzung des Pascal-Programmes aus Bild 11.20 in ein Assemblerprogramm.

Bild 11.25: Rekursive Funktionsprozedur zur Berechnung von n! (MOTOROLA)

```
*                                program fakultät;
n        dc.w    3                var n: integer == 3;
res      dc.w    0                  res: integer == 0;
*                                function fak(n: integer)
fak      link    a6,#0           : integer begin
         move.w  8(a6),d0           {n → d0}
         cmp.w   #0,d0             if n=0 then
         bne     else
         move.w  #1,d0                fak:=1
         bra     fin             else
else     subq.w  #1,d0                fak:=fak(n-1)*n
         move.w  d0,-(sp)
         bsr     fak
         addq.w  #2,sp
         muls.w  8(a6),d0
fin      unlk    a6
         rts                     end;
*                                begin
Anfang   move.w  n,-(sp)            res:=fak(n);
         bsr     fak
         addq.l  #2,sp             { Keller aufräumen }
         move.w  d0,res
         end     Anfang          end.
```

Statische Variable

Eine Variable, die im Deklarationsteil eines Hauptprogramms, z. B. in einem Pascal-Programm, steht, nennen wir *statische Variable*, da für sie Speicherplatz im Datenteil des Programms reserviert wird und zwar für die ganze Laufzeit des Programms. Wir sagen dann, ihre Lebensdauer erstreckt sich über die ganze Laufzeit des Programms, weil der Speicherplatz (und damit der Inhalt) erst mit Programmende freigegeben wird.

Da die Anzahl der Variablen und ihr Typ, d. h. Speicherbedarf, zur Übersetzungszeit bekannt sind, kann ein fester Speicherbelegungsplan erstellt werden, der eine symbolische Adressierung der Variablen erlaubt, d. h. einen Zugriff auf die Variablen über die im Deklarationsteil eingeführten Bezeichner.

Dynamische Variable
Haldenverwaltung
Halde

Im Unterschied dazu gibt es in höheren Programmiersprachen, wie auch in Pascal, sogenannte *dynamische Variablen* oder *dynamische Datenstrukturen*, die erst während des Programmlaufes explizit erzeugt werden. Sie bestehen, bis sie wieder explizit vernichtet werden (oder, falls das nicht erfolgt, bis Programmende). Da die Anzahl dieser Variablen und damit ihr Speicherbedarf zur Übersetzungszeit nicht bekannt ist, sondern erst zur Laufzeit entsteht, nennen wir sie dynamische Variable. Die Verwaltung des Speicherbereiches für diese Variablen wirft besondere Probleme auf, weil wir nichts voraussetzen können über die Reihenfolge ihrer Erzeugung und Vernichtung. Würde etwa die zuletzt erzeugten Variablen stets als erste wieder vernichtet, könnten wir zur Speicherverwaltung einfach das Stapelprinzip verwenden. Den Speicherbereich für die dynamische Variablen bezeichnen wir als *Halde* (heap) und bei der Speicherverwaltung reden wir von der *Haldenverwaltung* (siehe Bild 12.1).

Bild 12.1: Datenbereich
eines Programms

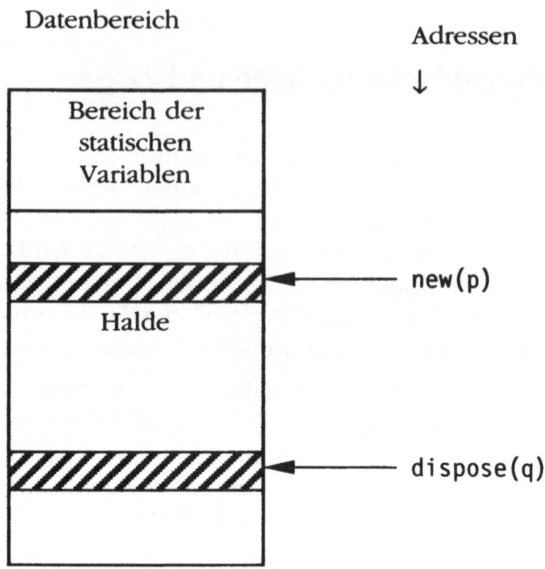

Zeigervariable

Der Zugriff auf dynamische Variablen kann nicht wie bei statischen Variablen direkt über Bezeichner erfolgen, weil es für dynamische Variablen keinen Deklarationsteil gibt. Man verwendet statt dessen, z. B. in Pascal, dem Umweg über spezielle, statische Variablen vom Typ „Zeiger auf Typ", sogenannte *Zeigervariablen* (oder kurz Zeiger). Der Wert einer Zeigervariablen ist die Adresse der dynamischen Variablen. Zeigervariablen werden statisch deklariert und bekommen ihren (Anfangs-)Wert, wenn die dynamische Variable eingerichtet wird. Im Bild 12.1 sei angenommen, dass zwei Zeigervariablen p und q deklariert wurden. Die Standardprozedur new(p) (eine Prozedur der Haldenverwaltung des Pascal-Laufzeitsystems) reserviert Speicher auf der Halde und initialisiert die Zeigervariable p mit der Anfangsadresse des reservierten Speicherbereichs. Die Größe dieses Speicherbereiches ergibt sich dabei aus dem Speicherbedarf des Typs, auf den die Zeigervariable zeigt; dieser ist zur Übersetzungszeit bekannt. Umgekehrt gibt die Standardprozedur dispose(q) den Speicherbereich auf der Halde frei, und zwar den Speicher, auf den die Zeigervariable q zeigt.

Für die Haldenverwaltung können wir ein sehr einfaches Modell entwerfen, wenn wir annehmen, dass es keine Standardprozedur dispose gibt. Wir können dann die Halde einfach mittels eines Haldenpegels (analog dem Kellerzeiger) realisieren. Bei new(p) setzen wir dann einfach

```
p := Haldenpegel
Haldenpegel := Haldenpegel +
         (Speicherbedarf des Typs, auf den p zeigt)
```

Eine Haldenverwaltung mit `dispose` wird allerdings im allgemeinen Fall wesentlich komplizierter, so dass wir dazu auf die Übersetzerbauliteratur verweisen müssen [GoW85], [Kas90]. Eine einfache Haldenverwaltung für lineare Listen werden wir in dem folgenden Beispiel in Kapitel 12.2 kennenlernen.

12.1 Zeigervariable

Wir haben im vorigen Kapitel schon Zeigervariable eingeführt und wollen nun nochmals zusammenfassen, welche Operationen mit Zeigervariablen in Pascal möglich sind und wo sie vorkommen können:

- in Wertzuweisungen, wobei rechte und linke Seite vom gleichen Typ sein müssen,

- in Vergleichen auf Gleichheit bzw. Ungleichheit,

- als Parameter von Prozeduren und Funktionen, sowie als Ergebnistyp einer Funktion.

Standardwert NIL

Für Zeigervariablen gibt es einen *Standardwert NIL*, der angibt, dass ein Zeiger auf keine dynamische Variable zeigt. (Dieser Wert gehört zum Wertebereich aller Zeigertypen.)

Bevor wir uns mit der Umsetzung von Zeigervariablen auf Maschinenebene näher befassen, sollen anhand einiger Beispiele die Operationen mit Zeigervariablen verdeutlicht werden. Wir gehen dazu von den folgenden Typdefinitionen in Pascal aus:

```
type element_ptr = ^element_tp;
     element_tp  = record
                       data: integer;
                       next: element_ptr;
                   end;
```

In dem folgenden Bild 12.2 soll nochmals an den Variablenbegriff und die Bedeutung der Wertzuweisung erinnert werden.

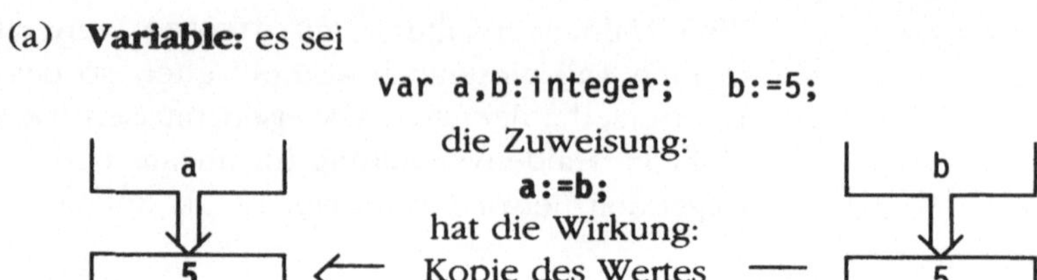

Bild 12.2: Variablenbegriff, Bedeutung der Wertzuweisung und des Bezugsoperators bei Zeigervariablen in Pascal

(a) **Variable:** es sei

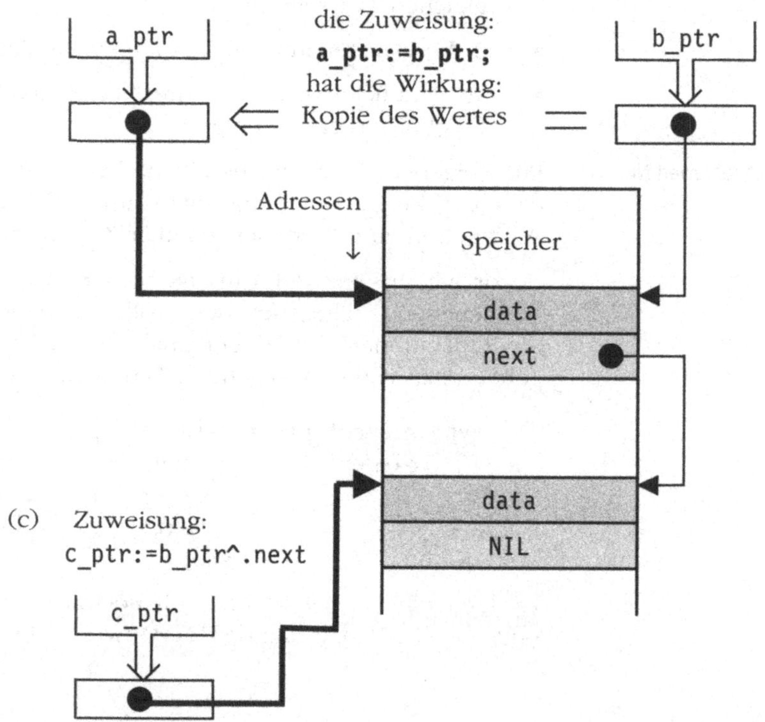

(b) **Zeigervariable:** es sei

```
var a_ptr, b_ptr, c_ptr:element_ptr;
```

(c) Zuweisung:

```
c_ptr:=b_ptr^.next
```

Unter einer Variable verstehen wir eine Zuordnung (Relation) Bezeichner → Wert, die nicht fest (also variabel) ist und bei der sich der Wert ändern kann. Eine Zuweisung bewirkt eine Kopie des Wertes, wie in Bild 12.2 dargestellt. Dabei muss stets gewährleistet sein, dass rechte und linke Seite der Zuweisung vom gleichen Typ sind. In unserem Beispiel in Bild 12.2(b) ist angenommen, dass zuvor zwei Elemente (vom Typ `element_tp`) im Speicher, d. h. auf der Halde, erzeugt wurden (mit `new(b_ptr)`), wobei das erste Element auf das nächste verweist und das zweite den Verweis `NIL` enthält. In Bild 12.2(b) bewirkt die Zuweisung an die Zeigervariable `a_ptr`, dass sie nun einen neuen Wert bekommt, der als Adresse interpretiert wird. Damit zeigt `a_ptr` in den Speicher, wie in Bild 12.2(b) dargestellt.

Die Zuweisung in Bild 12.2(c) zeigt die Wirkung des *Bezugoperators* „^" auf die Zeigervariable `b_ptr`. Dieser Operator kann nur auf eine Zeigervariable angewandt werden. Er wird dem Bezeichner der Variablen stets nachgestellt und dient zum Zugriff auf die dynamische Variable, auf die Zeigervariable zeigt. Wie wir Bild 12.2(b) sehen, zeigt die Zeigervariable `b_ptr` auf das erste Element einer linearen Liste (schraffiert dargestellt). Dies ist die dynamische Variable. Mit dem Bezugsoperator haben wir also den Zugriff zu diesem Element erreicht und können, da es sich um einen Verbund (`record`) handelt, den *Selektionsoperator* „." anwenden, um damit unter Angabe des Bezeichners (hier `next`) auf eine Komponente des Verbundes zuzugreifen. Da diese Komponente eine Zeigervariable (vom Typ `element_ptr`) ist, die auf das nächste Element zeigt, bewirkt also die Zuweisung in Bild 12.2(c), dass die Zeigervariable `c_ptr` eine Kopie des Wertes dieser Komponente bekommt und damit `c_ptr` auf das zweite Element zeigt.

Für die Umsetzung von Zeigervariablen auf Maschinenebene ziehen wir aus unserem Beispiel den Schluss, dass wir Zeigervariablen wie gewöhnliche Variablen implementieren. Auch eine Wertzuweisung mit Zeigervariablen unterscheidet sich in der Umsetzung nicht von einer Wertzuweisung mit anderen Variablen.

Treten Zeigervariable als Parameter von Prozeduren (und Funktionen) auf, so können sie auch hier wie andere Variable behandelt werden (Wertaufruf, Referenzaufruf). Der Unterschied zwischen Zeigervariablen und anderen Variablen besteht ja nur darin, dass der Wert einer Zeigervariablen als Adresse interpretiert wird. Dies zeigt sich bei Anwendung des Bezugsoperators auf eine Zeigervariable. Um auf die dynamische Variable zuzugreifen, auf die die Zeigervariable zeigt, verwenden wir indirekte Adressierung über ein (Adress-)Register. Dazu laden wir zunächst das Register mit dem Wert der Zeigervariablen (der Adresse der dynamischen Variablen) und greifen, dann per indirekter Adressierung, über dieses Register auf die dynamische Variable zu. Tritt also der Bezugsoperator auf, dann verwenden wir (einmal) indirekte Adressierung, um auf die dynamische Variable zuzugreifen. Ist die Zeigervariable allerdings ein Parameter, der per Referenzaufruf übergeben wird, dann tritt zweimalige indirekte Adressierung auf: einmal wegen Referenzaufruf und das zweite mal wegen des Bezugsoperators.

Bezugoperator
Selektionsoperator

12.2   **Beispiel: lineare Liste**

Um die Implementierung von dynamischen Variablen und Zeiger auf Maschinenebene zu zeigen, betrachten wir im Folgenden ein einfaches Beispiel: den Aufbau einer linearen Liste (einfach verkettet) mittels einer Prozedur **append**. Diese Prozedur soll ein Listenelement erzeugen und an eine Liste hinten anhängen. Der Anker der Liste ist durch die Zeigervariable p gegeben (siehe Bild 12.3).

Bild 12.3: Lineare Liste

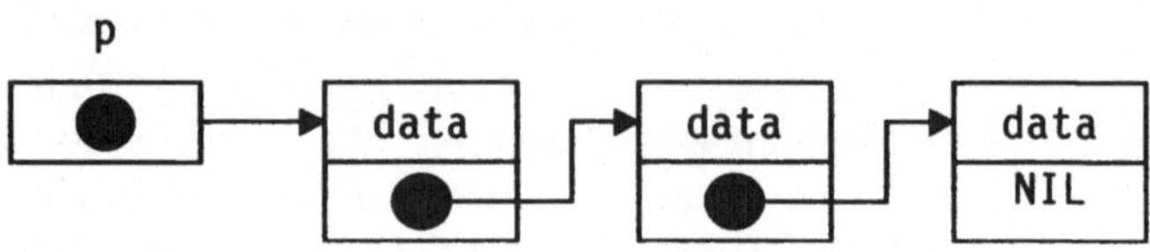

Dazu gehen wir von den Typdefinitionen (wie in Kapitel 12.1) aus:

```
type element_ptr = ^element_tp;
     element_tp  = record
                       data: integer;
                       next: element_ptr;
                   end;
```

Bild 12.4: Die Prozedur append

```
procedure append(var p: element_ptr; d: integer)
var
    q: element_ptr;
    r: element_ptr;
begin
    new(q);
    q^.data:=d;
    q^.next:=nil;
    if p=nil then
        p:=q
    else begin
        r:=p;
        while r^.next<>nil do
            r:=r^.next;
        r^.next:=q;
    end;
end {append};
```

Das Bild 12.4 zeigt die Prozedur **append**. Diese Prozedur hat zwei Parameter: den Listenanker p und den Wert d, mit dem die Komponente **data** des neuen Listenelementes initialisiert werden soll. Die Prozedur **append** arbeitet mit einer Zeigervariablen r als Hilfsvariable. Dabei ist der Zeiger r ein „Suchzeiger", der zunächst auf das Ende der Liste eingestellt wird, bevor das neue

Listenelement, das mittels der aus Pascal bekannten Prozedur `new(...)` erzeugt wurde, an dieser Stelle angehängt wird.

Freiliste

Da wir auf Maschinensprachebene (Assemblerebene) kein Laufzeitsystem mit Haldenverwaltung (wie in Pascal) haben, müssen wir die Haldenverwaltung und die zugehörige Prozedur `new` selbst entwickeln. Dazu könnten wir unser einfaches Modell der Haldenverwaltung aus Kapitel 12 (das mit einem Haldenpegel arbeitet) übernehmen. Dabei gibt es aber dann keine Möglichkeit, Speicher auf der Halde wieder freizugeben (mittels der Prozedur `dispose`). Wir wollen für unser Beispiel diese Möglichkeit aber gerade schaffen, um einen Einblick in die Probleme der Haldenverwaltung zu geben und eine, zumindest für einfache Fälle, brauchbare Haldenverwaltung mit Speicherfreigabe zu entwerfen. Wir verwenden dazu den Trick, die Verwaltung des freien Speichers auf der Halde ebenfalls mit einer linearen Liste, der sogenannten *Freiliste*, zu implementieren. Dabei wählen wir den Speicherumfang der Elemente der Freiliste gerade so groß, wie der Speicherbedarf unserer zu erzeugenden Listenelemente ist.

Bild 12.5: Aufbau des Speichers mit Freiliste. (a) nach Aufruf der Prozedur build_freelist. (b) nach zwei Aufrufen der Prozedur append

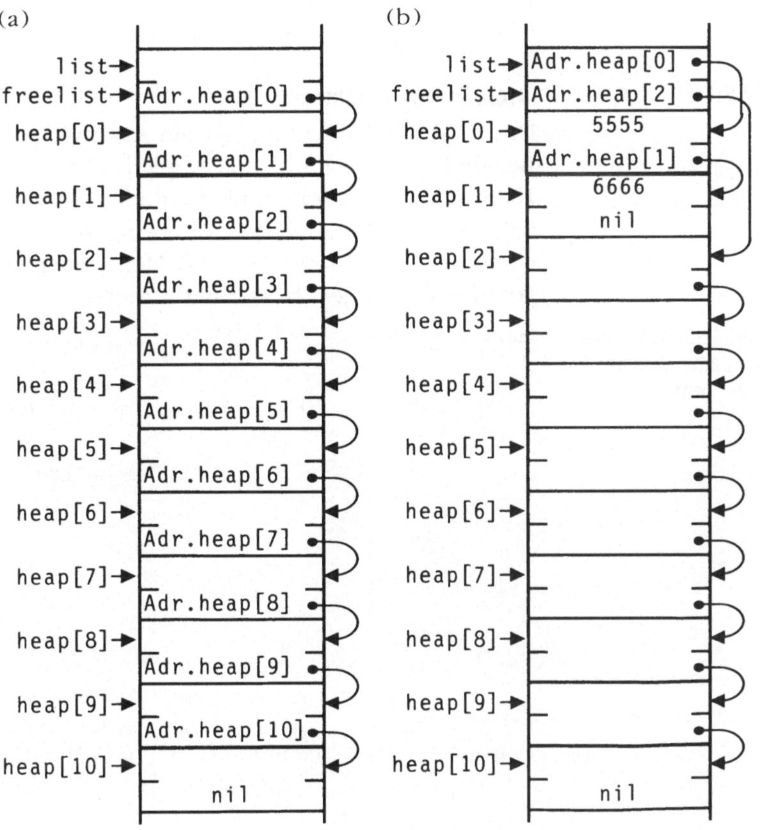

<table>
<tr><td>Initialisierung der Halde</td><td>

Wie wir in Bild 12.5 sehen, ist diese Freiliste ebenfalls einfach verkettet. Diese Verkettung der Freiliste muss aufgebaut werden, bevor unsere Haldenverwaltung benutzt werden kann. Dies geschieht als sogenannte *Initialisierung der Halde* durch eine Prozedur `build_freelist`, die wir später in unserem Assemblerprogramm finden.

Wie wir in Bild 12.5 sehen, stellt die Zeigervariable `freelist` den Anker der Freiliste dar. Wir stellen den Speicherbereich der Halde als Reihung (heap) dar, wobei dann z. B. `Adr.heap[10]` die Adresse von `heap[10]` bedeutet.

Wie wir oben sehen, müssen wir für unsere folgenden Programmbeispiele in Assembler nicht nur eine Freiliste aufbauen, sondern auch eine eigene Prozedur **new** entwickeln, die wir dann in unserer Prozedur **append** aufrufen können. Die Prozedur **new** ist eine Listenoperation auf der Freiliste, die ein (freies) Element auskettet, und zwar einfach am Anfang der Freiliste. Die Formulierung dieser Prozedur finden wir in dem folgenden Assemblerprogramm, wobei wir zur Übergabe des Parameters zweckmäßigerweise die Übergabe in einem Register wählen werden.

</td></tr>
</table>

12.2.1   Intel: Programm lineare Liste

Das folgende Bild 12.6 zeigt ein Assemblerprogramm zu unserem Beispiel „lineare Liste" aus Kapitel 12.3. Dabei ist die Halde mit 10 freien Elementen implementiert. Zur Darstellung des Wertes **NIL** wird üblicherweise Null eingesetzt. Wir haben hier 999 verwendet, weil sich dieses Zahlenmuster in den Speicherauszügen des Debuggers besser hervorhebt.

Bild 12.6: Assemblerprogramm „lineare Liste" (Intel)

```
.MODEL SMALL                         ; program list;

    max_heap EQU  10                 ; const max_heap = 10;
    nil      EQU 999                 ;
                                     ;type element_ptr=^element_tp;
                                     ;      element_tp = record
        data EQU 0                   ;            data: integer;
        next EQU 2                   ;            next: element_ptr;
                                     ;         end;


.DATA                                ; var
    list     DW nil                  ;    list: element_ptr == nil;
    freelist DW ?                    ;    freelist: element_ptr;
    heap     DW (max_heap+1)*2 DUP (?)
                                     ; heap: array[0..max_heap] of element_tp;

.CODE
```

```
build_freelist PROC          ; procedure build_freelist;
               push di       ;          { push registers }
               push bx
               push ax
               push cx
                             ; var k: integer; { in di }
                             ; begin
                             ;    heap[max_heap].next:= nil;
               mov   bx, OFFSET heap
               mov   di, max_heap
               shl   di, 1
               shl   di, 1
               mov   [bx+di+next], nil
                             ; for k:= max_heap downto 1 do
        bm1: mov   ax, bx    ;    heap[k-1].next:=
                             ;        AddressOf(heap[k]);
               add   ax, di
               sub   di, 4
               mov   [bx+di+next], ax
               jg    bm1
               mov   freelist, bx;   freelist:=
                             ;        AddressOf(heap[0]);

               pop   cx      ;          { pop registers }
               pop   ax
               pop   bx
               pop   di
               ret           ; end;
build_freelist ENDP
                             ;
new            PROC          ; procedure new
                             ;        (var p: element_ptr)
                             ;        { p in si }
               push ax       ;          { push registers }
               push bx
                             ; begin
               mov   ax, freelist; if freelist <> nil then
               cmp   ax, nil
               je    nm1          ; begin
               mov   si, freelist; p:= freelist;
               mov   bx, freelist; freelist:= freelist^.next;
               mov   ax, [bx+next];    {freelist^.next in ax}
               mov   freelist, ax
                             ;          with p^ do  { p in si }
                             ;                 begin
               mov   WORD PTR [si+data], 0;     data:= 0;
               mov   WORD PTR [si+next], nil;   next:= nil;
```

```
                              ;                     end
      nm1:                    ;     end else ERROR;
                              ;                 { not imlemented }
           pop   bx           ;                 { pop registers }
           pop   ax
           ret                ; end;
new        ENDP

append     PROC               ; procedure append (
                              ; var p: element_ptr,{in bp+6}
                              ;      d: integer);   {in bp+4}
           push  bp
           mov   bp, sp
           push  bx           ;               { push registers }
           push  ax
           push  di
           push  si
                              ; var q: element_ptr;
                              ;                   { q in si }
                              ; var r: element_ptr;
                              ;                   { r in di }
                              ; begin
           call  new          ;   new (q);
                              ;             { result: q in si }
           mov   ax, [bp+4];   q^.data:= d;
           mov   [si+data], ax
           mov   bx, [bp+6];   if  p = nil
                              ;        { Adresse von p in bx }
           mov   ax, [bx]
           cmp   ax, nil
           jne   _else
           mov   [bx], si ;    then p:= q
           jmp   _end_else ;   else begin
  _else: mov   di, [bx] ;       r:= p;
 _while: mov   ax, [di+next];  while r^.next <> nil do
                              ;                 { r  in di }
           cmp   ax, nil
           je    _end_while
           mov   ax, [di+next];  r:= r^.next;
                              ;             { r^.next in ax }
           mov   di, ax
           jmp   _while
_end_while: mov [di+next], si; r^.next:= q;
                              ; end;
_end_else: pop  si           ; { pop registers }
           pop   di
           pop   ax
```

```
                        pop   bx
                        pop   bp
                        ret   4              ; end;
        append          ENDP

        Anfang:         mov   ax, @DATA      ; begin
                        mov   ds, ax

                        call  build_freelist ; build_freelist;
                        mov   ax, OFFSET list; append(list, 5555);
                        push  ax
                        mov   ax, 5555
                        push  ax
                        call  append
                        mov   ax, OFFSET list; append(list, 6666);
                        push  ax
                        mov   ax, 6666
                        push  ax
                        call  append

        Ende:           mov   ax, 4C00H     ; end.
                        int   21H
        END Anfang
```

12.2.2   MOTOROLA: Programm lineare Liste

Das folgende Bild 12.7 zeigt ein Assemblerprogramm zu unserem Beispiel „lineare Liste" aus Kapitel 12.3. Dabei ist die Halde mit 10 freien Elementen implementiert. Zur Darstellung des Wertes NIL wird üblicherweise Null eingesetzt. Wir haben hier 999 verwendet, weil sich dieses Zahlenmuster in den Speicherauszügen des Debuggers besser hervorhebt.

Bild 12.7: Assemblerprogramm „lineare Liste" (MOTOROLA)

```
*                                       program list;
max_heap   EQU   10                     const max_heap=10;
nil        EQU   999                           nil=999;
*                                       type element=record of
data       EQU   0                          data: integer;
next       EQU   data+2                      next: element_ptr;
elem_size  EQU   6                      end;
*                                       element_ptr=^element;
heap       ds.b  (max_heap+1)*elem_size
*                                       var heap: array [0..
*                                           (max_heap+1)*elem_size]
*                                           of element;
free_list  dc.l  nil                    free_list: element_ptr;
list       dc.l  nil                    list: element_ptr;
```

```
*                                   procedure build_freelist
*                                   var k: integer; {in d0}
build_freelist  link a6,#0          begin
          movem.l a0-a1/d0-d1,-(sp)
          lea.l   heap,a0           heap[max_heap].next:=
          move.l  #max_heap,d1        nil;  {heap in a0}
          muls.w  #elem_size,d1
          move.l  #nil,next(a0,d1)
          move.l  #max_heap,d0       for k:=max_heap-1
init_list subq.l  #1,d0             downto 0 do {k in d0}
          bmi     bend
          move.w  d0,d1                heap[k].next:=
          muls.w  #elem_size,d1 AddressOf(heap[k+1]);
          lea.l   elem_size(a0,d1),a1
*                                      {heap noch in a0,
*                                       Adr heap[k+1] in a1}
          move.l  a1,next(a0,d1)
          bra     init_list
bend      move.l  a0,free_list    free_list:=
*                                   AddressOf(heap[0])
          movem.l (sp)+,a0-a1/d0-d1
          unlk    a6
          rts                     end


*                                   procedure new(
*                                   var p: element_ptr
*                                   );              {in 8(a6)}
new       link    a6,#0           begin
          movem.l a0-a1,-(sp)
          move.l  free_list,a1    if free_list<>nil then
          cmp.l   #nil,a1           begin
          beq     nend
          move.l  8(a6),a0          p:=free_list;
          move.l  a1,(a0)             { Adr p in a0 }
          move.l  next(a1),free_list
*                                     free_list:=
*                                     free_list^.next;
          move.w  #0,data(a1)      p^.data:=0;
          move.l  #nil,next(a1)    p^.next:=nil;
nend      movem.l (sp)+,a0-a1      end
          unlk    a6
          rts                     end


*                                   procedure append(
*                                   var p: list; {in 8(a6)}
*                                   d: integer; {in 12(a6)}
*                                   );
```

```
append    link    a6,#-4          var q: element_ptr;
*                                     {in -4(a6)}
*                                 r: element_ptr;
*                                     {in a2}
*                                 begin
          movem.l a0-a2/d0,-(sp)
          lea     -4(a6),a0       new(q);  {Adr q in a0}
          move.l  a0,-(sp)
          bsr     new
          addq.l  #4,sp           {Keller aufräumen}
          move.w  12(a6),d0       q^.data:=d;  {d in d0}
          move.l  -4(a6),a0                    {q in a0}
          move.w  d0,data(a0)
          move.l  8(a6),a1        if p=nil {Adr p in a1}
          cmp.l   #nil,(a1)       then
          bne     nt
          move.l  a0,(a1)             p:=q
          bra     aend            else begin
nt        move.l  (a1),a2             r:=p;       {r in a2}
not_free  cmp.l   #nil,next(a2)   while r^.next<>nil
          beq     free                do
          move.l  next(a2),a2           r:=r^.next;
          bra     not_free
free      move.l  a0,next(a2)         r^.next:=q;
aend      movem.l (sp)+,a0-a2/d0
          unlk    a6              end
          rts                   end


*                                 begin
Anfang    bsr     build_freelist build_freelist;
          move.w  #5555,-(sp)     append(list, 5555);
          move.l  #list,-(sp)
          bsr     append
          addq.l  #6,sp           {Keller aufräumen}
          move.w  #6666,-(sp)     append(list, 6666);
          move.l  #list,-(sp)
          bsr     append
          addq.l  #6,sp           {Keller aufräumen}
          end     Anfang         end.
```

13 Unterbrechungen

Unterbrechungsbehand-
lung

In diesem Kapitel soll zunächst ein konzeptueller Überblick über das Thema Unterbrechungen gegeben werden, bevor wir uns in den folgenden Abschnitten im einzelnen mit den Hardwaremechanismen der INTEL- bzw. MOTOROLA-Familie beschäftigen. Wie wir in Kapitel 3 sahen, kann der Rechnerkern (Prozessor) in seinem Arbeitszyklus (siehe Bild 3.4) durch eine *Unterbrechung* (Unterbrechungssignal, engl.: *Interrupt*) unterbrochen werden. Es wird dann zu einem Programm zur *Unterbrechungsbehandlung* (Interrupt Routine oder Interrupt Handler) verzweigt. Es gibt eine ganze Anzahl verschiedener Unterbrechungen und dementsprechend verschiedene, spezifische Unterbrechungsbehandlungen. Trifft am Prozessor z. B. eine Unterbrechung von einem Ein-/Ausgabe-Gerät (E/A-Gerät) ein, so läuft stets irgendein Programm ab, das dann nach Ablauf der Unterbrechungsbehandlung wieder fortgesetzt werden soll. Wir haben also, wie Bild 13.1 zeigt, eine analoge Situation wie beim Ablauf eines Unterprogramms. Die Unterbrechungsbehandlung wird stets als Unterprogramm formuliert und entspricht einer parameterlosen Prozedur, wobei zu beachten ist, dass das Retten und Zurückstellen der Register stets in der Unterbrechungsbehandlung erfolgen muss.

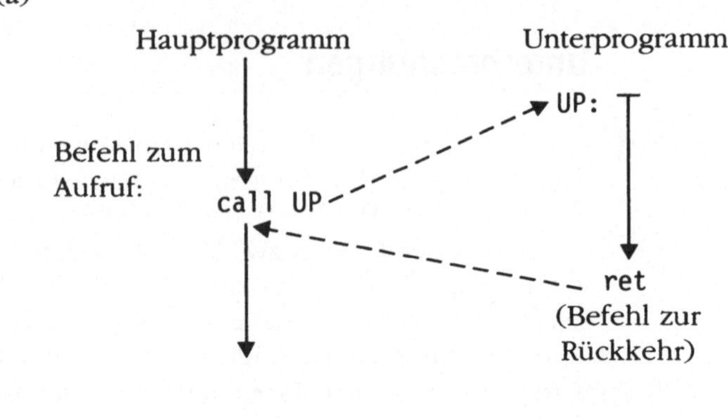

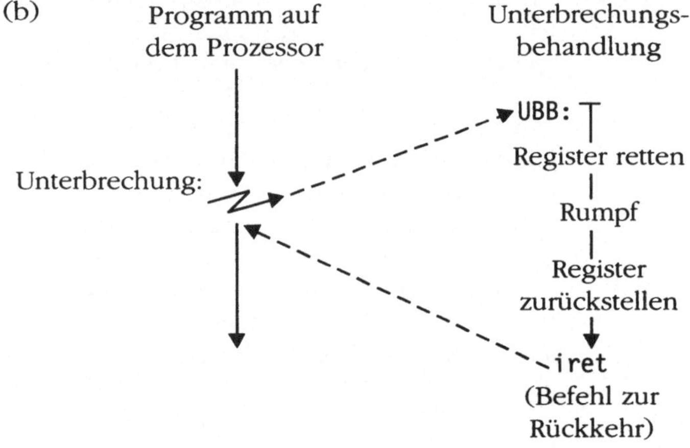

Am Ende der Unterbrechungsbehandlung sorgt ein spezieller Hardwarebefehl (INTEL: `iret`) für die Rückkehr in das unterbrochene Programm, analog dem Befehl zur Rückkehr (INTEL: `ret`) bei Unterprogrammen (Prozeduren). Dass hier unterschiedliche Befehle für die Rückkehr auftreten, liegt daran, dass der Befehl zur Rückkehr aus einer Unterbrechungsbehandlung einige Aktionen mehr enthalten muss als bei dem Befehl zur Rückkehr aus einem Unterprogramm.

Obwohl die Verhältnisse beim Ablauf von Unterprogrammen und Unterbrechungsbehandlungen weitgehend analog sind, unterscheiden sie sich in noch einem wesentlichen Punkt: dem Aufruf. Beim Unterprogramm erfolgt der Aufruf explizit durch einen Befehl (in Bild 13.1: `call`) im Hauptprogramm. Die Unterbrechungsbehandlungen werden nicht durch einen expliziten Befehl zum Unterprogrammaufruf aufgerufen, sondern durch eine Aktionenfolge in dem Zweig des Arbeitszyklus des Prozessors, in den bei Annahme einer Unterbrechung verzweigt wird. Diese Aktionenfolge, die mit der Annahme der Unterbrechung ausgelöst wird, enthält genau die Aktionen, die bei der Ausführung eines Befehls zum Unterprogrammaufruf ablaufen. Wir können also sagen: bei Annahme einer Unterbrechung emuliert der Prozessor einen Befehl zum Unterprogrammaufruf. Wir können deshalb eine Unterbrechung auch als impliziten Unterprogrammaufruf auffassen. Man sagt deshalb, eine Unterbrechung entspricht einen erzwungenen Unterprogrammaufruf, weil mit Annahme der Unterbrechung ein Befehl zum Unterprogrammaufruf sozusagen erzwungen ausgeführt (emuliert) wird.

Wir müssen beim erzwungenen Unterprogrammaufruf noch eine weitere Frage untersuchen, nämlich das Problem wie die Anfangsadresse des Unterbrechungsbehandlungsprozedur ermittelt wird. Beim expliziten Unterprogrammaufruf durch einen Hardwarebefehl steht üblicherweise die Anfangsadresse des Unterprogramms mit im Befehlsformat des Hardwarebefehls. Dies ist dann möglich, wenn das Unterprogramm (die Prozedur) im Hauptprogramm definiert (deklariert) ist. Bei Unterbrechungsbehandlungen gilt aber, dass sie für alle Programme gleichermaßen, d. h. global definiert sein müssen. Diese Technik der globalen Definition wird hardwaremäßig unterstützt durch eine sogenannte Tabelle der *Unterbrechungsvektoren*. Diese Tabelle ist schematisch in Bild 13.2 angegeben. Wir können die Tabelle auffassen als eine Reihung (`array`), deren Elemente (die Unterbrechungsvektoren) die Anfangsadressen der Unterbrechungsbehandlungen enthalten. Jeder Unterbrechung (oder Unterbrechungsquelle) ist eine Nummer zugeordnet, die als Index in die Tabelle der Unterbrechungsvektoren dient.

Bild 13.2: Tabelle der Unterbrechungsvektoren (schematisch)

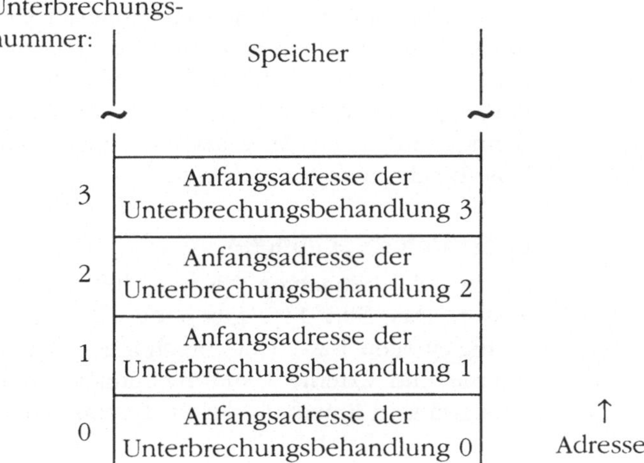

Bei Annahme einer Unterbrechung ist hardwaremäßig die Nummer der Unterbrechung bekannt. Bei der Aktionenfolge des Prozessors, die den Unterprogrammaufruf emuliert, wird dann über diese Nummer auf die Tabelle der Unterbrechungsvektoren zugegriffen und die Anfangsadresse der entsprechenden Unterbrechungsbehandlung in das Befehlszählerregister geladen. Diese, in der Hardware realisierte, Vorgehensweise finden wir standardmäßig bei Mikroprozessoren.

Da es viele Unterbrechungen gibt, die von verschiedenen, voneinander unabhängigen Quellen (z. B. E/A-Geräten) kommen, muss definiert werden, was passieren soll, falls etwa zwei Unterbrechungen zugleich kommen. Dazu wird jeder Unterbrechung eine Priorität zugeordnet. Diese *Unterbrechungsprioritäten* werden wir später bei den einzelnen Hardwarearchitekturen noch genauer betrachten.

Externe Unterbrechungen, Interne Unterbrechungen

Unterbrechungen können von E/A-Geräten, aber auch vom Prozessor selbst (prozessorlokale Unterbrechungen, z. B.: Divisionsfehler bei Division durch Null) ausgelöst werden. Wir unterscheiden daher *externe Unterbrechungen* und *interne Unterbrechungen*, je nachdem, ob sie von ausserhalb des Prozessors kommen oder vom Prozessor selbst verursacht wurden. Bei internen Unterbrechungen redet man auch von *programmbezogenen Unterbrechungen* oder *synchronen Unterbrechungen*. Externe Unterbrechungen werden dementsprechend dann als *asynchrone Unterbrechungen* bezeichnet.

Maskierbar
Maske

Grundsätzlich bieten Mikroprozessoren auch die Möglichkeit, einzelne Unterbrechungen abzuschalten. Man nennt solche Unterbrechungen *maskierbar*. Die nicht abschaltbaren Unterbrechungen werden als nicht-maskierbar bezeichnet. Welche Unterbrechungen abgeschaltet sind, wird in der Regel durch entsprechende Bits im Prozessorzustandsregister spezifiziert, die man als *Maske* bezeichnet. Im Arbeitszyklus des Prozessors wird stets vor Ausführung des nächsten Befehls geprüft, ob eine Unterbrechung vorliegt, und ob sie entsprechend der Maske zugelassen ist. Nur dann wird im Arbeitszyklus mit dem Zweig für die Unterbrechungen fortgefahren.

13.1   INTEL: Unterbrechungen

Als Beispiel betrachten wir hier die Verhältnisse beim 8086-Prozessor. Das Bild 13.3 gibt eine Übersicht über die Unterbrechungsquellen bzw. Unterbrechungen und ihre Klassifikation in interne und externe Unterbrechungen. (Alle internen Unterbrechungen sind innerhalb des Prozessors eingezeichnet.)

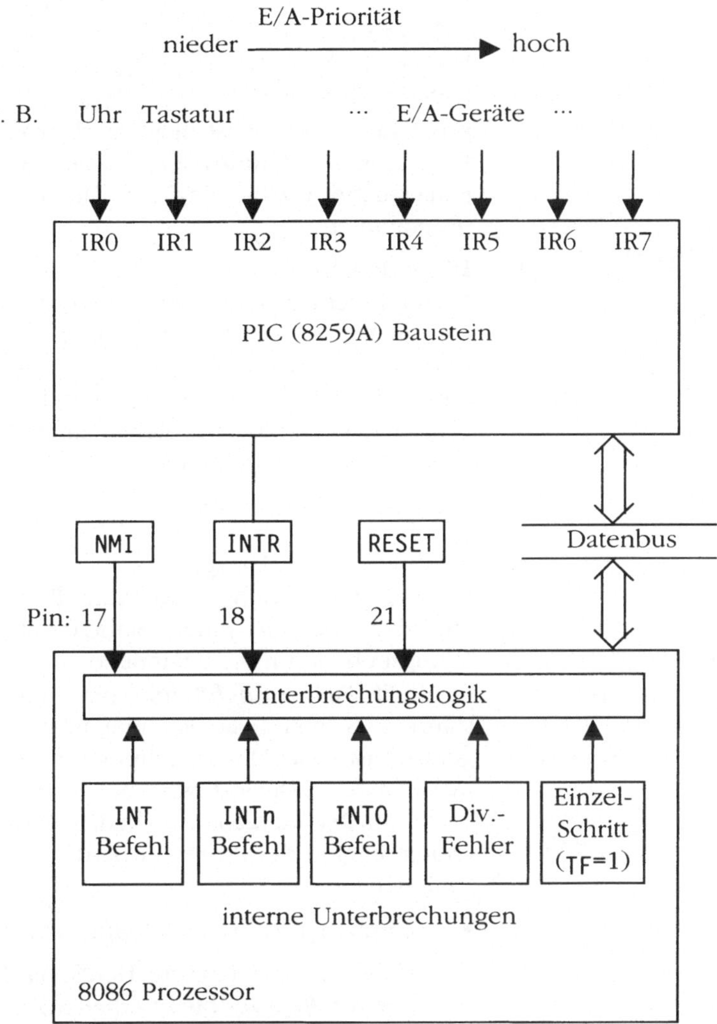

Interne Unterbrechungen:

- **Divisionsfehler:**
  Diese Unterbrechung wird ausgelöst, falls beim Divisionsbefehl der Nenner Null ist.

- **Einzelschritt:**
  Falls im Prozessorzustandsregister (siehe Bild 4.3) der
  Einzelschrittmerker TF (Trace Flag) gesetzt ist, wird vor je-
  dem Befehl diese Unterbrechung ausgelöst.

- **INTO-Befehl (INTerrupt on Overflow):**
  Dieser Befehl erzeugt eine Unterbrechung, falls im Prozes-

sorzustandsregister der Überlaufmerker OF (Overflow Flag) gesetzt ist.

- **INT-Befehl:**
  Dieser Befehl (1 Byte) erzeugt stets eine Unterbrechung der Unterbrechungsnummer 3 (Typ 3 Unterbrechung, Breakpoint Interrupt). Er ist nicht maskierbar, d. h. das IF-Bit im Prozessor ist wirkungslos. Dieser Befehl dient z. B. zur Fehlersuche (Debugging) in Unterbrechungsbehandlungsprogrammen.

Betriebssystemaufruf
- **INT n-Befehl:**
  Dieser Befehl erzeugt eine Unterbrechung mit der Nummer n (vom Typ n). Der Parameter n (1 Byte) erlaubt, 256 unterschiedliche Unterbrechungen. Jeder Unterbrechung entspricht ein Eintrag in der Tabelle der Unterbrechungsvektoren. Dieser Befehl dient zum *Betriebssystemaufruf* aus einem Anwenderprogramm.

Externe Unterbrechungen:

- **RESET-Unterbrechung:**
  Diese Unterbrechung dient zum Rücksetzen des Rechners auf den Beginn einer Standard-Startroutine (Unterbrechungsbehandlung), beginnend an einer festen Adresse (z. B. FFFF0H) *unabhängig* vom herrschenden Betriebszustand, z. B. wenn der Rechner in eine unendliche Schleife geraten ist. Die Unterbrechung ist dementsprechend nicht maskierbar. Ausgelöst wird sie z. B. durch Drücken einer Taste am Rechnergehäuse (RESET-Taste). Auf die Unterbrechung reagiert der Prozessor hardwaremäßig durch folgende Aktionen:

  - Löschen aller Merker (Kennzeichenbits)

  - Nullsetzen der Register IP, DS, SS, ES (der Inhalt der übrigen Register bleibt erhalten)

  - <CS> ⇐ 0FFFFH

- **NMI-Unterbrechung (Non Maskable Interrupt):**
  Diese Unterbrechung wird bei Hardwarefehler, z. B. Speicherfehler, ausgelöst. Sie ist nicht maskierbar und hat die Nummer 2 (Typ 2).

- **INTR-Unterbrechung (Geräte-Unterbrechung):**
  Diese Unterbrechung ist maskierbar. Die Unterbrechungsnummer (Typ) wird vom E/A-Gerät (PIC-Baustein, siehe Bild 13.3) geliefert und spezifiziert, von welchen Gerät die Unterbrechung stammt. Treffen mehrere Geräteunterbrechungen gleichzeitig ein, so wird die Kollision gemäß der

Geräte-Priorität aufgelöst (siehe Bild 13.3). Die Unterbrechungen werden dann nacheinander an den Prozessor weitergegeben, d. h. der PIC-Baustein kann Unterbrechungen verschiedener Quellen speichern, allerdings je Quelle nur eine. Es kann also eine Unterbrechung „verlorengehen", wenn eine zweite Unterbrechung derselben Quelle kommt, bevor die erste behandelt wurde.

Das folgende Bild 13.4 gibt die Priorität der internen bzw. externen Unterbrechungen an. Damit wird geregelt, was passieren soll, falls mehrere Unterbrechungen gleichzeitig eintreffen. Wenn z. B. eine Unterbrechung wegen Einzelschritt (TF=1) und eine Geräte-Unterbrechung (INTR) gleichzeitig anliegen, dann wird die Geräte-Unterbrechung zuerst abgearbeitet.

Bild 13.4: Priorität der Unterbrechung (INTEL)

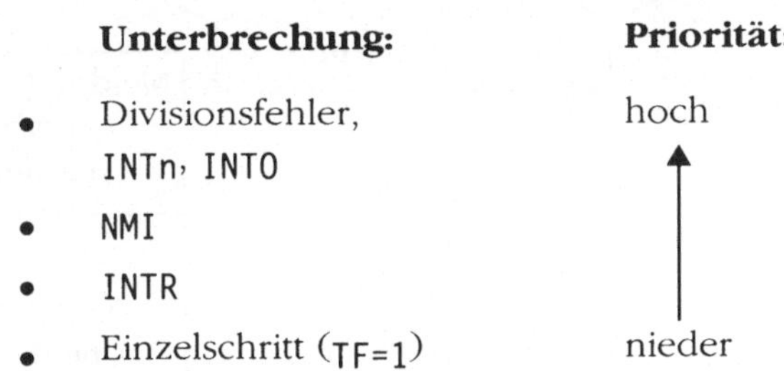

In Bild 13.4 ist zu beachten, dass die Priorität der INTR-Unterbrechung (Geräte-Unterbrechung) durch die Festlegung der Geräte-Priorität nochmals in Unterprioritäten aufgespalten wird.

Als nächstes betrachten wir im einzelnen die Aktionenfolge, die im Prozessor abläuft, wenn eine Unterbrechung angenommen wird. Diese Folge ist in Bild 13.5 als ein Zweig des Arbeitszyklus des Prozessors dargestellt (siehe auch Bild 3.4; was dort noch gestrichelt angedeutet ist, wird nun durch das Bild 13.5 ersetzt).

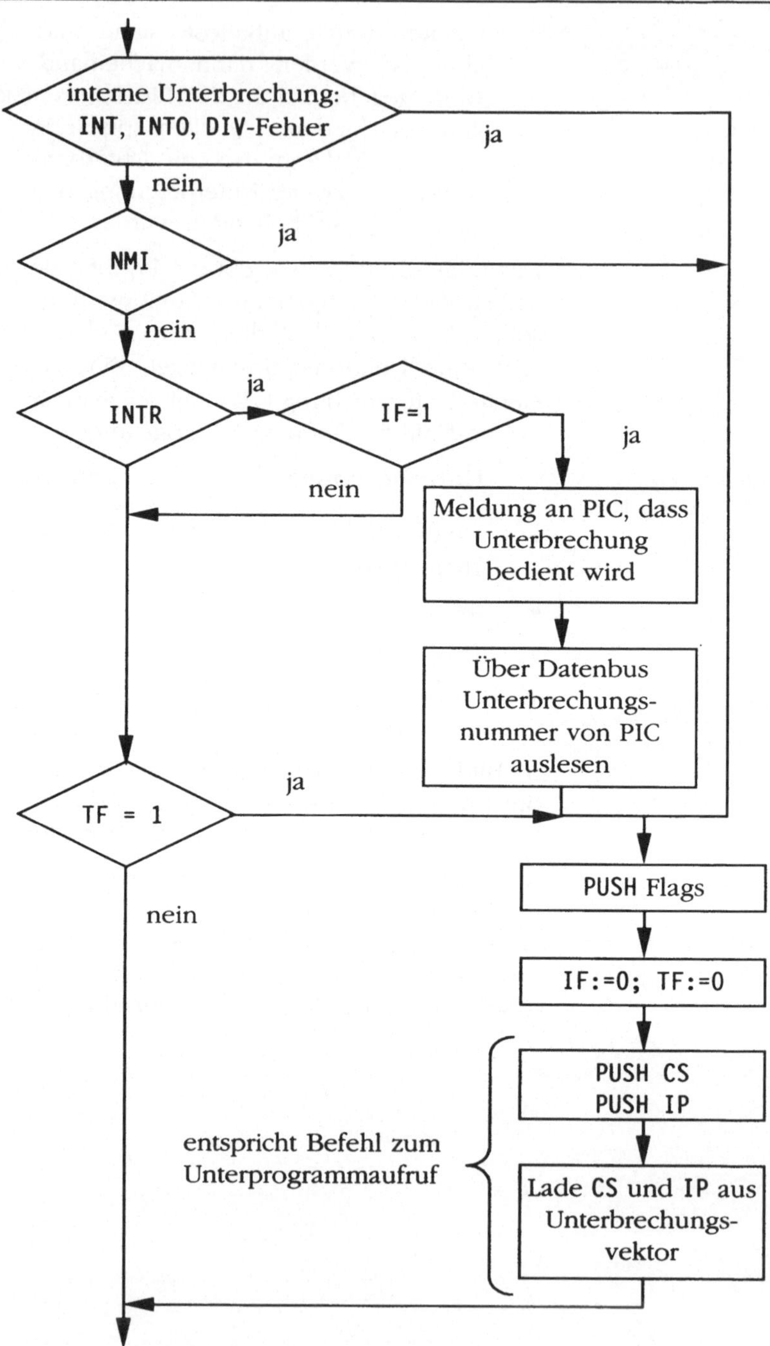

Bild 13.5: Wirkung einer Unterbrechung (INTEL)

Wie wir in Bild 13.5 sehen, entsprechen die beiden letzten Aktionen genau denen. die auch beim Ablauf eines Befehls zum Prozeduraufruf (CALL-Befehl) durchgeführt werden. Es muss jedoch auch das CS-Register geladen werden, da das Unterprogramm zur Unterbrechungsbehandlung prinzipiell in einem anderen Code-Segment stehen kann. Es handelt sich also um einen CALL-Befehl in der Version „Intrasegment call". Zusammenfassend kann man also sagen, dass diese Aktionenfolge den erzwungenen Unterprogrammaufruf durchführt.

Wie wir in Bild 13.5 ferner sehen, werden von dem Unterprogrammaufruf die Kennzeichenbits (PUSH-Flags) des unterbrochenen Programms auf den Keller gerettet. Dies ist deshalb nötig, weil das dann aufgerufene Unterprogramm ja ebenfalls die Kennzeichenbits setzen kann. Bei Rückkehr aus der Unterbrechungsbehandlung muss aber das unterbrochene Programm stets wieder seine Kennzeichenbits vorfinden.

Die Aktion IF:=0 bewirkt, dass mit Eintritt in eine Unterbrechungsbehandlung standardmäßig keine weiteren Unterbrechungen zugelassen sind, d. h. eine Unterbrechungsbehandlung also nicht unterbrochen werden kann. Wenn das dennoch gewünscht wird, lassen sich durch einen STI-Befehl (**Set I**nterrupt) im Programm die Unterbrechungen auch wieder einschalten.

Die Aktion TF:=0 schaltet die Einzelschrittunterbrechungen ab. Solche Unterbrechungen werden von Hilfsprogrammen zur Fehlersuche (Debugger) benutzt, um zum Beispiel einzelne Befehle beim Programmablauf zu protokollieren. Diese Einzelschrittunterbrechungen werden standardmäßig vor Eintritt in eine Unterbrechungsbehandlung abgeschaltet, weil sonst bei Eintreffen einer Unterbrechung auch z. B. die Befehle der Unterbrechungsbehandlung protokolliert würden, die in der Regel mit den Befehlen des unterbrochenen Programms nichts zu tun haben.

Am Ende einer Unterbrechungsbehandlung steht, wie beim Unterprogramm, ein Befehl zur Rückkehr in das Programm aus dem der Aufruf erfolgte. (Bei einer Unterbrechungsbehandlung ist dies das unterbrochene Programm.) Bei der INTEL-Architektur ist der Befehl zur Rückkehr der IRET-Befehl, dessen Wirkung in Bild 13.6 dargestellt ist. Wie wir sehen, ist die Wirkung komplementär zu der in Bild 13.5 dargestellten Aktionenfolge zum erzwungenen Unterprogrammaufruf.

Bild 13.6: Wirkung des IRET-Befehls (INTEL)

Befehl	Wirkung	Bemerkung
IRET	pop <ip>	Entnahme der Werte für IP-, CS- und
	pop <cs>	Merkerregister vom Stapel
	pop flags	

Im Bild 13.7 finden wir die typische Struktur einer Unterbrechungsbehandlung (UBB).

Bild 13.7: Struktur einer Unterbrechungsbehandlung (INTEL)

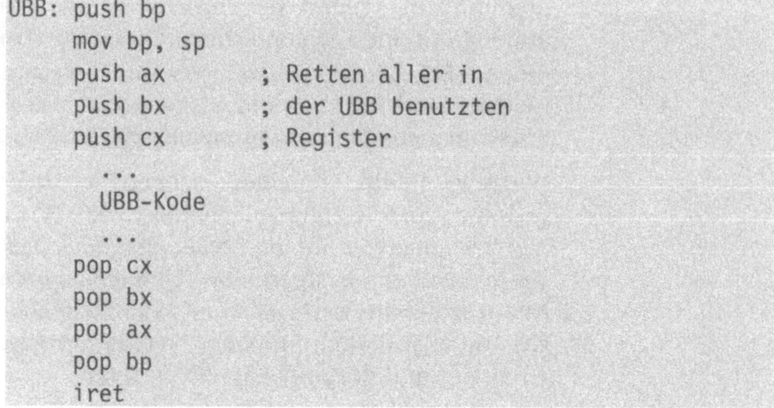

```
UBB: push bp
     mov bp, sp
     push ax        ; Retten aller in
     push bx        ; der UBB benutzten
     push cx        ; Register
       ...
       UBB-Kode
       ...
     pop cx
     pop bx
     pop ax
     pop bp
     iret
```

Wie wir in Bild 13.7 sehen, muss in der Unterbrechungsbehandlung das Retten und Rückstellen aller benötigten Register durchgeführt werden. Wegen der im Befehl IRET enthaltenen Rückstellung der Kennzeichenbits (**pop** flags) sind nach dessen Ausführung auch die Unterbrechungen wieder angeschaltet (TF=1).

Das Bild 13.8 gibt einen Überblick über die Tabelle der Unterbrechungsvektoren.

Bild 13.8: Tabelle der Unterbrechungsvektoren (INTEL)

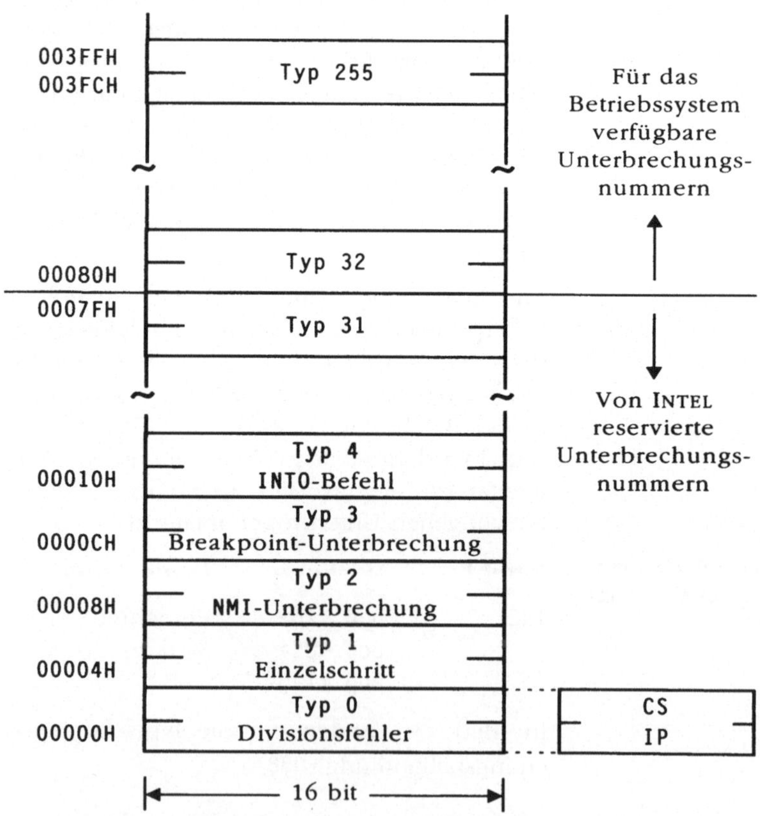

Jeder Eintrag wird als *Unterbrechungsvektor* bezeichnet, weil er auf die Unterbrechungsbehandlung verweist. Er enthält die neuen Werte für das CS- und IP-Register für die betreffende Unterbrechungsbehandlung. Jedem Eintrag ist eine Unterbrechungsnummer (Typ) zugeordnet. Die Nummern 32 bis 255 sind frei. Das bedeutet, sie können zum Betriebssystemaufruf verwendet werden. Für den Aufruf des Betriebssystems wird der INT-Befehl mit Parameter n verwendet, wobei n die Unterbrechungsnummer und damit die Nummer der anzuspringenden Betriebssystemroutine angibt.

13.2   MOTOROLA: Unterbrechungen

Wir betrachten hier die Verhältnisse beim 68000-Prozessor. Im Folgenden besprechen wir zunächst die einzelnen Unterbrechungen.

Interne Unterbrechungen:

- **Busfehler:**
  Externe Hardware, z. B. die Speicherzugriffseinheit (MMU) löst diese Unterbrechung aus, wenn auf eine nicht zulässige Adresse zugegriffen wird. Diese Unterbrechung ist nicht maskierbar. Sie tritt während der Ausführung des Befehls auf. Der Befehl wird abgebrochen.

- **Adressfehler:**
  Diese Unterbrechung wird ausgelöst, falls der Prozessor einen Wort- oder Doppelwortzugriff auf eine nicht ausgerichtete Adresse (ungerade Adresse) versucht. Diese Unterbrechung ist nicht maskierbar. Sie tritt während der Ausführung des Befehls auf. Der Befehl wird abgebrochen.

- **Illegaler Befehl:**
  Reservierte Befehlskodierung mit 1010 beginnend. Es wird kein Befehl ausgeführt.

- **Nicht implementierter Befehl:**
  Reservierte Befehlskodierung mit 1111 beginnend. Es wird kein Befehl ausgeführt.

- **Privilegierter Befehl**
  Es wird kein Befehl ausgeführt.

- **Divisionsfehler:**
  Diese Unterbrechung wird nach dem Befehl ausgelöst, falls beim Divisionsbefehl der Nenner Null ist.

- **Einzelschritt (Trace):**
  Falls im Prozessorzustandsregister der Einzelschrittmerker T

(Trace Flag) gesetzt ist, wird vor jedem Befehl diese Unterbrechung ausgelöst.

- **TRAPV-Befehl (TRAP on oVerflow):**
  Dieser Befehl erzeugt nach Ausführung des Befehls eine Unterbrechung, falls im Prozessorzustandsregister der Überlaufmerker V (overflow flag) gesetzt ist.

- **CHK-Befehl:**
  Dieser Befehl (siehe Bild 4.25) erzeugt nach Ausführung des Befehls eine Unterbrechung. Er dient der Laufzeitüberprüfung, ob die Indexgrenzen bei Reihungen eingehalten werden.

Betriebssystemaufruf

- **TRAP#n-Befehl:**
  Dieser Befehl erzeugt nach Ausführung des Befehls eine Unterbrechung. Der Parameter n (4 Bit) erlaubt, 16 unterschiedliche Unterbrechungen. Jeder Unterbrechung entspricht ein Eintrag in der Tabelle der Unterbrechungsvektoren mit der Unterbrechungsnummer 32 + n. Dieser Befehl dient zum *Betriebssystemaufruf* aus einem Anwenderprogramm.

Externe Unterbrechungen:

- **RESET-Unterbrechung:**
  Diese Unterbrechung dient zum Rücksetzen des Rechners auf den Beginn einer Standard-Startroutine (Unterbrechungsbehandlung) und zwar *unabhängig* vom herrschenden Betriebszustand (z. B. wenn der Rechner in eine unendliche Schleife geraten ist). Die Unterbrechung ist dementsprechend nicht maskierbar. Ausgelöst wird sie z. B. durch Drücken einer Taste am Rechnergehäuse (RESET-Taste). Auf die Unterbrechung reagiert der Prozessor hardwaremäßig – anders als bei den übrigen Unterbrechungen – durch folgende Aktionen:

  - Befehlszählerregister (PC) und Statusregister (SR) werden nicht gerettet.

  - Laden des neuen Befehlszählerregisters (PC) und des neuen Stapelzeigers für den Systemmodus (SSP) aus dem Unterbrechungsvektor (mit zwei Einträgen).

  - Der Prozessor beginnt die Ausführung der Unterbrechungsbehandlung in der höchsten Prioritätsstufe 7.

Prioritätengesteuertes Unterbrechungsschema

- **Geräte-Unterbrechung:**
  Diese Unterbrechung ist maskierbar. Es gibt ein *prioritätengesteuertes Unterbrechungsschema* mit den Ebenen 0 bis 7, wobei Ebene 7 die höchste Priorität hat. Jede Geräte-Unter-

brechung ist einer Ebene zugeordnet. Wir sagen sie hat eine *Unterbrechungspriorität* (IPL, Interrupt Priority Level). Dem Prozessor ist ebenfalls eine Priorität zwischen 0 und 7 zugeordnet, die *Prozessorpriorität* (PPL, Processor Priority Level). Die aktuelle Prozessorpriorität wird durch 3 Bits des Statusregisters (Bit 8,9,10) angezeigt. Der Prozessor nimmt eine Unterbrechung nur an falls gilt: *Unterbrechungspriorität* (IPL) > *Prozessorpriorität* (PPL). Das bedeutet. alle Unterbrechungen mit einer Priorität die gleich oder geringer als die aktuelle Prozessorpriorität sind, werden nicht angenommen. Wir sagen, sie sind *maskiert*. Eine Ausnahme bildet die Prozessorpriorität 7. Befindet sich der Prozessor auf Ebene 7, dann sind auch Unterbrechungen der Priorität 7 zugelassen. Das bedeutet, ordnet man einer Unterbrechung die Priorität 7 zu, dann ist sie nicht maskierbar. Geräte-Unterbrechungen müssen stets maskierbar sein.

Generell ist jeder Unterbrechung eine Priorität sowie eine Nummer und damit ein Eintrag in der Tabelle der Unterbrechungsvektoren zugeordnet.

Bei Geräte-Unterbrechungen wird die Unterbrechungsnummer vom E/A-Gerät geliefert und spezifiziert, von welchen Gerät die Unterbrechung stammt. Treffen mehrere Geräteunterbrechungen gleichzeitig ein, so wird die Kollision gemäß der Geräte-Priorität aufgelöst. Die Unterbrechungen werden dann nacheinander an den Prozessor weitergegeben, d. h. Unterbrechungen verschiedener Quellen werden gespeichert, allerdings je Quelle nur eine. Es kann also eine Unterbrechung „verlorengehen", wenn eine zweite Unterbrechung derselben Quelle kommt, bevor die erste behandelt wurde.

Das folgende Bild 13.9 gibt die Priorität der internen bzw. externen Unterbrechungen an. Damit wird geregelt, was passieren soll, falls mehrere Unterbrechungen gleichzeitig eintreffen. Wenn z. B. eine Unterbrechung wegen Einzelschritt (T=1) und eine Geräte-Unterbrechung gleichzeitig anliegen, dann wird die Einzelschritt -Unterbrechung zuerst abgearbeitet.

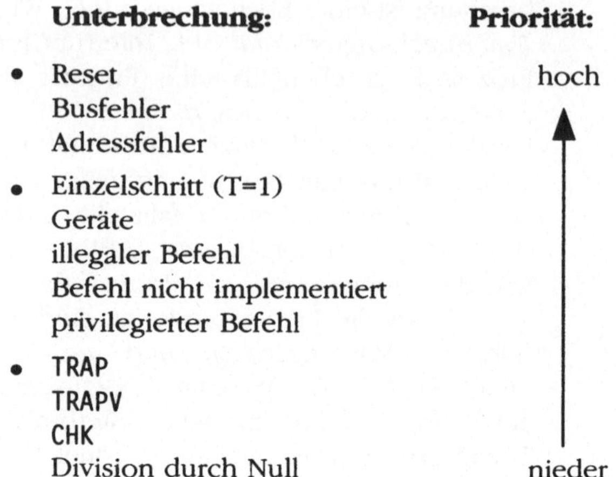

Bild 13.9: Priorität der Unterbrechungen (MOTOROLA)

In Bild 13.9 ist zu beachten, dass die Priorität der Geräte-Unterbrechung (E/A-Unterbrechung) durch die Festlegung der Geräte-Priorität nochmals in Unterprioritäten aufgespalten wird.

Als nächstes betrachten wir im einzelnen die Aktionenfolge, die im Prozessor abläuft, wenn eine Unterbrechung angenommen wird. Diese Folge ist Bild 13.10 als ein Zweig des Arbeitszyklus des Prozessors dargestellt (siehe auch Bild 3.4; was dort noch gestrichelt angedeutet ist, wird nun durch das Bild 13.10 ersetzt).

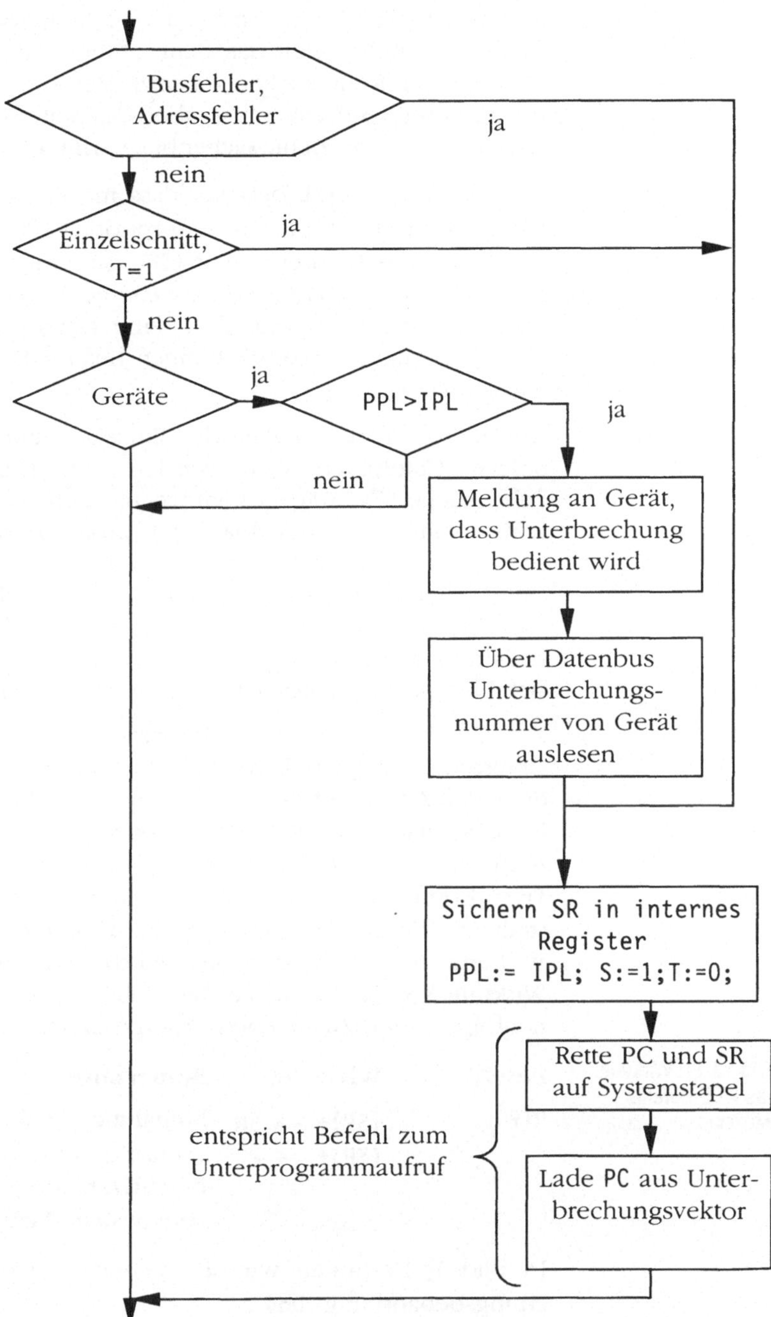

Bild 13.10: Wirkung einer Unterbrechung (MOTOROLA)

Wie wir in Bild 13.10 sehen, entsprechen die beiden letzten Aktionen genau denen, die auch beim Ablauf eines Befehls zum Unterprogrammaufruf (JSR-Befehl) durchgeführt werden. Wie wir in Bild 13.10 ferner sehen, wird vor dem Unterprogrammaufruf das Statusregister (und damit auch die Kennzeichenbits) des unterbrochenen Programms auf den Systemstapel gerettet. Dies ist deshalb nötig, weil das dann aufgerufene Unterprogramm ja ebenfalls die Kennzeichenbits setzt. Bei Rückkehr aus der Unterbrechungsbehandlung muss aber das unterbrochene Programm stets wieder seine Kennzeichenbits vorfinden.

Die Aktion `PPL:=IPL` bewirkt, dass mit Eintritt in eine Unterbrechungsbehandlung die Prozessorpriorität (PPL, Processor Priority Level) auf die Gerätepriorität (IPL, Interrupt Priority Level) eingestellt wird und damit keine weiteren Unterbrechungen tieferer Ebenen zugelassen sind, d. h. eine Unterbrechungsbehandlung also nicht durch Unterbrechungen tieferer Ebenen unterbrochen werden kann.

Die Aktion `T:=0` schaltet die Einzelschrittunterbrechungen ab. Solche Unterbrechungen werden von Hilfsprogrammen zur Fehlersuche (Debugger) benutzt, um zum Beispiel einzelne Befehle beim Programmablauf zu protokollieren. Diese Einzelschrittunterbrechungen werden standardmäßig vor Eintritt in eine Unterbrechungsbehandlung abgeschaltet, weil sonst, bei Eintreffen einer Unterbrechung, auch die Befehle der Unterbrechungsbehandlung protokolliert würden, die in der Regel mit den Befehlen des unterbrochenen Programms nichts zu tun haben.

Am Ende einer Unterbrechungsbehandlung steht, wie beim Unterprogramm, ein Befehl zur Rückkehr in das Programm aus dem der Aufruf erfolgte. (Bei einer Unterbrechungsbehandlung ist dies das unterbrochene Programm.) Bei der MOTOROLA-Architektur ist der Befehl zur Rückkehr der RTE-Befehl (`ReTurn from Exeption`), dessen Wirkung in Bild 13.11 informell dargestellt ist (Vergleiche Bild 4.30 in Abschnitt 4.2.7, wo dieselbe Wirkung formal beschrieben wird). Wie wir sehen, ist die Wirkung komplementär zu der in Bild 13.10 dargestellten Aktionenfolge zum erzwungenen Unterprogrammaufruf.

Bild 13.11: Wirkung des RTE-Befehls (MOTOROLA)

Befehl	**Wirkung**	**Bemerkung**
RTE	(SP)+ → SR	Entnahme der Werte für
	(SP)+ → PC	Statusregister (SR) und
		Befehlszählerregister (PC)
		vom System- Stapel

In Bild 13.12 finden wir die typische Struktur einer Unterbrechungsbehandlung (UBB).

Bild 13.12: Struktur einer Unterbrechungsbehandlung (MOTOROLA)

```
UBB: movem.l a0/d0-d1,-(sp)     ; Retten aller in der UBB
*                               ; benutzten Register auf
*                               ; den Systemstapel

        ...
     UBB-Kode
```

...

```
movem.l (sp)+,a0/d0-d1    ; Rückstellen der Register

rte                       ; Rückkehr aus UBB
```

Wie wir in Bild 13.7 sehen, muss in der Unterbrechungsbehandlung das Retten und Rückstellen aller benötigten Register durchgeführt werden. Wegen der im Befehl RTE enthaltenen Rückstellung des Statusregisters auf seinen Wert vor Eintreffen der Unterbrechung hat nach Ausführung des Befehls RTE auch der Prozessor seine „alte" Priorität. Das bedeutet Unterbrechungen höherer Ebenen sind wieder angeschaltet

Das Bild 13.13 gibt einen Überblick über die Tabelle der Unterbrechungsvektoren.

Bild 13.13: Tabelle der Unterbrechungsvektoren (MOTOROLA)

Vektor Nummer	Adresse (dezimal)	Unterbrechung
0	0	Reset: SSP
1	4	Reset: PC
2	8	Busfehler
3	12	Adressfehler
4	16	illegaler Befehl
5	20	Division durch Null
6	24	Befehl CHK
7	28	Befehl TRAPV
8	32	privilegierter Befehl
9	36	Einzelschritt
10	40	nichtimplementierter Befehl beginnend mit 1010
11	44	nichtimplementierter Befehl beginnend mit 1111
12	48	reserviert
13	52	reserviert
14	56	reserviert
15	60	nicht initialisierter Unterbrechungsvektor
16 – 23	64 – 95	reserviert
24	96	Busfehler bei Unterbrechungsbehandlung
25	100	Autovektor Ebene 1
26	104	Autovektor Ebene 2

Vektor Nummer	Adresse (dezimal)	Unterbrechung
27	108	Autovektor Ebene 3
28	112	Autovektor Ebene 4
29	116	Autovektor Ebene 5
30	120	Autovektor Ebene 6
31	124	Autovektor Ebene 7
32 – 47	128-191	Befehl TRAP
48 – 63	192-255	reserviert
64 – 255	256-1023	Geräte- Unterbrechungsvektoren

Jeder Eintrag wird als *Unterbrechungsvektor* bezeichnet, weil er auf die Unterbrechungsbehandlung verweist. Er enthält den neuen Wert für das Befehlszählerregister (PC), also die Anfangsadresse der betreffenden Unterbrechungsbehandlung. Jedem Eintrag ist eine Unterbrechungsnummer zugeordnet.

Die Nummern 32 bis 47 können zum Betriebssystemaufruf verwendet werden. Für den Aufruf des Betriebssystems wird der TRAP-Befehl mit Parameter #n verwendet, wobei n+32 die Unterbrechungsnummer und damit die anzuspringende Betriebssystemroutine angibt.

Die Nummern 64 bis 255 können zur Implementierung der Unterbrechungsbehandlungen der E/A-Geräte verwendet werden.

Auf weitere Einzelheiten der Bedeutung der Unterbrechungsvektoren gehen wir hier nicht mehr ein, sondern verweisen dazu auf [Wak84] oder [Cle94].

Aus der Sicht der Programmierung stellt sich ein E/A-Gerät, z. B. eine Platte, als eine Folge von reservierten Speicherplätzen dar, sogenannte *Geräteregister*. Das Bild 14.1 gibt eine vereinfachte Übersicht. Einzelheiten sind den Schnittstellenbeschreibung der Geräte (Controller) zu entnehmen.

Bild 14.1: Geräteregister

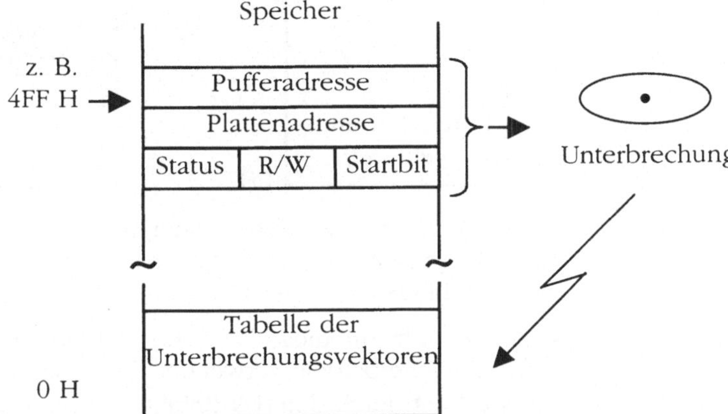

Die Geräteregister müssen alle Informationen enthalten, die das Gerät braucht, um die E/A-Operation auszuführen. Bei deren Ende werden vom Gerät Zustandsinformationen (Status) zur Fehlerbehandlung geliefert und eine spezifische Unterbrechung ausgelöst.

Da die Geräteregister (Speicherstellen) in der Regel nacheinander durch mehrere Speicherbefehle vom Prozessor geladen werden, benötigt man eine besondere Möglichkeit (in Bild 14.1 das Startbit), um dem Gerät mitzuteilen, dass nun alle Geräteregister mit den neuen Werten fertig belegt sind. Erst wenn das Startbit gesetzt wird, beginnt das Gerät die Geräteregister auszulesen und startet den E/A-Vorgang.

Bei unserem Beispiel der Platte bedeutet dies z. B., dass nun ein Plattenblock (z. B. 1 kB) von der angegebenen Pufferadresse im Hauptspeicher auf die angegebene Plattenadresse (d. h. auf den betreffenden Sektor auf der Platte) übertragen wird.

Wie wir in Bild 14.1 sehen, liegen die Geräteregister im Hauptspeicher. Diese Art der Einbettung der Geräteregister wird als „*Memory Mapped IO*" bezeichnet. Dieses Konzept finden wir bei den Prozessoren der MOTOROLA-Familie. Dort wird dann auf die Geräteregister (z. B. die Pufferadresse bei 04FFH) durch normale Lade- und Speicherbefehle zugegriffen, beispielsweise durch:

```
mov ax, 04FFH ; lade Pufferadresse im Register ax
```

Bei den Prozessoren der INTEL-Familie gilt ein anderes Anschluß-schema, das als „*I/O Mapped*" bezeichnet wird (siehe Bild 14.2).

Bild 14.2: I/O Mapped E/A (INTEL)

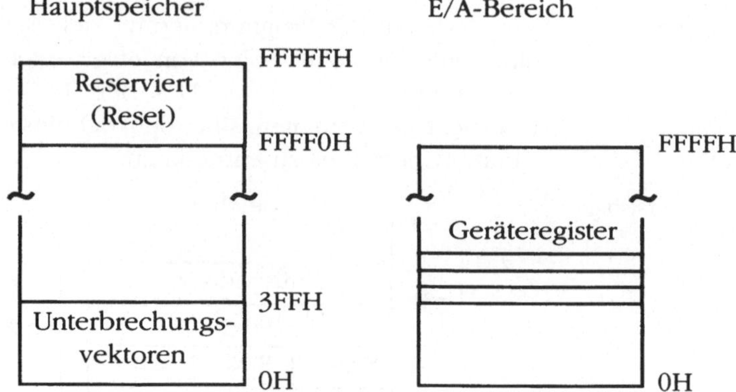

Dort existieren zwei überlappende Adressbereiche: zum einen der Hauptspeicher und zum zweiten ein separater E/A-Bereich, in dem alle Geräteregister liegen.

Beim Zugriff auf diese Bereiche werden unterschiedliche Lade- bzw. Speicherbefehle verwendet. Der Zugriff auf den Hauptspeicher erfolgt durch den `MOV`-Befehl, während der Zugriff zum E/A-Bereich durch die speziellen Befehle `IN` und `OUT` erfolgt. Um also zum Beispiel die Pufferadresse zu laden verwendet man den `OUT`-Befehl:

```
out 04FFH, si ; lade Geräteregister mit
              ; Pufferadresse in Register si
```

14.1 Beispiel zur Ein-/Ausgabe

Im folgenden betrachten wir ein stark vereinfachtes Beispiel, das nicht nur das Zusammenspiel zwischen unterbrochenem Programm (wir nennen es hier Hauptprogramm) und Unterbrechungsbehandlung zeigt, sondern auch deutlich macht, dass *Synchronisationsprobleme* auftreten können.

Für unser Beispiel nehmen wir an, dass ein Messwertgeber (als E/A-Gerät) periodisch einen Messwert in ein entsprechendes Geräteregister liefert. Jedesmal, wenn ein neuer Messwert anliegt, wird dies durch eine spezifische Unterbrechung angezeigt.

Auf dem Prozessor soll ein Überwachungsprogramm (Hauptprogramm) laufen, das in einer Tabelle (D) den alten und den neuen Messwert sowie die Differenz der beiden Werte hält. Dieses Hauptprogramm soll in einer Schleife laufend (unter anderem) den aktuellen Tabelleninhalt auf dem Bildschirm ausgeben.

Bild 14.3: Tabelle D

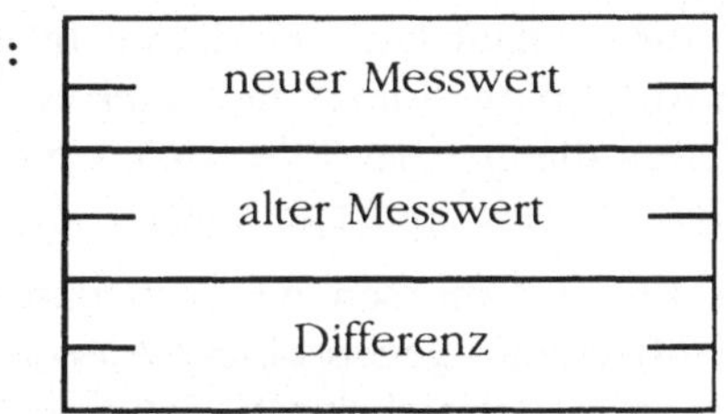

Dazu wird das Hauptprogramm in einem Stück seines Kodes auf die Tabelle zugreifen, beispielsweise wie in dem Bild 14.5 oder Bild 14.7 skizziert.

Die Unterbrechungsbehandlung soll den neuen Messwert dem Geräteregister entnehmen, diesen in die Tabelle eintragen und dabei die Tabelle aktualisieren. Dazu wird der bisherige (neue) Messwert nun als alter Messwert eingetragen und die Differenz neu errechnet. Die entsprechende Unterbrechungsbehandlung finden wir in Bild 14.4 (INTEL) bzw. Bild 14.6 (MOTOROLA).

Wir betrachten nun den Fall, dass die Unterbrechung genau dann eintrifft, wenn sich das Hauptprogramm in seiner Abarbeitung an der durch die gestrichelten Linie gekennzeichneten Stelle befindet.

Dann wird durch den erzwungenen Unterprogrammaufruf die Unterbrechungsbehandlung an dieser Stelle eingeschoben. Das Hauptprogramm sieht dann eine inkonsistente Tabelle, bei der die beiden Messwerte gleich (d. h. gleich dem neuen Messwert) sind und dennoch eine Differenz aufweisen. Eine entsprechende Ausgabe auf den Bildschirm wird einen Betrachter davon überzeugen, dass hier ein Fehler vorliegt. Dieser Fehler tritt allerdings nur auf, wenn die Zeitverhältnisse so wie eben geschildert sind, sonst wird die Tabelle korrekt ausgegeben. Wir reden deshalb von sogenannten *zeitabhängigen Fehlern*. Solche Fehler sind durch Testen äußerst schwer zu finden.

Kritische Abschnitte Gegenseitiger Ausschluss

Diese Fehler haben ihre Ursache in einem Synchronisationsproblem, das immer dann auftritt, wenn Programme auf gemeinsame Datenstrukturen (hier die Tabelle) zugreifen und wir beliebige Zeitverhältnisse beim Ablauf der Programme voraussetzen müssen. Wie wir an unserem Beispiel sehen, können bei bestimmten Zeitverhältnissen solche gemeinsamen Datenstrukturen inkonsistent werden. Die Lösung des Problems besteht darin, dass wir in den Programmen die Kode-Abschnitte identifizieren, in denen der Zugriff auf die gemeinsame Datenstruktur erfolgt. Diese Kode-Abschnitte werden *kritische Abschnitte* genannt. Wir erreichen die Konsistenz der Datenstruktur, wenn wir dafür sorgen, dass die kritischen Abschnitte unter *gegenseitigem Ausschluss* ablaufen. Das bedeutet, dass wir erreichen müssen, dass solange ein kritischer Abschnitt abläuft, kein anderer kritischer

Abschnitt zum Ablauf kommen kann. In unserem Falle sind die kritischen Abschnitte einmal die Unterbrechungsbehandlung und zum anderen die in den Bild 14.5 bzw. Bild 14.7 angegeben Befehlsfolgen des Hauptprogramms.

Für unser Beispiel müssen wir also dafür sorgen, dass für die kritischen Abschnitte gegenseitiger Ausschluss besteht. Dies lässt sich in unserem Beispiel durch Unterbrechungssperre erreichen, in dem wir dafür sorgen, dass der kritische Abschnitt im Hauptprogramm nicht von der Unterbrechung des Messwertgebers unterbrochen werden kann, Für die INTEL-Architektur bedeutet dies, dass wir den kritischen Abschnitt im Hauptprogramm durch die Befehle zum Abschalten und Anschalten der Unterbrechungen einrahmen (CLI- und STI-Befehle). Bei der MOTOROLA-Architektur wird die Unterbrechungssperre durch Anheben und Absenken der Prozessorpriorität erreicht. Dazu kann beispielsweise der (privilegierte) Befehl `move ea,SR` verwendet werden.

14.2 INTEL-Programmbeispiele

Bild 14.4: Unterbrechungsbehandlung (INTEL)

```
UBB:  push bp            ; Retten der Register
      push si
      push dx
      push ax


      mov si,OFFSET D ; Lade Adresse der Tabelle D
      mov dx,[si]     ; alter Messwert:=
      mov [si+2],dx   ;  neuer Messwert
      in  ax,4FFH     ; Einlesen aus Geräteregister
      mov [si],ax     ; Speichere neuen Messwert
      sub ax,dx       ;                      ax:=ax - dx
      mov [si+4],ax   ; Speichere Differenz


      pop ax
      pop dx
      pop si
      pop bp
      iret            ; Rückkehr aus UBB
```

Bild 14.5: Kritischer Abschnitt im Hauptprogramm (INTEL)

```
      ...
      mov si,OFFSET D    ; Lade Adresse der Tabelle D
      mov dx,[si]        ; Lade neuen Messwert
- - - - - - - - - - - - - - - - - - - - - - - - - - - - -
      mov ax,[si+2]      ; Lade alten Messwert
      mov cx,[si+4]      ; Lade Differenz in Register
                         ; zur Ausgabe
      ...
```

14.3   MOTOROLA-Programmbeispiele

Bild 14.6: Unterbrechungsbehandlung (MOTOROLA)

```
UBB: movem.l  a0/d0-d1,-(sp); Retten der Register
     move.l   #D,a0          ; Lade Adresse der Tabelle D
     move.l   (a0),d0        ; alter Messwert:=
     move.l   d0, 4(a0)      ;  neuer Messwert
     move.l   4FFH,d1        ; Einlesen aus Geräteregister
     move.l   d1,(a0)        ; Speichere neuen Messwert
     sub.l    d0, d1         ;
     move.l   d1, 8(a0)      ; Speichere Differenz
     movem.l  (sp)+,a0/d0-d1;Rückstellen der Register
     rte                     ; Rückkehr aus UBB
```

Bild 14.7: Kritischer Abschnitt im Hauptprogramm (MOTOROLA)

```
     ...
     move.l #D,a0           ; Lade Adresse der Tabelle D
     move.l (a0),d0         ; Lade neuen Messwert
     - - - - - - - - - - - - - - - - - - - - - - - - - -
     move.l 4(a0),d1        ; Lade alten Messwert
     move.l 8(a0),d2        ; Lade Differenz in Register
                            ; zur Ausgabe
     ...
```

Zeichensätze

Bild A.1: ASCII-Tabelle

	0	1	2	3	4	5	6	7
0	NUL	DLE	SP	0	@	P	`	p
1	SOH	DC1	!	1	A	Q	a	q
2	STX	DC2	"	2	B	R	b	r
3	ETX	DC3	#	3	C	S	c	s
4	EOT	DC4	$	4	D	T	d	t
5	ENQ	NAK	%	5	E	U	e	u
6	ACK	SYN	&	6	F	V	f	v
7	BEL	ETB	'	7	G	W	g	w
8	BS	CAN	(	8	H	X	h	x
9	HT	EM	)	9	I	Y	i	y
A	LF	SUB	*	:	J	Z	j	z
B	VT	ESC	+	;	K	[	k	{
C	FF	FS	,	<	L	\	l	|
D	CR	GS	–	=	M	]	m	}
E	SO	RS	.	>	N	^	n	~
F	SI	US	/	?	O	_	o	DEL

American Standard Code for Information Interchange, Standard No. X3.4-1968 of the American National Standards Institute.

Leseweise: z. B. 39h = 9

Bild A.2: EBCDIC-Tabelle

	0	1	2	3	4	5	6	7	8	9	A	B	C	D	E	F
0	NUL				PF	HT	LC	DEL								
1					RES	NL	BS	IL								
2					BYP	LF	EOB	PRE			SM					
3					PN	RS	UC	EOT								
4	SP										¢	.	<	(	+	|
5	&										!	$	*	)	;	¬
6	-	/									^	,	%	_	>	?
7											:	#	@	'	=	"
8		a	b	c	d	e	f	g	h	i						
9		j	k	l	m	n	o	p	q	r						
A			s	t	u	v	w	x	y	z						
B																
C		A	B	C	D	E	F	G	H	I						
D		J	K	L	M	N	O	P	Q	R						
E			S	T	U	V	W	X	Y	Z						
F	0	1	2	3	4	5	6	7	8	9						

NUL	All Zero Bits	NL	New Line	PRE	Prefix
PF	Punch Off	BS	Backspace	SM	Set Mode
SP	Space	IL	Idle	PN	Punch On
LC	Lower Case	BYP	Bypass	RS	Reader Stop
DEL	Delete	LF	Line Feed	UC	Upper Case
RES	Restore	HAT	Horizontal Tab	EOT	End of Transmission
				EOB	End of Block

EBCDIC (Extended Binary Coded Decimal Interchange Code).

Leseweise: z. B. F3h = 3

B
Literaturverzeichnis

[Bor91]	Borland: Turbo Pascal für Windows. Borland GmbH, 1991.
[Cle94]	Alan Clements: 68000 Family Assembly Language. PWS Publishing Company, 1994.
[GoW85]	G. Goos and W. Waite: Compiler Construction. Springer, Reihe: Monographs in Computer Science, 1985.
[HeP94]	John L. Hennessey and David A. Patterson: Rechnerarchitektur. Vieweg, 1994.
[Kas90]	Uwe Kastens: Übersetzerbau/Sprachen und Übersetzer. Oldenbourg Verlag, 1990. Handbuch der Informatik, Band 33.
[LiG86]	Yu-Cheng Liu and Glenn A. Gibson: Microcomputer Systems: The 8086/8088 Family. Prentice-Hall, 1986.
[Mot84]	MOTOROLA MC68000; 16/32-Bit Microprocessor; Programmer's Reference Manual. Prentice-Hall, 1984.
[Mot91]	MOTOROLA MC68000; 16/32-Bit Microprocessor; Programming Reference Card; MOTOROLA 1991.
[PeS83]	J. Peterson and A. Silberschatz: Operating Systems Concepts. Addison-Wesley. 1983.
[Tan84]	Andrew S. Tanenbaum: Structured Computer Organisation. Prentice-Hall International Editions, 1984.
[Tan92]	Andrew S. Tanenbaum: Modern Operating Systems. Prentice-Hall International Editions, 1992.
[TaW97]	Andrew S. Tanenbaum and Albert S. Woodhull: Operating Systems. Prentice-Hall, 1997.
[Wak89]	John F. Wakerly: Microcomputer Architecture and Programming. Wiley, 1989.
[WaF82]	Shlomo Waser and Michael J. Flynn: Introduction to Arithmetic for Digital Systems Designers. Holt, Rinehart and Winston 1982.